普通高等院校“十三五”规划教材

工业园区规划

主　编　刘建文

中国建材工业出版社

图书在版编目（CIP）数据

工业园区规划/刘建文主编．--北京：中国建材工业出版社，2018.8（2019.7重印）
普通高等院校“十三五”规划教材
ISBN 978-7-5160-2290-0

Ⅰ.①工…　Ⅱ.①刘…　Ⅲ.①工业园区—城市规划—高等学校—教材　Ⅳ.①TU984.13

中国版本图书馆CIP数据核字（2018）第130186号

内容提要

本书分为三个部分：第一部分工业园区规划概述，包括工业园区规划设计概述、工业园区构成及规划设计基本要求和工业园区建筑规划设计与布局。第二部分工业园区系统规划，包括工业园区道路交通系统规划、工业园区绿地景观系统规划。第三部分工业园区规划案例分析，包括高新技术产业园案例分析、经济开发园区案例分析和生态工业园案例分析。

本书可作为高等院校建筑、规划类专业的教材，也可作为相关专业研究生以及从事产业规划、区域经济发展规划和工业园区规划的建筑师、规划师的参考用书。

工业园区规划
主　编　刘建文
出版发行：中国建材工业出版社
地　　址：北京市海淀区三里河路1号
邮　　编：100044
经　　销：全国各地新华书店
印　　刷：北京鑫正大印刷有限公司
开　　本：787mm×1092mm　1/16
印　　张：17.5
字　　数：430千字
版　　次：2018年8月第1版
印　　次：2019年7月第2次
定　　价：59.80元

本社网址：www.jccbs.com　　微信公众号：zgjcgycbs
本书如出现印装质量问题，由我社市场营销部负责调换。联系电话：（010）88386906

前　言

工业园区是产业集聚发展的载体，工业园区的综合竞争力代表着区域经济的综合实力。目前与未来相当长时期内，科学发展、加快发展工业园区是相关管理部门面临的重大现实任务与必须解决的重大课题。

自“长株潭”城市群获批国家两型社会改革试验区以来，作者有幸参与、主持地方两型社会建设产业发展规划、科技发展规划、经开区三年行动计划、区域经济发展规划、循环经济发展规划、新能源产业发展规划、工业园区第三方评价指标体系构建等课题30余项。在规划及课题研究过程中，作者不断地对国内外工业园区发展过程、发展理论与案例等进行分析、比对和归纳总结，对工业园区发展的认识也在不断提高。

本书是依托本科生教学讲义、研究生学位论文与相关规划成果，并在充分借鉴和引用国内外工业园区规划先进经验与理论成果的基础上形成的。本书主要分为三个部分：第一部分工业园区规划概述，包括工业园区规划设计概述、工业园区构成及规划设计基本要求和工业园区建筑规划设计与布局。第二部分工业园区系统规划，包括工业园区道路交通系统规划、工业园区绿地景观系统规划。第三部分工业园区规划案例分析，包括高新技术产业园区案例分析、经济开发园区案例分析和生态工业园案例分析。

本书在编写过程中，谢世雄博士对本书整体构架提出了很好的意见，戴燕、魏琳琳、高一茹等研究生在初稿、插图和后期校对、制图等方面，给予很大的帮助，在此深表感谢。同时，对书中引用成果以及未能标注的研究成果的作者，表示深深的谢意。

由于作者学术水平所限，虽经努力，但本书仍有不足之处，恳请广大读者批评指正。

编　者

2018年7月10日于湖南工业大学

普通高等院校“十三五”规划教材

《工业园区规划》分册编写组

主　编： 刘建文

成　员： 谢世雄　戴　燕　魏琳琳　高一茹

目　录

第一部分　工业园区规划概述

第二部分　工业园区系统规划

第一部分

工业园区规划概述

第 1 章　工业园区规划设计概述

1.1　工业园区概念及理论概述

1.1.1　工业园区、产业园区概念

本书所称的工业园区，包括经济技术开发区、高新技术产业开发区、保税区、进出口加工区、经济合作区等开发区域。

自从二战以来，有很多国家开始制订各种各样的工业区域开发的政策，多种多样的特殊经济区域，例如工业团地、免税区、技术城、自由贸易区、出口加工区、保税区、科学园等相继建立。随着突飞猛进的科学技术、日趋增强的全球化经济活动和迅速发展的国际贸易，特殊经济区域的发展速度越来越快，使世界经济朝着新的更高层次发展。

第二次世界大战以后，一些发达国家为了改善城市的布局，发展城市的经济水平，采取了一些建设方式形成了工业园区。因为工业园区有不同的类型，所以在不同的地区和国家对工业园区的叫法也不一样。例如，英国称作“企业区”，日本称作“工业团地”，在香港则称作“工业村”。所以对工业园区到现在为止没有统一的定义。联合国环境规划署定义，“工业园区是在一大片的土地上聚集若干工业企业的区域”。它有以下特征：在开发比较大的面积上有多个工厂、建筑物和多种娱乐、公共设施；要限制常驻公司的建筑物的类型和土地的利用率；在详细的区域规划中，对园区的环境规定限制的条件和执行的标准；为制定园区的计划和长期发展政策、控制和适应公司进入园区、履行协议和合同等提供一些必要的管理条件。一般来说，工业园区是包含若干个不同性质的工业企业且相对独立的区域，而这些相对集中的工业企业共同拥有对进入园区的企业提供必要的基础设施、管理、服务等的行政主管单位或公司。

工业园区是指为了实现工业发展目标，由企业或政府创立的特殊的区位环境，是为企业发展提供的一种外部环境条件，是一种普遍采用的区域发展政策模式。工业园区建设的适合工业实体进来的区位环境是经过周全并且完整地规划，是为了缓解城市里面的老工业，吸引更多的新工业来进行投资，这样将有助于解决一些城市内部的居住区与工业区混合形成的一些环境方面和社会方面的问题。

我们提出工业园区狭义的定义：在一个特定的地理区域内，有众多通过交换相互生产的产品、技术等要素进行内外部贸易的企业组成的体系。广义的定义：由若干个

不同性质的工业企业聚集并且在相对独立的区域集中，形成的生产生活区域与产业一同发展，通过统一的行政公司或行政主管单位为进入园区的企业提供必要的管理、服务和基础设施等。

产业园区指的是由企业或者政府为完成产业的发展目标对特殊的区位环境进行创立。产业园区的种类比较多，包括物流产业园区、金融后台、经济技术开发区、现代农业科技园、高新技术开发区、工业区、科技园、文化创意产业园区等和这些年来各个地方相继提出的科技新城和产业新城等。

产业园区和工业园区在很多情况下易混淆。产业园区和工业园区的区别主要表现在以下几个方面：

(1) 两者的概念差异。产业在整个工业体系中是构成部分，工业则是一个整体的概念。产业园区指的是集聚主导产业的上下游配套企业，它是以一个主导产业的企业作为核心的工业园区。工业园区指的是由不具体指定的产业类型的企业集聚在一起形成的园区。由这点出发，工业园区包含产业园区。

(2) 两者的规划设计不同。工业园区的设计大部分都按照一般的工业园区规划设计，厂房也基本设计成标准的厂房。而产业园区的设计是一个有特定需求的设计，它包含着单体设计和规划设计，在规划设计与单体设计之间充分融合了建筑和规划设计。提高设计中的品质是在做建筑方案设计和园区规划时最先考虑的因素，也应该看重人们新的审美、历史因素、环境与生态、人对舒适度越来越高的追求以及建筑环境的质量。总而言之，产业园区规划设计应该偏重主导产业的一些特点，设计配套设施及厂房时应该依据不同的产业类型进行设计。

(3) 在促进工业发展的政策方面上也存在差异。在区域政府制定促进工业发展政策方面，产业园区和工业园区也存在差异。产业园区比较关注针对性政策，而工业园区需要的是大而广的政策。工业园区一般无明确的行业和产业的划分，在一定程度上是工业企业聚集的区域。

(4) 两者的经营难度和招商策略也不同。工业园区具有普遍性的招商，它的选择范围比较大，会向多种工业企业进行招商。工业园区园内一般有4～5个主导产业，因为产业是不集中的，所以形成集聚效益比较困难，这样，在园区经营方面，也比较艰难；因为多个产业在一起，在产业协调方面也考验经营者的能力。而产业园区有着比较明确的招商方向，其针对性也比较强，它针对主导产业的企业和上下游配套的企业进行招商。产业园区定位也比较准确，不愁相关的企业不来这里入住。因为产业园区内产业单一，方便管理和经营，形成集聚的效益也比较简单，有助于园区发展得越来越强大。

从产业的分类方法，可以非常清楚地分辨出产业园区与工业园区的差别，产业园区包括物流园区、文化创意产业园区、农业科技园区等第一产业园区和第三产业园区。工业园区可以由不同主导产业园区集聚构成。如深圳宝安区科技及产业园区（图 1-1）和昆明市产业园区（图 1-2）。

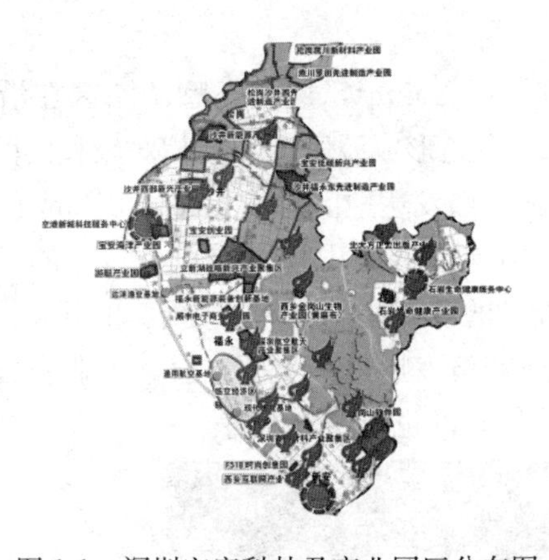

图1-1　深圳宝安科技及产业园区分布图

. 资料来源：news. hebei. com. cn

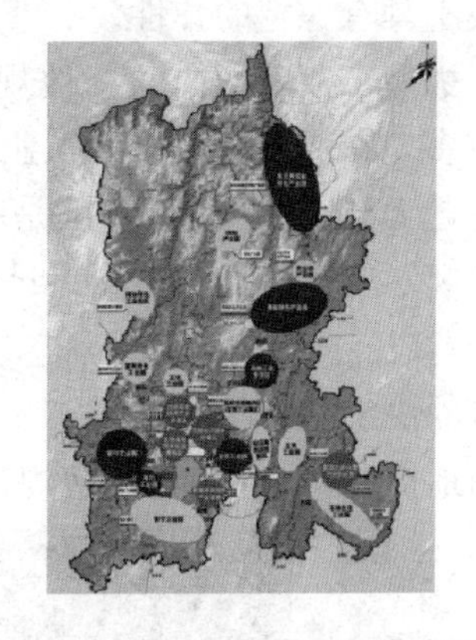

图1-2　昆明市产业园区分布图

http：//roll. sohu. com/20120518/n343497197. shtml

1.1.2　工业园区的常见类型

工业园区为比较宽泛的概念，空间界限比较清晰，它有不同的行政归属。其规模也有大有小，从几公顷甚至上百平方公里不等，以不一样级别的城镇为依托，用来满足各种各样的相关需求和服务。根据不同的划分标准，我们国家的工业园区可划分成各种不同的类型。

1. 按行政等级划分

行政等级标准区分各种类型的工业园区主要是以主管单位等级和工业园区行政审批为依据。根据这个标准来进行划分，工业园区可以分为国家级工业园区、省级工业园区、市县级工业园区及乡镇级工业园区。根据这个标准来划分，除去不同的行政等级之外，一般它的规模也随着行政等级的降低而逐级缩小。如湖南省工业园区分布（图1-3），国家级工业园区集中在科技、经济相对发达的长株潭城市群以及工业重镇岳阳、对外开放城市郴州。其他地州市布局的主要是省级工业园区和市县级工业园区。

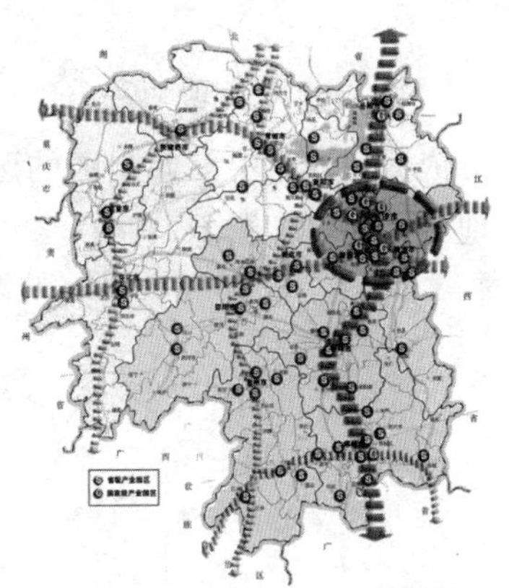

图1-3　湖南省省级、国家级产业园区分布图

2. 按规模大小划分

工业园区的用地规模大小不等，根据规模大小可以将其划分成许多不一样的类型。

(1) 小型工业园区。其用地面积比较小，在5km^2以下。在我国，属于这种类型的有：很多刚起步不久的工业园区、部分省市级及多数乡镇级的工业园区。但从世界范围来看，多数地区和国家的工业园区规模在5km^2以下，紧凑式的开发模式产生了比较好的投资效果。

(2) 中型工业园区。其用地规模大约为5～15km^2，例如重庆、成都等大多数国家级经济开发区属于此类，并且它有丰富的发展备用地，它的规模可以满足开发的需求，且在开发上具有一定的弹性。

（3）大型工业园区。其用地规模大约在 15～30km^2，这种类型的园区在沿海地区分布比较多。在那有比较大的工业发展需求，但是形成园区也需要相对较长的时间。

（4）超大型工业园区。指的是基本在我国东部发达地区的面积超过 30km^2 的工业园区。例如规划控制总面积为 260km^2 的苏州工业园区，其中规划面积 70km^2 的中心开发区，已经建成的面积为 30km^2，它是以建设新城的模式进行的产业及配套的开发。伴随着我国经济的快速发展，和城市空间拓展与工业经济发展进一步的结合，工业园区的规模也在不断地扩大，随之带来的按规模大小分类的标准也将随之提高。

图 1-4　苏州工业园区总体规划图

资料来源：http：//img. dahe. cn/2010/10－28/100508075. jpg

3. 按与中心城区的关系划分

依据在城市中工业园区的区位、产业类型、发展趋势的不同，把工业园区分成四类地域类型，如图 1-5 所示。

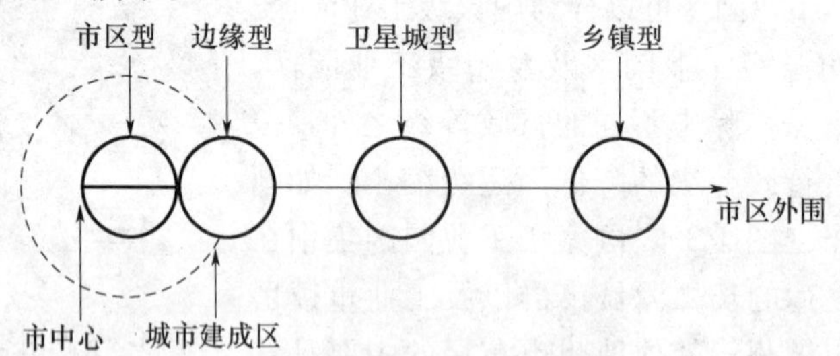

图 1-5　工业园地域类型

（1）市区型工业园区

市区型工业园区通常位于城市市区以内，园区规模不大，多以楼宇形式出现。市区型工业园区主要表现为两种工业产业类型。一是对原有街区、旧工厂等的功能调整而发展起来的都市型工业园区，二是作为工业企业行使管理职能的城市工业管理中心。

都市型工业园区是市区型工业园区地域类型的主力，它是以大都市独特的信息流、人才流、现代物流、资金流等社会资源为依托，以产品设计、技术开发和加工制造为主体，能够在市中心区域生存和发展，并与城市和生态环境相协调的有就业、有税收、有环保、有形象的现代绿色工业园区。市区型工业园区的发展时间短，工业产业在城市中所占的比例不大，但其具有较好的产业发展前景，而且都市型工业园区对弥补城市“空心化”，调节城市产业空间结构有重要的作用。

城市工业管理中心也是市区型工业园区发展的方向，尤其是提升城市工业层次和管理水平的手段。随着工业企业内部分工的不断细化，根据产业链的需求，许多企业对其内部的一些生产活动进行新的规划，把处在重要位置的产业链中间环节比较大的生产活动向郊区或者其他地方转移，把公司的总部及一些关键部门留在原来的位置不动，这样市中心就不是生产中心，而是设计和研发等的关键部门。

（2）边缘型工业园区

边缘型工业园区通常位于主城边缘和近郊地带，与城市建成区连绵成片，是可以依托城市道路和基础设施的工业园区类型。

边缘型工业园区由于在老市区的边缘，受中心城区影响相对较大，能充分利用老城区的基础设施和生活服务设施，使工业园区与建成区融为一体，从而节约开发初期投资，所以在城市扩张中，此区域重点发展的是城市转移出来的支柱产业，以加工制造型的劳动密集型产业为主。这里既可减少开发和经营成本，取得较好的经济效益，也有一定的发展余地，反过来还可以带动城市周边建设薄弱、亟待开发地带的发展，加快其城市化的进程。由于城市外环的边缘区域成长性好、吸引力大，又被形象地称为“甜甜圈”，可见城市边缘区是工业发展最主要的直接“栖息地”。目前，边缘型工业园区是城市工业规模最大、所占比例最多的工业发展区域。

另外还有依托市区的高校、科技街、科技园等科技、人才资源优势，所以绝大多数科技工业园区也属于边缘型工业园区，而且随着城市的扩张，边缘区逐渐与市区融合，原有的制造业、城市支柱产业还需进一步向周边拓展，所以，从发展的角度看，科技工业园区将成为边缘型工业园区的主力。

（3）卫星城型工业园区

卫星城是指位于中心城市周边，依托中心城市并与中心城市保持产业发展上的相互联系和相互补充关系，承接中心城市的产业转移，为中心城市的正常运转提供必要支持，同时与中心城市构成完整产业区域的县（市）。

卫星城的建设是顺应工业化、城市化的产物，是城市发展的必然趋势。在城市中心城区的周围，选择区位好、有基础、有特色的城镇，发展若干个卫星城。一方面，顺应工业外迁的趋势，积极进行中心城区产业的疏解，承接城市工业产业的转移并培育新的经济增长点，并借此实现中心城区产业结构的升级和优化。另一方面卫星城不能脱离大城市孤立地发展，两者存在一定的作用机制。卫星城镇数量要合理，数目过多将造成分散建设和资源浪费，数量过少又不能满足城市发展的需要。

卫星城型工业园区与边缘型工业园区对城市的依托条件不同，它通常位于城市的远郊，依托城市外围城镇开发建设，承接主城产业转移和人口疏散的新城型工业园区。卫星城型工业园区与中心城市之间应保持适宜间距。一方面，不能离市中心太近，如果贴近核心周围扩展，几年之后就可能像“摊大饼”一样形成更大、更集中的城市形态。另一方面，各个工业园区也不应过度分散，彼此之间应有快速、便捷的交通线路相连接，要保持一定的通达度。张仁娇提出的经验公式值得借鉴。经验公式的假设前

提：① 以工业园区不能融入中心城区为前提；②充分考虑城市规模等级具有不同的辐射扩散能力。经验公式见式（1-1）

$$D=KR \tag{1-1}$$

式中，D 为工业园区离城市中心的最小距离；R 为中心城市连续建成区的半径；K 是参数，当 $R\leqslant 3$km 时，$K=1$；当 3km$<R<$8km 时，$K=2$；当 $R\geqslant 8$km 时，$K=3$。

（4）乡镇型工业园区

乡镇型工业园区主要分布在较小的乡镇地区。乡镇规模小、基础差，工业发展往往是比较落后的，乡镇工业园区多数处于雏形阶段。

乡镇型工业园区发展还存在一些问题。首先，工业园区的布局比较分散。由于规模小、数量少，出现了“村村点火、户户冒烟”的情况。这种分散的布局使得园区内基础设施投资增加、企业间的空间协作困难、环境污染预防和治理投资增加，严重浪费了资源和资金，使工业集聚效益和规模效益不能充分发挥出来。其次，这样的布局规划滞后，用地困难，影响了乡镇工业布局的健康发展，产生工业区包围居住区，造成居住区环境污染的潜在问题。乡镇型工业园区往往是自发集聚而成，它更多地依托当地的资源优势、区位优势、文化优势等发展起来，这种工业产业类型具有地域特色，规模化发展潜力也较大。

改革开放以来，乡镇型工业园区在我国南方的一些区域异军突起，成为我国工业发展的一道独特风景，以“东莞模式”“苏南模式”“温州模式”为典型代表，乡镇型工业园区一方面转移了大部分从农业脱离出来的剩余劳动力，促进了人口的非农化，加快了城市化的进程，同时为乡镇型工业的发展树立了榜样。

1.1.3 国外工业园区理论研究与发展概况

（一）国外工业园区发展理论

1. 产业区及新产业区理论

用马歇尔的新古典经济学产业集聚理论作为根基的产业区理论，马歇尔在《经济学原理》（1890）中将大量种类相似的中小企业在特定地区的集中现象，叫作“产业区”。关于产业集群的动力机制和经济效益，马歇尔进行了研究。马歇尔重点指出导致整个产业平均成本下降的原因是企业在地理上的集中引起的外部性。马歇尔指出，企业为了追求外部的经济形成了产业区的集聚。这种规模效应主要表现在劳动力和市场等一些方面。基于此，重中之重地说明了产业区内产业集群的特性是马歇尔比较大的成就，他指出了产业集群带来的新的产业发展。美中不足的是，因为有很多比较严格的数理表达方法，所以以外部经济性为基础的产业区理论不被主流的新古典经济学派所重视。产业区理论引起学者们的关注是在 20 世纪 30 年代末，因为胡弗把聚集经济分解成城市化经济、地方化经济及内部规模经济，在这个时候，一些发展比较好的园区，例如法国索菲亚、加拿大的“北硅谷”、美国的“硅谷”、英国的剑桥科学园、日本筑波科学城、安蒂波利斯科技城等也为产业区经济理论的进一步发展提供了比较好的实验场地。

伴随着兴起的新技术革命，进入了 20 世纪 70 年代。这时候，由于经济危机的出现，传统工业化地区的经济状况并不好，但是意大利东北部的经济在这时还在增长。在这里，新兴手工业为产业结构的主导，其中技术含量也比较高；以中小型企业为主；因为企业间的诚信比较好，所以相互之间的协作比较好。在这里有和马歇尔产业区差不多的工业小区，数量也比较多，在这里也是新兴产业区，所以又叫作“新产业区”。Bagnasco在1977年第一次研究了新产业区的一些现象，1978年，意大利Bacat-tini明确提出新产业区的概念：新产业区是具有共同社会背景的人们和企业在一定自然地域上形成的社会地域生产综合体。有了这个概念，很多学者开始了分析和研究，渐渐地，这个概念从欧美引入到了发展中国家，不过在后来的研究中，主要是针对科学园区进行研究。就这样，科学园区被很多人研究得比较透彻。之后，对科学园区的研究方式也由经验观察向规范化的研究进行发展。

外部经济和新产业区的新特点是，两者都是工业园区发展和存在的基础，所以，工业园区发展的理论也包括新产业区理论和产业区理论。

2. 韦伯的聚集经济理论

马歇尔研究了工业组织这种生产要素，他从新古典经济学出发进行研究，从而说明了企业为了追求外部的规模经济而集聚。德国经济学家韦伯是近代工业区位理论的奠基人，他选择从微观企业的区位进行研究，解释了企业能不能靠近取决于成本的对比和集聚的好处。1909年，韦伯在他的《区位原论》中对产业集聚用了大量篇幅进行阐述。他为了判断各个影响工业区位的因素和作用的大小，以及寻找工业区位移动规律，在研究中，他将影响工业区位的经济因素分为位置因素和区域因素。韦伯的研究指出，劳动成本（工资）和运输成本（运费）是实际的主要对区位起作用的区域因素，位置因素又包括分散因素与集聚因素。对于集聚因素，他研究了一般集聚因素与特殊集聚因素，韦伯比较看重工业集聚的一般因素。特殊的集聚因素例如：丰富的矿藏与便利的交通。他认为特殊集聚因素不能反映一般性。他认为，工厂发展得越来越大，会带来各方面的利益并且还会节约成本。多个工厂会带来更大的好处。节省成本与带来收益有各种原因，例如，各个工厂之间有公用设施和公共的便利道路，购买原料也比较方便，有专门劳动力市场向需要劳动力的工厂提供服务，这些对于生产成本的节约都是有益的。

3. 克鲁格曼的产业集聚理论

从1991年来，克鲁格曼发表了一些产业集群与经济聚集的著作与论文。1992年，在《收益递增与经济地理》中，他构建了关于中心-外围的模型，并且简洁而有效。他试图用这个模型说明地理或区域在要素的配置与竞争中的重要作用。在他的这个模型中，制造业地区处于核心或者中心的地位，它的外围是农业地区，模型的效率和形成依赖于制造业的聚集程度、规模经济与运输成本。继马歇尔研究以后，第一位主流经济学家克鲁格曼高度关注产业聚集，把区位问题、规模经济与竞争问题联系在一起。同年，克鲁格曼出版了一本研究关于聚集经济的著作《地理与贸易》。在这本书中，克鲁格曼指出“一些非常不像高技术部门与高技术部门并没有区别，从经济上讲，米兰的时装业和128号公路没有实质的区别”，这一点也进一步拓展了产业集聚的范畴。克鲁格曼在1995年出版了《发展、地理学与经济地理》一书，该书既是他的新经济地理学的一部代表著作，又是对他的产业集群理论的进一步补充，特别是建立了关于聚集经济的新的模型。克鲁格曼和其他两位学者合作，在1999年出版了《空间经济：城市、区域与国际贸易》一书，相当系统地论述了聚集经济与产业集群的形成因素，并完全用经济学的方法解释和分析产业的集群和经济的聚集这些现象。

克鲁格曼很好地融合了地理学与经济学，开创了新经济地理学，经济地理学中的重要理论也包含产业集群理论，产业集群理论也是工业园区发展的重要的核心理论。

4. 技术创新理论

1912年，美国经济学家熊彼特在他出版的《经济发展理论》一书中提出"创新"一词。熊彼特用生产方法与生产技术的变革来解释资本主义的经济发展过程与基本特征。他提出把动力与原料结合在一起的过程称为生产过程，生产新的产品或者用新的方法生产旧产品则是改变动力与原料结合的过程。新的结合过程不是陆续出现而是突然发生的时候，才可称为经济发展。这种新的生产方法或结合过程是推动经济发展的主要因素，熊彼特称其为创造性或创新反应。

迈克尔·波特（1985）从产业竞争优势的角度分析产业集群的形成，将创新和集群联系在一起，提出可以提高集群内企业的持续创新的能力是持续比较、竞争潜在压力与产业集群内的竞争压力。反过来，这些创新活动又导致新型企业活动与新企业的出现；集群还有助于降低企业进入的风险，降低交易成本与搜寻成本，并得到更多的市场机会，从而促进企业的发展和产生。他提出了有名的钻石体系（图1-6）是关于国家竞争力的，并且提出这个理论能比较简单地应用到产业发展和城市地区的关系中，所以和城市竞争力的关系的研究也可以使用他的产业集群。他说，"推动一个国家的产业竞争优势趋向集群式分布是钻石体系的基本目的，呈现由客户到供应商的垂直关系，或由市场、技术到营销网络的水平关系"。关于产业集群扩展，产业集群的竞争力大于各部分加起来的总和。在产业集群中，这种有竞争力的产业提升另一个产业是正常趋势。由产业集群内部普及到全国是它的扩展方向。产业园区就是波特的产业集群的承载体。迈克尔·波特的钻石理论模型如图1-7所示。

图1-6　迈克尔·波特钻石体系模型涉及的六个要素

资料来源：http：//www.chinavalue.net/

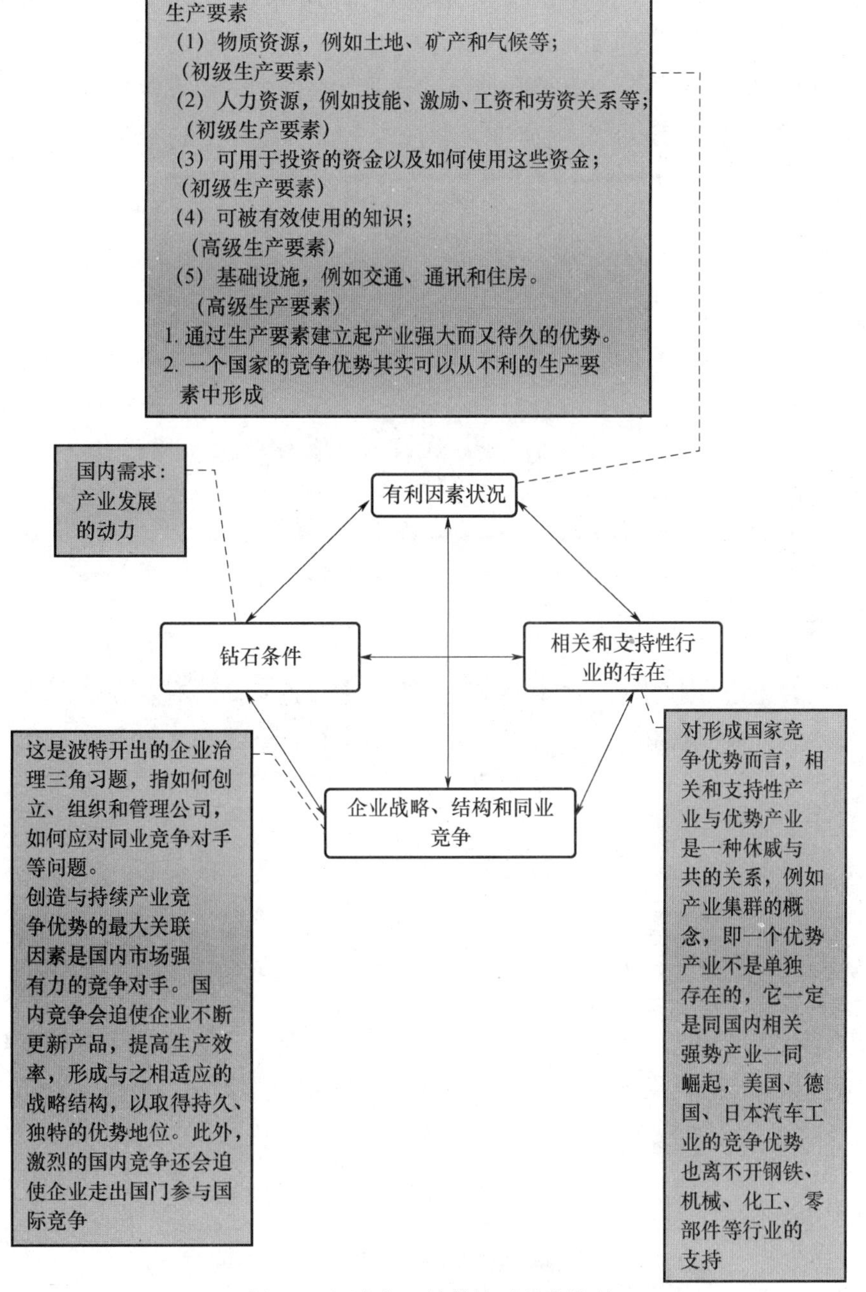

图 1-7　迈克尔·波特钻石理论模型

工业园区通过增加服务和支撑工业，引进研究设施，集聚大量工程师与科学家并组建新公司，让他们开始相互影响与相互联系，通过技术创新和扩散把科技转化成生产力，循环往复，创新能力可以不断地提升。

5. 孵化器理论

孵化器是非盈利性的机构，是为拥有核心技术的创业者提供会计、产品推广、资金、市场营销、商业模式设计、企业管理、法律顾问等方面服务的，其实际名称有

“创业园”“创业中心”“孵化基地”等。作为创新理论的进一步应用与发展的孵化器，也是一种将技术推向市场的方式，但并不是要把技术成果出售，而是要让技术成果以公司的形式体现在产品中，打开公司产品的销路，在激烈的市场竞争中，让公司发展壮大。孵化器功能示意图如图 1-8 所示。

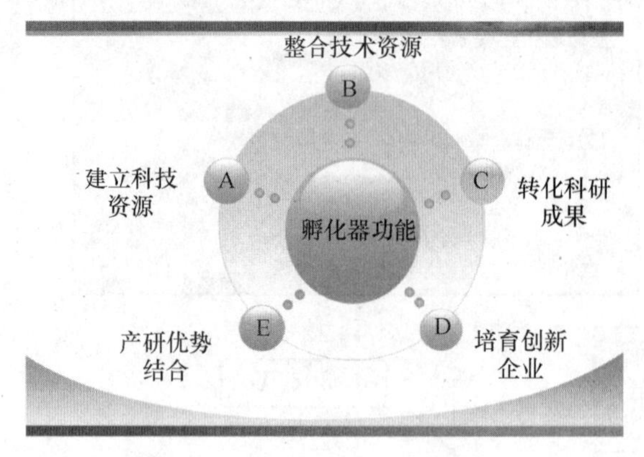

图 1-8　孵化器功能示意图

资料来源：www. lykbkj. com

孵化器理论认为刚刚建立的中小型企业存活率普遍不高，有着许多先天不足，需要适当给予各方面的政策支持，这样有助于企业生存，一起孵化的企业由于供给的原因同出“一窝”，具有亲情，进行信息共享、交流合作等比较简单，因此可以得以迅速发展，使企业能够大量繁衍。

工业园区的特征是开发活动和大量研究与高科技的劳动的集聚，孵化器最好的选址是工业园区。为新生企业提供的孵化空间包含在工业园区中，孵化器设施和新建分厂或成熟公司的永久性设施不一样，它们一般会提供有固定期限的孵化场所，租金比较低，来使新建公司的破产率降低。可以看出，孵化器的最佳区位是工业园区，工业园区有了孵化器的功能，就相当于为创新企业提供了苗床，就会有源源不断的活力提供给工业园区，促进其经济发展。图 1-9 是武汉创业孵化器的三种类型。

政府扶持孵化器：
代表：湖北青年企业孵化器
特点：提供免费办公场地，经常举办创业活动

咖啡馆式孵化器：
代表：DEMO咖啡、创库咖啡
特点：提供创业氛围和沟通交流平台为主，盈利来自线下活动承办及社会资本项目投入

创客空间式孵化器：
代表：光谷创客空间
特点：免费提供场地，推动相互交流，同时举行部分线下活动，打造细分行业的圈层

图 1-9　武汉创业孵化器的三种类型

资料来源：http：//www. qncye. com/baodao/zhengce/3117820. html

（二）国外城市工业园区空间布局的理论

1.“增长极”理论

1955 年，法国经济学家弗朗索瓦·佩鲁最先提出增长极理论，典型代表与区域经济不平衡增长就是增长极理论。它的思想基础来自于产业间相互依存、相互联系的理论和熊彼特的创新理论。它强调的是投资在推动性工业（极）中，通过与其有投入产出联系的工业而导致全面的工业增长。其基本含义是：一个国家经济的发展，并不是同时出现在所有地区，而是以不同的强度出现于一些增长点或增长极上，然后通过各自的渠道向外扩散，从而形成以增长极为核心，周边地区不均衡增长的地区性经济综合体，推动性工业所诱导的增长发源于推动性工业所在的地理中心，这种地理中心称为增长中心。佩鲁的增长极理论更多的是以抽象的经济空间为出发点，这种经济空间的内容是以部门分工所决定的产业关系，但是忽视了增长的地理空间的变化。法国经济学家布代维尔在 1966 年重新系统地分析了经济空间的概念，首次基于集聚经济分析和外部经济，从理论上将增长极概念由经济空间推广到地理空间，认为经济空间不仅包含了经济变量之间的结构关系，而且包含了经济现象的区位关系或称地域结构关系，着重强调了增长极的空间特征。

解释工业园区空间分布的一种最强的理论就是增长极理论，工业园区在城市空间中是在有利的一系列条件下产生发展，成为城市的经济增长中心，不可能均匀分布。工业园区即属于这种增长中心；通过累积因果过程，工业园区就可以吸引到更好的人才和更多的资金，工业园区企业之间的大量联系和所诱导的增长，主要建立在原料流、信息流的基础上，从而又使工业园区获得更快的发展。在发展的过程中，增长极可能是一个工业园区，也可能是多个工业园区组团。保定打造环京津发展增长极如图 1-10 所示。

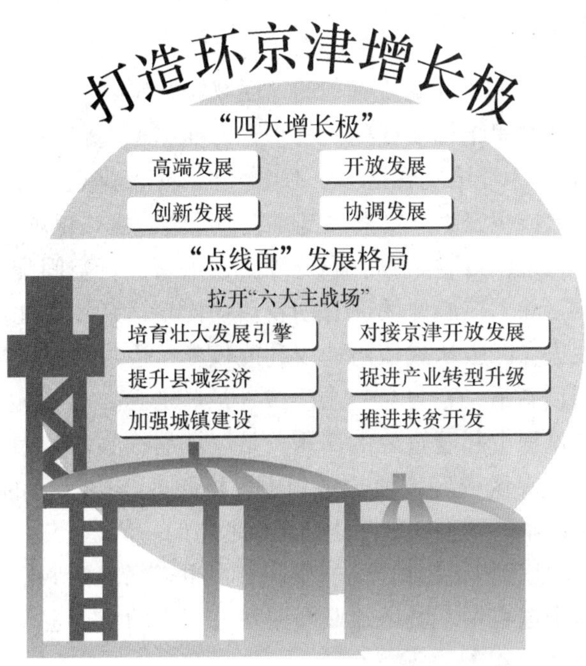

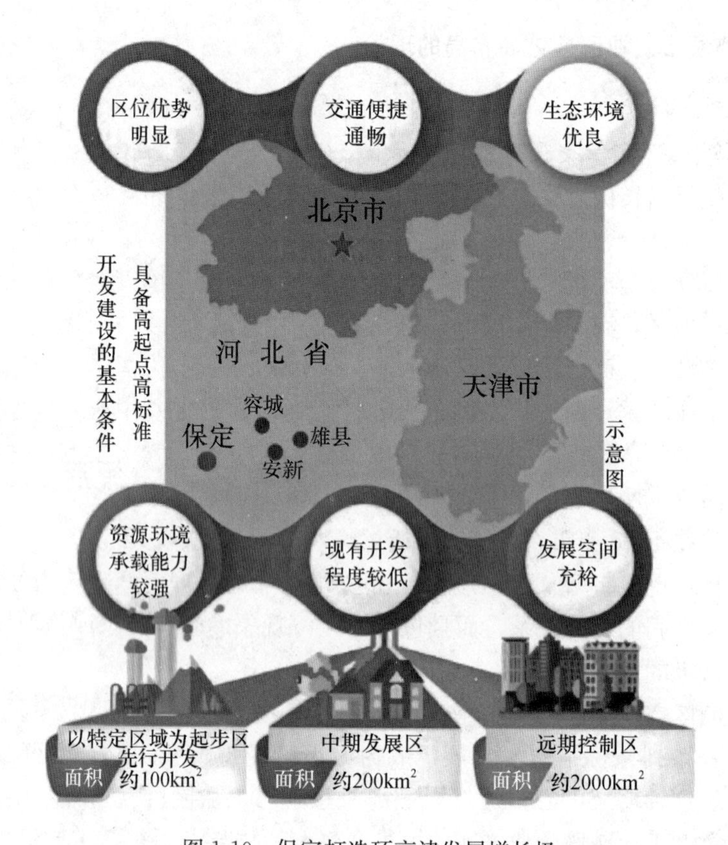

图 1-10　保定打造环京津发展增长极

资料来源：http://bd.leju.com/news/2013—07—31/133532213_5.shtml，http://mt.sohu.com/20170406/n486797774.shtml

2. 核心—边缘扩散理论

1966 年，美国规划学家弗里德曼在他的《区域发展政策》一书中提出核心-边缘扩散理论，这是解释经济空间结构演变的一种理论。弗里德曼将一定空间地域分为“边缘区”和“核心区”，认为经济发展是一个不连续的，但又是通过逐步累积的创新过程而实现的。核心区扩散或积聚生产要素，支配或引导边缘区，谋求经济的一体化发展，其实质就是为了最大化边际效益，对有限资源要素重新进行空间配置。核心区之所以能对边缘区施加影响，除了核心区的原有创新活动比较活跃，由此成为区域经济发展的源头外，还具有使边缘区服从或依附的权利或权威。边缘区在发展过程中接受核心区的创新信息，参与创新活动，自身也会生成新的核心区。核心-边缘扩散理论认为，城市在区域经济发展过程中起着重要的作用，是区域的核心；广大乡村地区是核心地区的腹地，是边缘区。在区域经济增长过程中，核心区与边缘区的界限将发生变化，从而使区域的空间关系不断调整，最终达到区域的空间一体化。

在核心-边缘扩散理论中，工业园区的空间布局也遵循着由城市核心区向城市边缘区扩散的过程。在这个过程中，城市工业园区在城市中的布局也是动态的，并逐渐趋于合理化。

3. 城市圈层结构理论

城市在发展过程中，最基本的前提是各种要素聚合到中心城市里面。古典经济学认为，经济活动的空间分化是由于由距离所产生的成本-效益的空间差异所导致的。新古典经济学派把非贸易用途的中间产品供给与技术溢出和地方性市场作为产业聚集的空间机制，解释了经济的空间聚集，不过忽略了部分能促进生产要素流动的外生条件和内生条件。以保罗·克鲁格曼为代表的经济学家为了修补这一明显的缺陷，在产业空间聚集中引入了收益递增，提出导致经济在更大范围内进行空间聚集的两种核心经济力量，是企业的产品规模递增效益和贸易成本。

集中生产被企业选择用来追求规模利益，并且在消费和生产交互作用下来增大生产规模；而对区域贸易壁垒和较高交易成本的规避又诱使更多的企业相互聚集在一起，从而使企业集中生产，聚集效益增加。很多企业在一起的良性发展，使得城市渐渐形成并且使城市的规模越来越大。不过随着城市的进一步扩大，也产生了一些区域拥挤的交通、造成了环境污染的一些城市病。这样就产生了聚集的不经济，有些由此失去了竞争优势而不得不向外面迁移。在进行扩散时，通过调整城市产业结构来重新获得规模聚集效益，等城市集聚到一定的程度然后再进一步向外进行扩散，就这样，在多次的聚集—扩散的循环下城市就得到了进一步的发展壮大。在聚集扩散中，城市的产业布局就会形成核心城市以服务业为主、周围地区以工业为主的差异；就这样，在空间结构上就会表现为核心圈层、中间圈层、外部圈层的圈层式结构。

4. 工业微观空间组织布局理论

在世界工业园区的发展过程中，工业园区的区位也在不断调整。西方的发达国家自20世纪50年代以来，针对工业过分集中在中心城区带来的多样城市问题，于是就把中心城区的工业向郊区进行迁移。这样工业郊区化总结出来就包括了两种空间形态，即依托卫星城或新城形成的工业园区和依托城市发展轴线开辟的“工业走廊”。从实践中可以发现，同一个城市一般有两种不同的工业布局模式。在这时，很多精心建设的工业园区出现在西方国家的城市郊区，成为郊区化的重要组成部分。依据工业微观空间组织的差异和工业企业在城市中的区位，以及制造业空间净收益与可达性之间的关系，Yeates（1990）把城市工业的布局分为离心集中型、散布型、市中心集中型和周围集中型，并指明了空间布局和工业性质的关联性。

（三）国外工业园区发展概况

工业园区起源于第二次世界大战后的西方发达国家。在二战后的城市重建和经济复兴过程中，越来越多的人开始看重对城市的建设问题，要用区域规划与城市规划理论来指导，对城市功能的合理布局进行强调，尤其是对先进运输设备与高速公路的发展，发展了适度远离城市的工业园区。

1. 世界工业园区的发展历程

（1）起步阶段（1950年代—1970年代）

在1950年代末，出口加工区在一些发展中国家与地区兴起，一种发展手段——工业园区被广泛采用。爱尔兰在1959年兴建香农国际机场自由贸易区，在贸易区内，可进行加工、转口贸易、储存，在园区里面的工业企业可以享受财政上的优惠政策。这种产业区形式的出现标志着出口加工区正式诞生。最先兴办出口加工区的是中国的台湾，并在1965年制定了《出口加工区设置管理条例》，台中、新竹、高雄等地区都建立了出口加工区，并且业绩都比较好，可以说是早期工业园区的典范。于是，有很多国家如韩国、新加坡等开始效仿，纷纷通过工业园区的形式发展各种类型的制造业。一些处于成熟期的技术密集型的产业和劳动密集型的产业伴随着欧美日等一些国家的产业结构逐渐升级被逐渐转移到亚太地区的发展中国家，进一步带动了这些国家工业园区的建设，就这样，一些发展中国家完成了向工业化国家的转型，成为了新兴工业化国家。

（2）转型阶段（1970年代—1980年代）

在1970年代后期，大多数地区与国家随着高新技术产业的发展，及全球竞争局势和能源危机的影响，亟须调整产业结构。因此，在城市郊区发展起来一些高新技术工业园区，这些园区经过精心规划并且区位良好、环境优美。西方许多国家为了让冷战结束后停滞的经济复苏，开始纷纷制定一些新的发展战略，把高新技术产业作为他们的发展重点。特别是美国，在1951年，就建立了斯坦福工业园，即硅谷。其后又建立了约占全世界总数的三分之一的三百多个高科技工业园区。在硅谷地区，创造了巨大的物质财富，它的飞速发展使其成为了高科技工业的中心，获得了非常大的成绩，并成为了世界学习的典范。

（3）发展阶段（1980年代—至今）

近二十年来，不同类型的加工产业园区、高新技术园区更是迅猛发展，且呈现出发展加速、功能综合、形式多样的趋势。根据1996年国际发展委员会的调查显示，各类工业园区的总数在全球超过12000个，其中有一千多个高新技术产业园区，有五百多个从事出口加工的工业园区。因为资源优势的不同和区域经济水平的差别，在这个时期，发展中国家与发达国家的工业园区表现出了不同的发展趋势和不一样的发展特点。因为受市场需求和劳动力资源的影响，在西方发达国家，大量向发展中国家转移其加工制造业。另外，在发展中国家，随着自身工业化的发展速度越来越快，其加工工业型工业园区的建设发展势头正猛。在这时，劳动密集型工业占主导地位，为了摆脱这样的落后现象，在发展中国家中开始向高科技化方向发展区域产业，积极开发和引进先进生产技术，尽力加快调整产业结构，使得发展中国家的工业化水平与发达国家的差距越来越小。另一方面，在发达国家，持续发展高新技术产业园区。发达国家促进区域经济增长的重点是技术城、科学园，它们是依托研究机构、高校等迅速发展起来的。现在许多国家发展工业经济就是通过加强工业与大学的相互联系，使居住服务体系的建设逐步完善，使科研成果产业化和商品化。

2. 世界科学工业园区发展的类型

（1）孵化器（创业中心）。专一为企业技术创新优化环境，培育技术密集型和创新型小企业，使其风险降到最小的组织形式。如美国创业中心等。

（2）科学城。初期表现是大学的集聚地和科研机构，主要从事应用研究与基础研究，而后成为把生产、科研、社会管理与服务、教学结合为一体的新型城市。如日本的筑波科学城。

（3）科学园。以大学为核心，通过校园土地出租等多种方式吸引企业进入从事中间试验和研究开发，集科学知识普及、技术开发和科学研究于一体。如中国北京中关村高新技术开发区、美国斯坦福研究园等。

（4）科学工业园。通过原有良好的基础设施、高质量的服务和优美的环境来吸引科研机构和企业，以进行工业生产基地建设。如韩国的大德研究园地和法国的格勒诺尔科学工业园等。

（5）高技术产业带。它是半自发或自发形成的高技术产业及科研机构大规模的集结地，是具有较广地域和高技术研究、开发、生产、销售、服务全功能，集科研、服务、销售机构于一体的地带。如加拿大的北硅谷、英国的 M4 号公路和美国的硅谷等。

（6）高技术产品出口加工区。是在出口加工区的基础上，提供研究环境和优良的投资环境，以引进先进智力和技术、吸引外资为主，把国外的先进技术转化成本国技术，带动制造产业向高技术产业转化的基地，其高技术产品主要供出口。如英国的苏格兰硅谷和新加坡的肯特岗科学工业园等。

（7）技术城。是以原有地方城市为母城，将产、学、研、住结合在一起，充分利用母城的各种有利条件，按全新设想建设的、环境优美的、与母城形成整体城市生活圈的新兴城市。如意大利的瓦兰扎诺技术城、法国的里尔技术城和日本的熊本技术城等。

以上几种形式存在一定的包容关系，孵化器是最基础的一级，是科学园的组成部分，科学园也是技术城、科学城、高技术产业带、科学工业园区的组成部分。如图1-11所示。

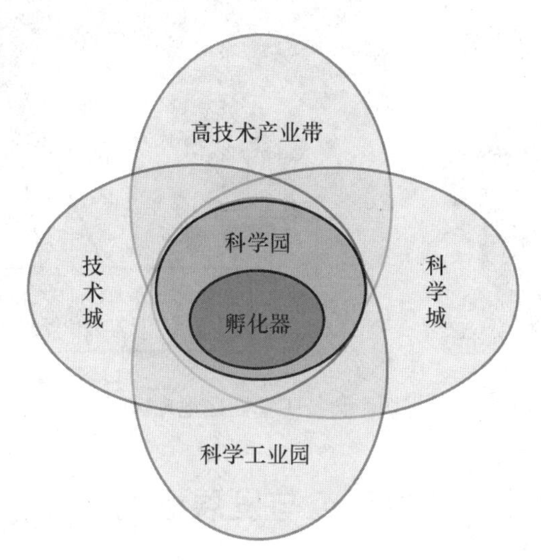

图 1-11　孵化器与科学园、科学工业园、科学城、技术城的关系示意图

资料来源：https：//wenku. baidu. com/view/d4f7ec767fd5360cba1adb5b. html

3. 世界科技工业园区的发展模式

世界科技工业园区的发展模式多种多样，总结起来有以下几种。

（1）优势主导模式

这种模式在发达国家比较常见，它谋求发展是以一个地区具有的优势为主导来进行的。高新技术产业园区的中国深圳，依托几个联邦政府研究机构和生物及信息技术的美国 1－270 高技术走廊，属此类发展模式。

（2）优势导入模式

这种模式源于不突出的地区优势，原有传统产业失去优势或比较薄弱的工业技术、科技基础，当遇到困难时，就放弃原有的传统产业而进行改变，创造条件来谋取未来的优势。改弦发展高技术形成的日本九州硅岛，它是在原有煤矿面临困难时改变形成的。

（3）优势综合发展模式

这种模式是利用本地区的各种优势来发展的，如产业、环境、学科、资源等。美国费城科学城、法国法兰西岛科学城等属于这种发展模式。

依据世界科技工业园区的文化传统和发展状况，把科技工业园区划分成东亚、西欧、北美和其他国家地区四个地理区。如图 1-12 所示。

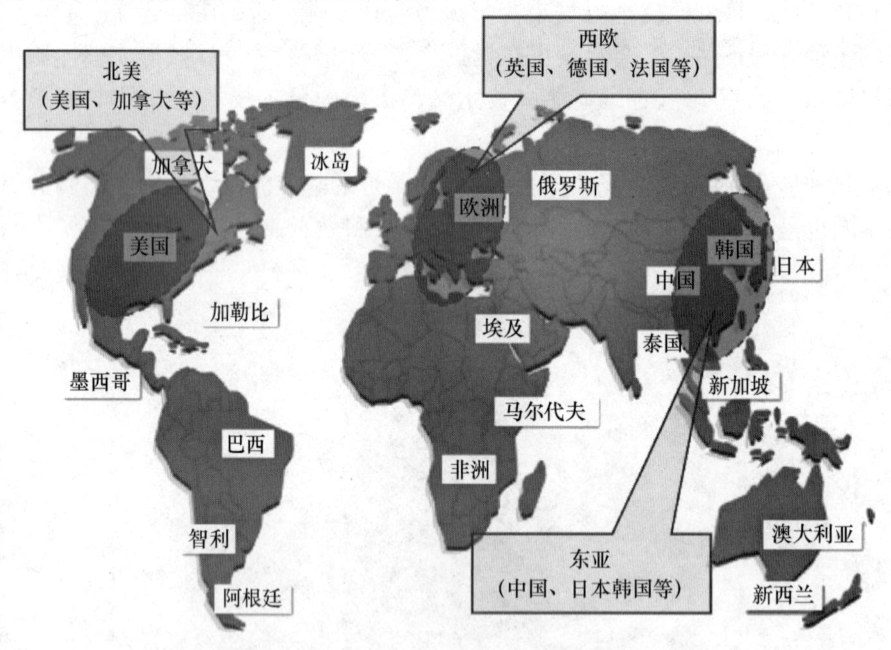

图 1-12　世界四个科技工业园区地理区分布示意图

1.1.4　国内工业园区理论研究与发展概况

（一）国内工业园区发展理论

1. 产业集群和区域发展理论

最早主要是我们国家的经济地理学界的一些学者进行产业集群研究。在 1994 年中日韩三国工业国际会议上，北京大学教授王缉慈探讨我国出现的一些发展中存在的问题和开发区现象，新产业区的概念同年在出版的《现代工业地理学》一书中被介绍，并且根据国内各个区域发展的实际情况进行了实证分析和探讨。

在我国国情的基础上，对工业园区的认识是从开发区开始的，在《关于中国产业集群研究若干概念辨析》中，王辑慈指出："改革开放以来，工业园区作为一种政策特区在我国外向型加工工业的发展中扮演了重要的角色。它以优越的基础设施环境，在吸引外资、扩大出口、创造就业机会等方面产生了良好的效益。然而，新时期工业园区的发展背景已经显著改变，工业园区的发展正进入一个关键的转型时期。"在此处讲到的工业园区即是开发区。在《创新的空间——企业集群与区域发展》里面，王缉慈还研究了新产业区理论的应用与理论方面，他是从高新技术产业开发区的空间考察出发的。王缉慈等还进一步推广了区域发展理论，产业集群新型区域经济发展理论是在地域生产综合体、增长极与梯度推移理论的基础上提出的。这个理论强调了区域分工的重要性，并且对发挥区域内多种多样的资源整合能力的作用又进一步进行了强调，特别是对技术创新和技术进步的作用。它是一种比较适合中国国情的区域发展理论。我国部分省产业集群分布发展情况如图 1-13 所示。

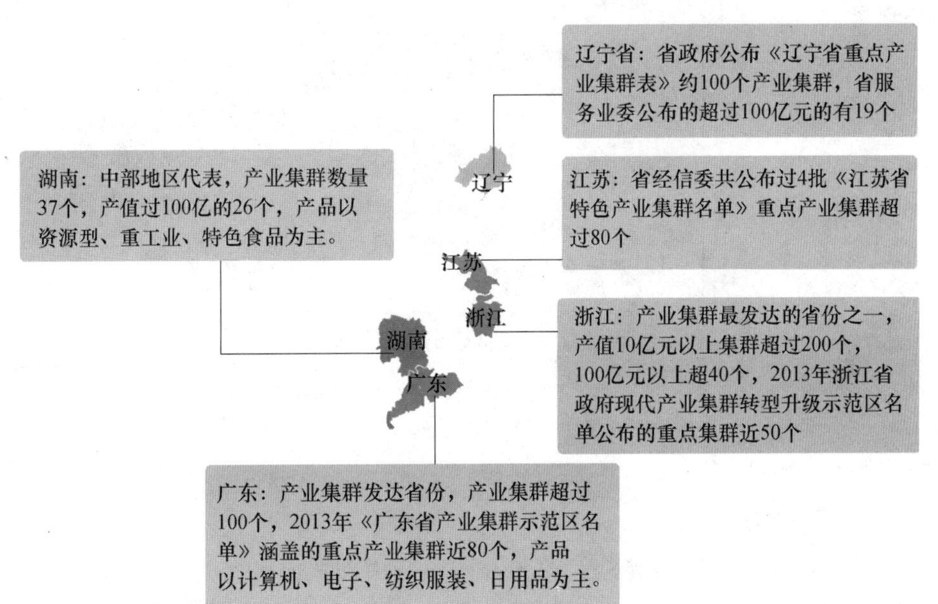

图 1-13　全国部分省产业集群分布发展情况

王缉慈教授还进行了区域发展与产业集群的研究。他结合高新技术产业开发区与工业园区等区域的发展、电子信息以及纺织服装等部门的发展、机械工业区的改造与传统的重化工业等一些人们面临的问题进行研究。

2. 循环经济理论

我国学者吴季松先生认为，"循环经济就是在人、自然资源和科学技术的大系统内，在资源投入、企业生产、产品消费及其废弃的全过程中，不断提高资源利用效率，把传统的、依赖资源净消耗线性增加的发展，转变为依靠生态型资源循环来发展的经济”，他较为准确地对循环经济进行了定义。循环经济也可称为资源循环型经济，是一种新型经济。它与传统经济不同，指的是以循环利用和资源节约为特征的一种经济形态。它的运作机制是在再使用、再循环、减量化的原则下，通过持续农业、生态工业、清洁生产、绿色消费、废物处理五个环节使能量和物质在整个社会内、企业间、企业内循环流动，最终达到能量的平衡。它是相对于传统经济而言的，其特征是“资源—产品—再生资源—产品”，表现为生产的低污染、低消耗、高循环率与高利用率，充分利用在生产中的物质资源，使经济活动对自然环境的影响程度降低到最小，用最小的成本来获得最大的环境效益和经济效益。

循环经济不是运用机械论规律而是运用生态学规律来对人类社会的经济活动进行指导，从本质上来讲，它是一种生态经济。发展循环经济的三个层面之一的企业间的循环，又主要是通过产业园区的形态实现。因此，循环经济理论是实现工业园区可持续发展的一种有效选择，是工业园区发展的重要理论。示意图如图 1-14 所示。

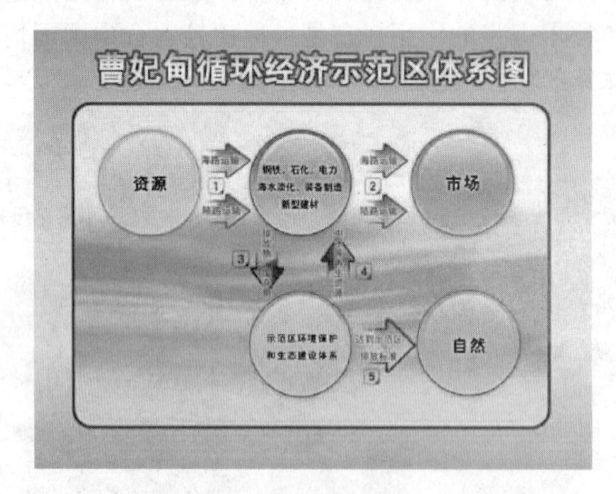

图 1-14　曹妃甸循环经济核心理念图

资料来源：http：//www. yidianzixun. com/0IaxTV4W

3. 三元参与理论

我国学者研究园区经济是从对改革开放以后出现的园区经济现象的调查研究开始的，以及对自由贸易区、国外科技园区等的比较、介绍与评价。最具代表性的理论有园区规模经济论、五元驱动理论、三元参与理论、城市空间结构理论和公司地理论等。

1993 年 6 月，在国际科学工业园协会第九届世界大会上，三元参与理论（图 1-15a）被提出来。这种理论认为，高科技园区是三方（政府、工商企业界与大学科技界）相结合产生的，并且在三方的积极推动与共同参与下得到发展，是高等教育、科技、社会与经济发展的必然产物。政府提供机制和环境，作为桥梁；工商企业界提供商品化市场与研发经费，大学科技界提供人才与技术，就这样通过园区平台三方的利益可以得到有效的实现（图 1-15b）。这个理论从园区各行为主体的利益出发，以园区作为载体从而实现三方共赢作为产业园区化的动力机制。

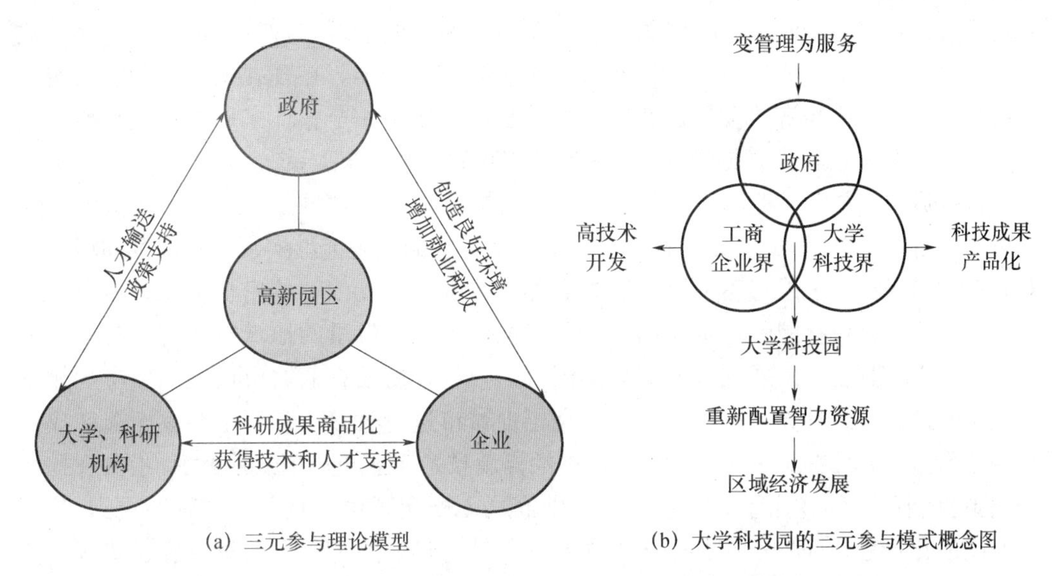

(a) 三元参与理论模型　　(b) 大学科技园的三元参与模式概念图

图 1-15　三元参与理论模型及大学科技园的三元参与模式概念图

（二）国内工业园区空间布局的理论

目前，对于工业园区的研究，我国多处于理论研究的早期，所以在一些学位论文中对于城市工业园区的空间布局研究比较多见，这些学位论文的研究代表着学术研究的前沿，近年来，学术研究的一个小热点是使工业园区在城市空间整合与布局的研究。

姜锋（2004）提出，工业园区的布局是一项复杂的系统工程，它涉及了很多问题，例如：园区的具体选址、园区与所在区域或城市的协调、工业园区的战略抉择、空间结构的优化与园区产业结构等。提出了“工业园区—园区系统—区域经济”的互动耦合观，这一复杂联系通过多级链条实现双向互动，最后决定各工业园区的空间布局。

在《大连市工业园区规划布局战略研究》中，鲁小波比较全面地研究了大连市工业园区的布局战略，其中综合规划方案的基础是用大连市 98 个工业园区综合评价排序结果制定出的，确定了各个工业园区产业规划方案与发展的方向，并研究了工业园区在城市中发展级别的提升。

在《工业园区空间整合研究》中，向发敏提出了当代中国工业园区空间整合的意义和内涵。园区空间整合就是要把彼此空间近邻但却彼此分离的工业园区整合成一些具有完善的配套设施、紧密合作的园区类企业、产业关联性的高档次产业园区，最终取得 1+1 大于 2 的效果。为了给高质量的基础设施提供创造条件，要通过整合形成规模园区；改变一些分散无序的竞争局面，打破那些相对来说比较封闭状态的工业区，有助于营造创新型环境，建立信息共享机制；为产业集聚发展创造条件，要实施统一的招商标准与产业引导；也可以让市场的响应度更活跃，进行更大力度与更高层面的品牌宣传，让更多的资金注入工业园区的建设。

张仁娇研究了产业集群的空间结构，在她的博士论文《上海工业集聚区的空间整合与模式创新研究》中指出，在我国重要的经济核心区——长三角地区，经济核心力的构成就是众多的产业集群。但关于长三角地区的产业集群在理论上的研究不多，关于长三角地区内部某些具体的产业集群的有关研究比较多。在现在这个时期，从宏观上研究长三角地区经济的发展态势，将长三角地区作为一个整体来研究比较重要。张仁娇研究了在一定区域内的分布产业集群及相互的地域组合关系。

依据城市发展和工业园区之间的关系，周成波提出了“城园一体化”的战略。他认为，“城园一体化”战略是这样一种发展模式，它的实施能够实现工业园区和城市的双赢。城市经济的发展与工业园区存在着相互推动、相互依存的密切关系。城市空间的重要组成部分包括园区，发展到一定程度的园区，城市里的地域空间特征与各个组成要素它必将具备，发展到成熟期后的园区，一些以前没有的城市设施和城市功能就会被不断地完善或补充，就这样，园区逐渐向城市进行过渡，甚至也会逐渐演变成一个城市新区。关伟提出了《基于市域范围的高新技术产业布局模式研究》，指出在扩散与集聚机制的共同作用下，高新技术产业布局不断实现由“点”到“轴”再到“面”的空间演化过程，即均质布局—极核布局—点轴布局—网络布局的过渡，这些区域高新技术产业布局演变的一般规律就构成了。

从总体来看，目前，有关工业园区的研究在国内外尚处于起步阶段，一些研究内容没有形成系统的、独立的体系，大部分都停留在综述阶段、理论化的概括、非体系化阶段。并且各个研究的成果都变现在不同的领域，甚至连园区经济本身的定义也没有达成广泛共识。基于中国的工业园区发展状况的不同，加上中国的国情特点，对工业园区的研究正在走向综合、走向成熟。

1. 国家级新区空间布局

至2017年4月，国家已批准成立了19个国家级新区，各个新区的总体规划都与其所在区域的地理位置、空间形态有着紧密的关系，因地制宜，提出了符合其发展需要的空间布局。如主、副、点、片、区、城、心、核、港、轴、带、廊、圈、翼、片区、组团及其组合等（表1-1）。

表1-1 部分国家级新区总体规划空间布局

新区名称	空间布局形式	新区名称	空间布局形式
浦东新区	一轴三带	滨海新区	一城双港三片区
重庆两江新区	一心四带	浙江舟山群岛新区	一体一圈五岛群
甘肃兰州新区	两带一轴两区四廊	广州南沙新区	一城三区一轴四带
西咸新区	两心一带四轴三廊多片区	贵安新区	一核两区
青岛西海岸新区	一心五区	大连金普新区	双核七区
四川天府新区	一带两翼、一城六区	湖南湘江新区	一主、三副、多点
南京江北新区	一轴两带三心四廊五组团	陕西西咸新区	一河三带十组团

天津滨海新区将以前的规划“一轴一带三城区”升级为“一城双港三片区”。“一城”指滨海新区核心区，包括塘沽区、开发区、天津港和保税区。“双港”包括了南北港区和海空两港。“三片区”指的是南部石化产业区、北部生活旅游区、西部临空高新区（图1-16）。

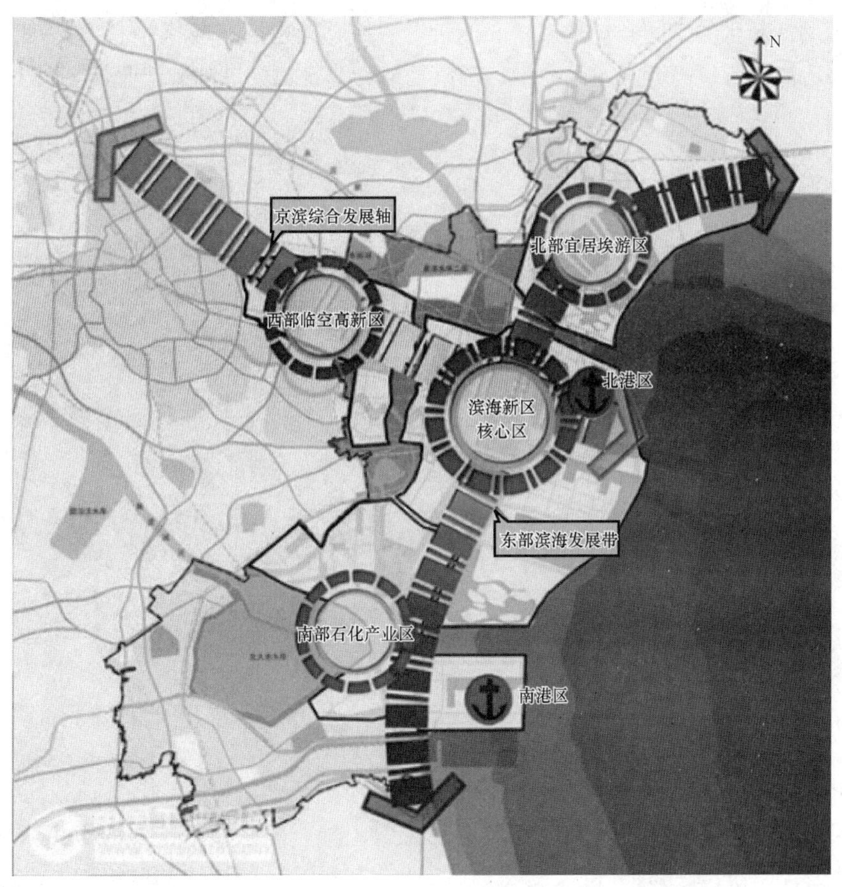

图 1-16　滨海新区新区“一城双港三片区”空间布局规划图

http：//www. cnrepark. com/news/2014－10/20141017 _ 78216 _ 3. shtml

上海浦东未来总体规划贯彻的规划原则为“一道三区金镶边”，它的立足点是：建设浦东新区的标志性区域与有国家级、辐射全世界能力的金融产业核心区，使现有用地布局调整提升扩展整合（图 1-17）。

图 1-17　浦东新区陆家嘴“一道三区金镶边”

http：//roll. sohu. com/20151109/n425740277. shtml

重庆两江新区的空间布局是“一心四带”。“一心”是指金融商务中心。“四带”分别为物流加工产业带、高新技术产业带、都市功能产业带、先进制造产业带（图 1-18）。

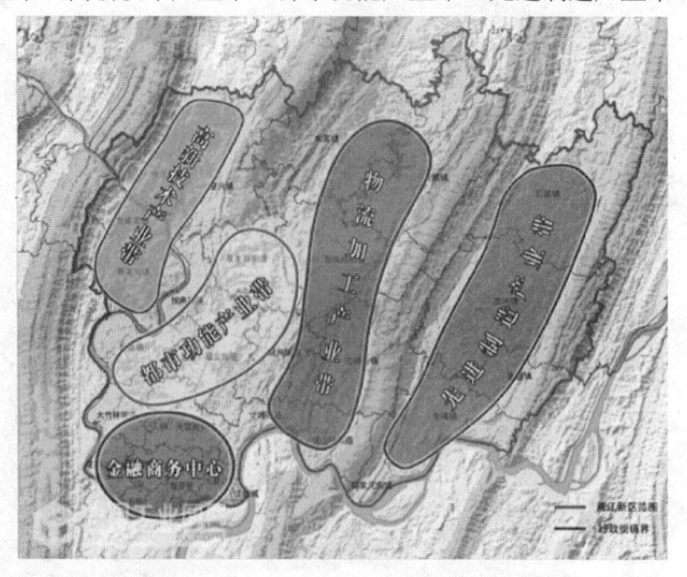

图 1-18　重庆两江新区“一心四带”空间布局

资料来源：http：//www. cnrepark. com/news/2014－10/20141017 _ 78216 _ 3. shtml

广州南沙新区的空间布局是“一城三区一轴四带”。“一城”指中心城区，“三区”指南、西、北三个组团。“一轴”指城市的发展主轴，串联城市主要的节点，构成北连广州主城区，南面海洋的可持续发展轴。“四带”指的是区域协调联络带。北部形成高端装备制造业协同发展带，中部形成两条区域综合辅助协调发展带，南部形成珠江口宜居湾新兴城市化转型发展带与区战略新兴产业（图 1-19）。

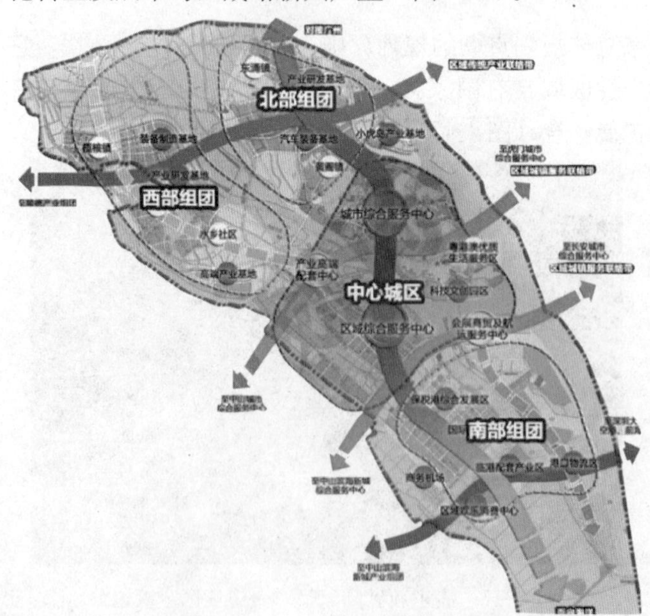

图 1-19　广州南沙新区“一城三区一轴四带”空间布局

资料来源：http：//www. cnrepark. com/news/2014－10/20141017 _ 78216 _ 3. shtml

湘江新区规划了“一主、三副、多点”的空间布局。“一主”指岳麓中心城区。“三副”指三个新城副中心，即北部高星副中心、西部宁乡副中心、南部坪浦副中心。“多点”指集约推动城郊镇发展，将雨敞坪、莲花、乌山等建设成为联动城乡、精致精美的卫星城镇（图 1-20）。

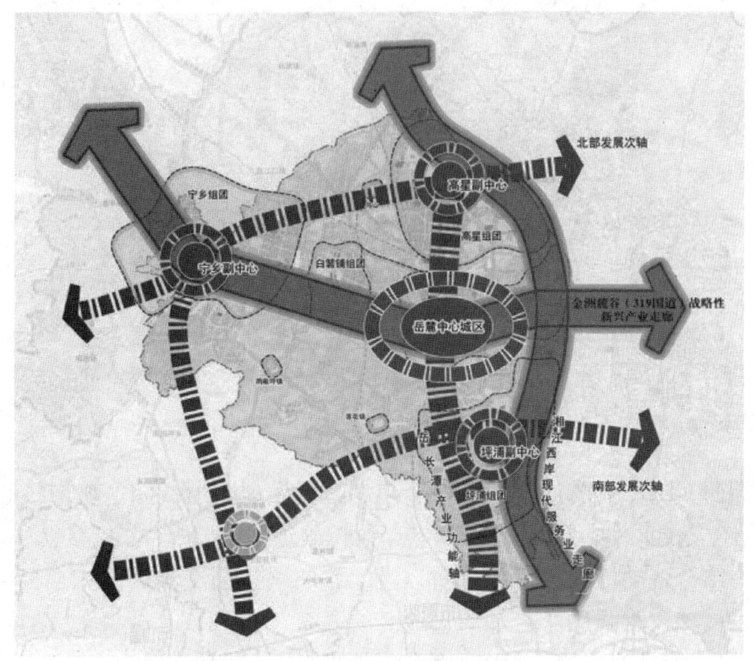

图 1-20　湘江新区“一主、三副、多点”空间布局

资料来源：http：//hn. rednet. cn/c/2016/05/17/3985248. htm

2. 典型工业园区空间布局

我国各类工业园区的空间布局以心、轴、核、带、翼、片、谷、园、区、片区、园区、组团、功能区及其组合而成（表 1-2）。

表 1-2　典型工业园区空间布局

工业园区名称	空间布局形式	工业园区名称	空间布局形式
苏州工业园	双核多心十字轴四片多区	南京海峡两岸科技工业园	一心一轴两带多组团
科创慧谷（青岛）科技园	一轴一带四片区	重庆南川工业园区	三组团两功能区
成都高新区	“一核两区多园”搭载“7＋2”创新型产业集群	长春空港经济开发区	一中心、两基地、六园区
中国（萧山）化纤科技城	一核、三轴、四片区	张家口高新区	三轴、一核、四区
东湖国家自主创新示范区	一心、一轴、五区、多园	广东台山工业新城	五心五区、六轴一带、绿楔渗透
长春高科园长德新区	一心一谷两翼一园	山东高密经济开发区	一轴两翼两带
泸州临港产业物流园区	一轴两心两带六区	珠海航空产业园	一轴两翼三心四区

苏州工业园在布局结构上规划形成“双核多心十字轴、四片多区异彩呈”的空间结构（图 1-21）。

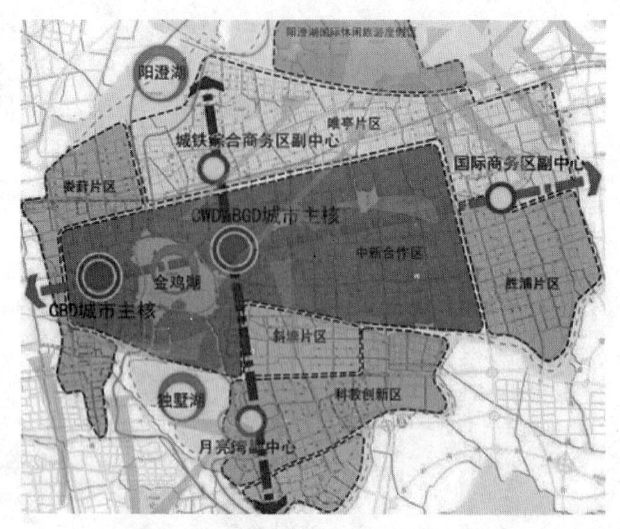

图 1-21　苏州工业园“双核多心十字轴、四片多区”空间布局

资料来源：http：//search. sipac. gov. cn/web/search

双核：湖西 CBD、湖东 CWD 围绕金鸡湖合力发展，形成园区城市核心区。

多心：结合功能区中心、城市轨道站点、城际轨道站点形成“三副多点”的中心空间。

十字轴：结合各功能片区中心分布，沿南北向城市公交走廊与东西向城市轨道线，形成十字形发展轴，加强中心区和周边地区的联系。

四片多区：包括唯亭街道、斜塘、娄葑与胜浦四片，每片根据功能又划分为若干片区。

珠海航空产业园的空间布局是“一轴两翼三心四区”，如图 1-22 所示。

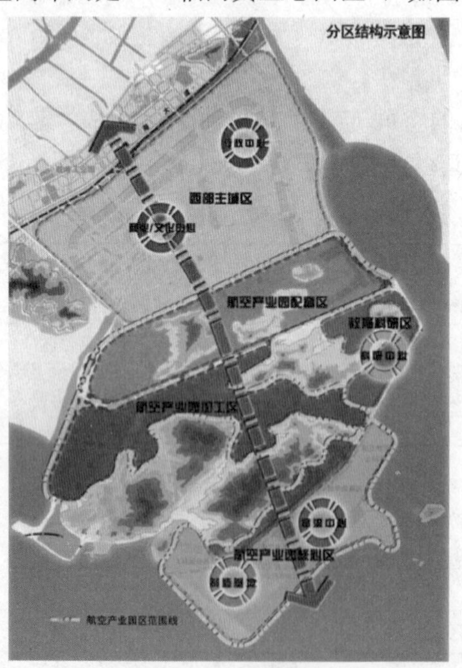

图 1-22　珠海航空产业园“一轴两翼三心四区”空间布局

资料来源：https：//baike. baidu. com/item/珠海航空产业园

一轴：航空产业发展主轴线，是指以环三灶半岛的快速干道机场东路、西路作为航空产业发展主轴线。

两翼：航空服务翼与航空制造翼。

三心：商业配套服务中心、科研培训服务中心、制造运营中心。

四区：航空城配套加工区、航空产业核心区、航空城生活配套区、航空产业加工区。

1.2　工业园区发展趋势

1.2.1　工业园区发展历程理论

（一）按发展阶段特征分类

工业园区的发展按阶段特征一般认为有四个阶段：生产要素聚集阶段、产业主导阶段、创新突破阶段和现代科技都市阶段，具体见表 1-3～表 1-6。

（1）生产要素聚集阶段

表 1-3　生产要素聚集阶段的模式分析

发展阶段	要素群集阶段
产业集聚能力	低成本导向，因为生产要素的低成本和优惠策略的吸引，导致资本、技术与人才的进入，但要素低效率配置
产业发展需求因素	廉价的土地、劳动力、优惠的税收政策
园区功能	加工型、单一的产品制造、加工
与城市发展空间关系	基本脱离（点对点式） ●←→●
核心驱动力	由政府的优惠政策等“外力”驱动
主要产业类型	低附加值、劳动密集型传统产业
产业空间动态	纯产业区。在空间上呈现沿交通轴线布局，单个企业或同类企业聚集
园区增值方式	人们对园区主要活动的关注可以叫作“工业产品贸易区”，其顺序是：贸—工业—技，它的增值手段主要是“贸易链”，就是通过与园区内外、国内外的贸易交换获取附加值
代表园区	我国一些发展水平偏低的产业园区目前尚处于这一阶段

（2）产业主导阶段

表 1-4　产业主导阶段的模式分析

发展阶段	产业主导阶段
产业集聚能力	产业链导向，重新整合各种各样的生产要素，使稳定的主导产业形成和具有上、中、下游结构特征的产业链，具有较好的配套条件和产业支撑
产业发展需求因素	一定的研发能力和配套服务，这时期企业的 R&D 主要依靠大学的支撑与外部科学结构，园区内企业自身 R&D 能力较弱

续表

发展阶段	产业主导阶段
园区功能	以产品制造为主
与城市发展空间关系	相对脱离（串联式）
核心驱动力	外力内力并举，即政府政策和企业市场竞争力驱动双重作用
主要产业类型	外向型的产业，其中以电子及通讯设备制造业为主
产业空间动态	纯产业区。在空间上呈现围绕核心企业产业链延伸布局
园区增值方式	人们对园区主要活动的关注顺序是：工—贸—技，可称之为“高技术产品生产基地”，其增值手段是“产业链”
代表园区	我国目前大多数发展较好的高新区基本处于这个阶段

（3）创新突破阶段

表 1-5　创新突破阶段的模式分析

发展阶段	创新突破阶段
产业集聚能力	创新文化
产业发展需求因素	高素质人才、良好的信息、技术及其他高端产业配套服务，园区自身R&D能力不断增强
园区功能	研发型，科技产业区，制造，研发复合功能
与城市发展空间关系	相对耦合（中枢辐射式）
核心驱动力	内力为主，技术推动，企业家精神
主要产业类型	创新型产业、技术密集型、生物技术、高速信息网络技术、新材料和先进制造技术、新型能源技术等重要的新兴领域
产业空间动态	产业社区。产业间开始产生协同效应，在空间上形成围绕产业集群圈层布局
园区增值方式	人们对园区主要活动的关注顺序是：技—工—贸，其增值手段主要是“创新链”
代表园区	中关村科技园、台湾新竹、法国索菲亚高新科技园

（4）现代科技都市阶段

表 1-6　财富凝聚阶段的模式分析

发展阶段	财富凝聚阶段
产业集聚能力	高势能优势
产业发展需求因素	高价值的品牌、高素质的人才资源、高增值能力和高回报率的巨额金融资本
园区功能	复合型（事业发展中心＋生活乐园），人气的集聚区，资本融通区，现代化综合城市功能，文化扩散区，产业集聚地

续表

发展阶段	财富凝聚阶段
与城市发展空间关系	紧密融合（多级耦合式）
核心驱动力	高价值的“财富级”要素的推动
主要产业类型	文化创意、科技创新产业及其他高端现代服务业为主
产业空间动态	综合新城。在空间上城市功能和产业功能完全融合
园区增值方式	人们对园区主要活动的关注顺序是：技—贸—工，以科技服务业、研发型产业、研发中心为主体，它的增值手段主要是“财富链”
代表园区	美国硅谷

对上面的四个产业发展阶段进行分析，就可以找到它们的相同点：它们有相类似的目标导向，都是为了使产业逐步升级，使园区发展更加可持续，使经济结构逐步优化。经过比较分析，我们也可以得出它们在规划理念上的不同点，具体见表 1-7。

表 1-7　不同发展阶段的规划理念对比

发展阶段	规划理念
生产要素聚集阶段	以要素集聚为核心；以低成本为导向；以加工型园区为主；以政府为驱动力；园区主要增值手段是贸易；以劳动密集型传统产业、低附加值为主导，产业上以同类企业或单个企业聚集；城市和园区的关系是基本脱离的
产业主导阶段	导向是产业链；核心是产业主导；以通讯设备制造与电子等外向型产业为主导，围绕产业链延伸布局；双力驱动是市场与政府；园区与城市的关系是相对脱离的；为主的是制造型园区；增值手段是园区的产业链
创新突破阶段	驱动模式是技术为辅、内力为主；核心是创新；主导是技术密集型等新兴产业，形成产业集群；为主的是研发型园区；城市与园区的关系是相对耦合的；主要增值手段是园区的创新链（技术）
现代科技都市阶段	以财富凝聚为核心；以复合型园区为主；驱动是高价值的要素；城市和园区的关系是紧密融合的；主导产业是文化创意、科技创新及高端现代服务业，实现产业功能与空间的融合；主要增值手段是园区的财富链（技术）

（二）按市场认可度分类

如果按照市场认可度对产业园区进行分类，可以分为以下四个时期（图 1-23）：

（1）探索期（1981—1991 年）。这一时期以国家成立的第一批老工业基地为主，服务于传统制造加工类企业，政府主导管理，管理模式较为粗放，业务形式较为单一。典型产业园区包括天津经济技术开发区、昆山经济技术开发区、沈阳经济技术开发区、武汉经济技术开发区。

（2）启动期（1991—2001 年）。这一时期以邓小平南行为标志，沿海经济地带大发展，众多经济开发区及科技园区涌现，围绕产业集群及产业链展开服务。典型工业园区包括杭州经济技术开发区、苏州工业园区、亦庄经济技术开发区、张江高科园区、西安高新技术产业开发区等。

（3）发展期（2001—2015年）。这一时期的工业园区发展，主要体现在高新科技产业园、孵化园、电子商务产业园以及服务于跨境贸易的免税区集体涌现，服务创新领域多元化，政府优待政策明确，园区多以平台化资源的模式出现。同时，这一时期国家级高新技术产业开发区经历了以创新为灵魂的“二次创业”，全力推进国家级高新技术产业开发区国际化。

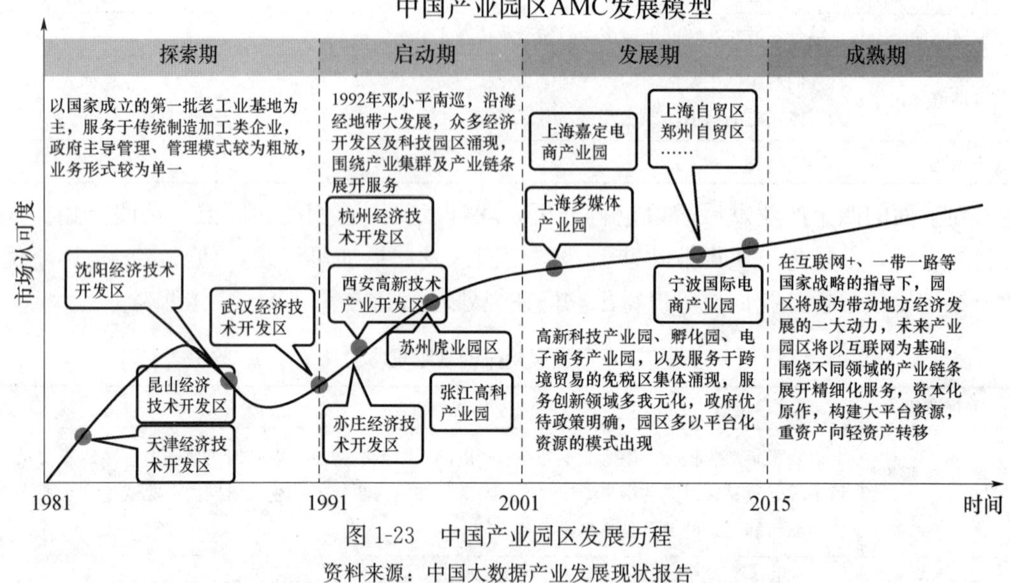

图1-23　中国产业园区发展历程

资料来源：中国大数据产业发展现状报告

（4）成熟期（2015年至今）。在“互联网＋”、“中国制造2025”、“一带一路”等国家战略的指导下，工业园区将成为带动地方经济发展的一大动力，未来产业园区将以互联网为基础，以智慧园区、生态园区、产城融合为目标，围绕不同领域的产业链条展开精细化服务、资本化运作，构建大平台资源，重资产向轻资产转移。

1.2.2　我国工业园区发展现状及存在问题

（一）我国工业园区发展现状

我国的工业园区经过几十年的发展建设已形成了多层次、全方位、纵深化发展的新格局。从我国改革开放到现在，作为城市众多产业的空间物质载体，工业园区的发展经历了质量上的起步到整合升级与数量上的快速增长至膨胀等不同的发展历程。这些年以来，我国很多地方依据自身条件与特点，不断新建各种园区，目前有1170个省级各类开发区，有国家级的保税区、出口加工区、经开区等478个，全国约有各类工业园区22000个。其中高新技术开发区和国家级经济技术开发区（图1-24）的数量越来越多。随着开发区的数量不断增加，我国工业园区对于国民经济的贡献率日益提高也从各类经济指标的变化情况可以看出来。以国家经济技术开发区为例，219家国家级经济技术开发区在2015年总体发展态势趋缓。地区生产总值、第三产业增加值、财政收入、税收收入、固定资产投资同比均保持增长（1.4%、7.8%、0.3%、4.5%、23.3%），但增速放缓，由于受国内外多重因素的影响，中、西部地区国家级经济技术开发区的税收收入、第三产业增加值、地区生产总值、财政收入和固定资产投资增幅均高于东部地区国家级经济技术开发区。

我们国家的工业园区大都在东部沿海发达地区集中，在中西部地区数量相对比较少，空间分布很不均匀。其中国家级经济技术开发区在东、中、西部的分布比例约为 2.5：0.7：1，国家级高新技术产业开发区的分布比例约为 2.3：1：1，在西部地区，其国土面积占 70%，但是只设置了 10 个国家级高新技术产业开发区和 13 个国家级经济技术开发区，这一现象，在一定程度上制约了经济快速发展的步伐和中西部地区优势资源的开发利用。

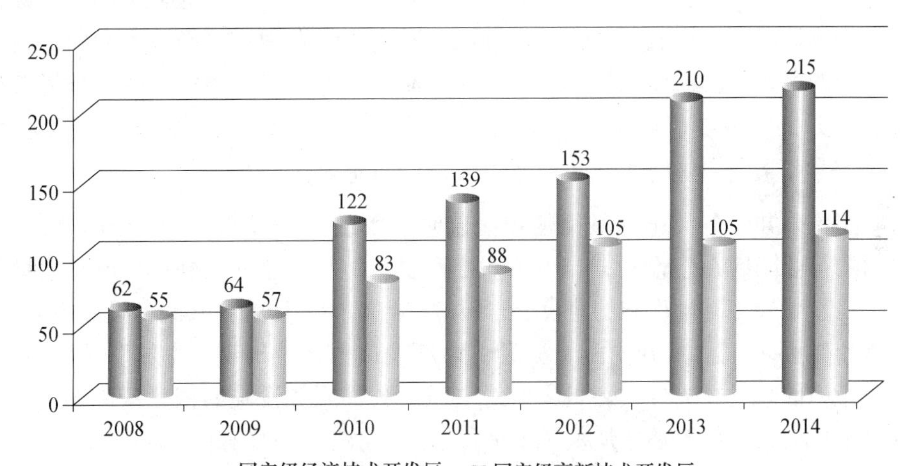

图 1-24　国家级经济技术开发区和高新技术开发区数量（个）

资料来源：前瞻产业研究院整理

虽然工业园区的空间布局不平衡，但是工业经济的快速发展依然使工业园区成为了我国国民经济发展新的增长点。据现在统计的 146 家高新区，发展形势非常好。“十二五”期间营业收入的增长速度保持了年均 17%，营业收入在 2016 年同比增长 11.5%，达到了 28 万亿元，工业生产总值也增长了 10.3%。特别是，17 个国家自主创新示范区对他们所在的区域经济发展发挥了巨大的辐射带动作用。这几年，四川成都、湖南长株潭、武汉东湖，主要的经济指标一直保持着 30%左右的增速，还有为北京贡献了 24.7%的 GDP 北京中关村，税收同比增长 25.5%的张江自创区，苏南自创区财政收入同比增长 19.7%。

（二）我国工业园区发展存在问题

1. 与区域发展不协调

我国的工业园区与其所依托的城市在规划编制主体、开发机制与管理主体上往往是不同的，园区与外围地区统筹整合不足，这就造成了园区与周边城镇因规划分离、联系分割、管理主体分设等而出现不同程度的区域发展不协调问题。在产业基础良好、政策扶持力度大的区域，工业园区的建设快于周边城镇建设，落后的城镇功能不能为产业集聚区的发展提供完善的服务支撑，工业园区的发展陷入困境。而在一些建设条件较好的新城内往往公共服务设施建设标准较高，商业商务、科研等各功能配备也较完善，空间品质较高，但由于产业集聚区经济辐射带动能力不强，造成高标准建设的新城无法吸引和集聚人口，城市建设也举步维艰。

2. 功能分区过于机械，不利于生产生活的组织

受传统功能分区规划理念的影响，我国城市用地一直存在功能分区现象，而这一现象在园区用地规划中更为明显，由于产业集聚区的主导功能是生产，常常大片工业用地连片布置，再加上传统工业企业的污染和噪声，园区内要么缺乏居住用地，要么把居住用地和公共服务设施用地布置在距离工业用地很远的地方，造成职工在居住地与工作地来回穿梭、日常生活不便，形成“产城分离”的布局。这种布局，一方面非常不利于企业发展生产性服务业，另一方面也不利于企业引进高新技术产业，因为高新技术产业的科研机构需要大量高技术人才，而这些人才对于居住及生活环境具有较高的要求。

3. 公共服务设施供给不足，无法吸引人口和产业集聚

工业园区公共服务设施的供给量和覆盖面是衡量一个园区是否宜居的重要标准。由于我国的工业园区在建设初期，为了“招商引资”吸引企业入驻，一般将大量资金投入到道路、管线等基础设施的建设上，而对服务居民生活的公共服务设施投入不足，这就使得园区因为生活不方便而无法吸引大量人口集聚，出现“鬼城”现象；而且，公共服务设施的缺乏还会导致新增人口对主城区公共服务设施的依赖，造成主城区公共服务设施压力大，同时还会加重区域交通负担。此外，一些初具规模的园区将公共服务设施的建设集中于“高标准、大手笔”的市、区级服务设施如博物馆、影剧院、图书馆等的建设，而对服务居民日常生活的菜市场、银行、商场、超市、室内外文体健身活动中心以及生态休闲等设施建设不够，也极大降低了产业集聚区的活力和生活气息。

4. 内部交通体系不完善，加剧产城分离

工业园区在建设初期，为了能够共享主城区的设施、资源及方便工业产品的输出，一般都是先进行区域性道路交通设施的建设，因此外部交通体系比较完善。但园区内部交通一般是随着产业集聚区规模的不断扩大而逐步增加的，因此可能存在道路分级不明确、对人行交通忽视、交通体系不完善等问题。而这些问题会导致一系列次生问题，加剧产城分离。道路分级不明确可能会导致各级道路功能混杂，生活性干道与生产性干道交织严重，不仅干扰货物的对外运输，还对居民安全造成威胁；随着产业集聚区人口的集聚，产业集聚区内对人行道路的需求越来越大，步行道设置不足或步行与车行混杂则会导致行人过多穿越车行道，增加交通隐患；此外，交通体系不完善、公共交通和慢行交通缺乏还会降低各级公共服务设施的可达性，使公共服务设施成为摆设而不是真正为居民提供便利的设施。

5. 生态景观建设滞后，休闲游憩空间缺乏

我国传统的开发区建设模式偏向于对生产空间的重视而忽视生活空间的建设，从而导致大部分产业集聚区景观绿地不足，环境品质不高。园区的绿地建设仍然停留在

满足基本的生产防护目标上，工业用地绿地率不大于 20%，生活区内缺乏大型的综合公园、专类公园以及为居民提供日常休闲游憩的小游园，有的产业集聚区虽然总体绿化指标不低，但绿地布局不合理、规模过大或过小、布局分散不成系统，难以形成美好连续的观赏景观和生态防护景观。此外，在生态景观的建设上，许多产业集聚区往往千篇一律地复制其他地方建设较好的景观而忽视了对自身山水文化资源的挖掘利用，导致景观缺乏特色。

1.2.3　城园关系发展阶段

城市和园区在要素聚集类型、制度体系形成和发展功能定位方面的不同，使得城市和园区发展既不可能孤立地存续于区域经济系统之中，又不可能毫无差别地将两者合为一体，这一特点促使城市与园区表现出持续不断的相互适应与相互调整，最后形成一个相互关联、分工明晰的园—城经济系统。城市与园区作为园—城经济系统的重要节点，随着时间的推移呈现出阶段性的变化。

（一）以城带园：助推园区集聚发展

在发展初期，园区经常在城市边缘区进行布局，依托城市承载能力与综合服务而实现起步发展，特别离不开城市对园区的环境营造、物流支撑与政策扶持，而优质要素诸如城市的技术、资金、劳动力、管理、信息等不断流入园区，为园区经济的起步发展提供很大的便利。在这一时期，城市对园区发挥着关键的依托和支撑的作用。从产业发展来看，城市中良好的产业基础已经具备，而且相对完整的产业体系也已经形成，表现出多元化的发展态势，而园区产业的发展刚刚起步，产业发展表现出经济规模较小，主导产业模糊，集聚能力弱小。明晰发展方向、加快园区集聚发展并形成规模经济效应，使园区的自我发展能力增强，这一阶段园—城经济系统发展的主攻方向是推动园区经济可持续发展。这一时期，区域经济社会发展的战略是“企业集群化、产业园区化”。城区企业所在地“退二进三”，企业进园区，推进企业集聚。

（二）城促园强：挖掘园区发展潜力

园城关系的落脚点开始集中于充分发挥园区的比较优势，加速园区经济的发展。一方面是因为园区的产业企业门类越来越多，园区的群簇功能和产业集聚渐渐得到了强化，园区里面的支柱产业开始由资源深加工产业代替原来的单一粗加工或资源依赖产业。在另一方面，城市发展速度开始低于园区的发展速度，园区逐步强化对城市的“回波效应”，园城发展要素开始由单向流动向双向互补流动转变，园区开始“反哺”城市，各种“要素流”（资金流、人流、技术流、物流、信息流等）和“要素力”（科技力、劳动力、文化力、资本力等）开始由园区向周边地区辐射并且动态指向城市。园区经济发展的重要推动力量是这时的要素产业集聚和体制机制创新。在这时，区域经济社会发展的战略是推进产业集群化、园区城镇化。

（三）园城对接：推动园城协调发展

城市和园区有着越来越紧密的关系，在经济发展速度上，园区由高速增长的形势有所回落并趋于平缓，但是在功能上开始转变成住、商、工、贸一体化的复合型园区，改变原来的单一生产型园区。在空间格局上，园区逐步和城市对接推进，园区逐步演变成新市镇、新城区或者城市化地区。园区产业的发展由“量”的扩张向“质”的提升转变，进一步凸显了集中集聚集约效应，关于产业集群已经基本成型。园区加大力度培育与引进高端产业，努力进入产业价值链的高端，园区开始向品牌打造进行转变，改变原来的产品生产，由原来的发挥资源优势向发挥创新优势与体制机制优势进行转变，再者转变为具有区域核心竞争力的资金技术密集型产业，改变原来的资源加工型产业。在这一时期，园区进一步增强城市经济的“反哺”作用，用技术创新、税收、就业岗位等形式来增强。园区对城市发展的影响非常大，城市竞争力水平的高低与园区的发展质量直接相关。同时，在文化氛围营造、制度管理创新、要素资源配置等因素的影响下，产业园区与周边非城市化地区的侧向、后向、前向产业之间的联系越来越强，它引领产业升级并带动周边地区产业的发展。园区产业结构完善化和规模扩张过程中产生出的对生产性服务业及消费性服务业的内在需求，为当地带来额外的就业需求，见表 1-8。

表 1-8 园区与城市互动发展的阶段性特征

互动阶段 相关特征	产业发展	经济 增速	要素流向	园城关系
以城带园	“小、散、弱”，支柱产业不明晰	缓慢	园区极化效应明显，要素流由城市指向园区	城市发展孕育园区经济
城促园强	由单一产业向复合型产业转变，主导产业以资源加工型产业为主	加速 上升	要素流由单向流动向双向互补流动转变，园区开始反哺城市	园区的集聚效应、自增强效应和溢出效应不断增强
园城对接	由单一生产型园区向工、商、住、贸等复合型园区方向发展，主要发展资金技术密集型产业	增速 回落、 趋于 平缓	园区全面反哺城市，“要素流”、“要素力”由园区向周边地区辐射并动态指向城市	园区产业园区发展带来的集聚经济、外部经济和范围经济显著提升城市竞争力和发展水平
园城共兴	园区优势产业或优势产业链条（环）基本成型，着力向高端产业和产业高端进军	增速 趋于 平缓	园区与城市间“要素流”和“要素力”趋于动态平衡，园区经济辐射逐步指向周边小城镇	园城产业共融、时空一体

资料来源：龚勤林—论产业园区与城市互动发展的时空关系及其路径
http：//www. docin. com/p－800379160. html

（四）园城共兴：提升园城互动层次

城市与园区在空间格局、政策重点与发展目标等方面渐渐趋于协调。强化了园区的物质财富核心生产地位，已经构建起基于全球产业价值链的优势产业部门或能体现自身优势的产业体系，并且更多的是作为具有企业与产业创新的孵化器或孵化园的面貌出现。对于创新型企业来说，入驻的主要因素是园区优良的创新创业环境，园区的主导产业与支柱产业渐渐变为经济效益好、成长潜力大、环境污染低与资金技术密集的战略性新兴产业。园区开始有了城市生活服务功能，园区在地域空间载体上逐步发展成为现代化的新城区与新兴城市，城市与园区两者间的时空界限开始变得越发模糊，各种“要素力”与“要素流”的流向开始趋于动态平衡，城市和园区的产业发展越来越走向互补融合，并且园区具有向周边小城镇辐射扩张的趋势，建成区和园区在时空发展维度上趋于一体，如图 1-25 所示。

随着产品更新换代及全球产业升级速度的逐步加快，以外资为导向、强调对外出口、以制造业为主的传统的开发区发展模式，逐渐被以高新科技、产业集群集聚和现代服务业相融合等新理念、新模式所取代，转向“工业新城”或“产业新城”（图 1-26）。

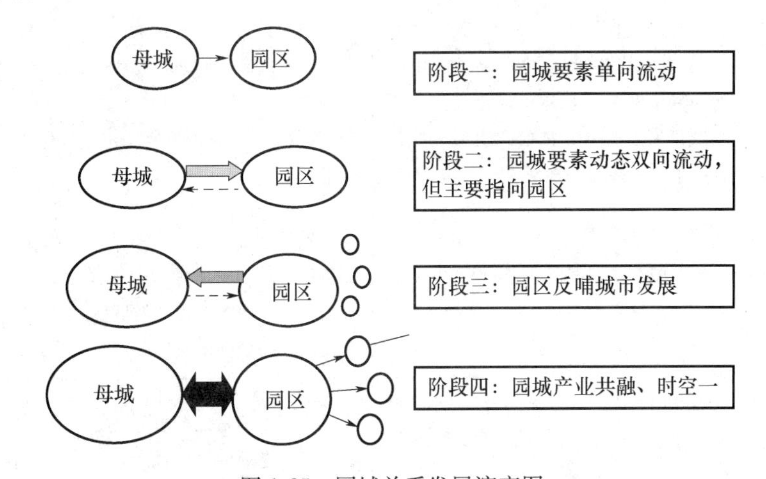

图 1-25　园城关系发展演变图

资料来源：龚勤林—论产业园区与城市互动发展的时空关系及其路径

http：//www.docin.com/p—800379160.html

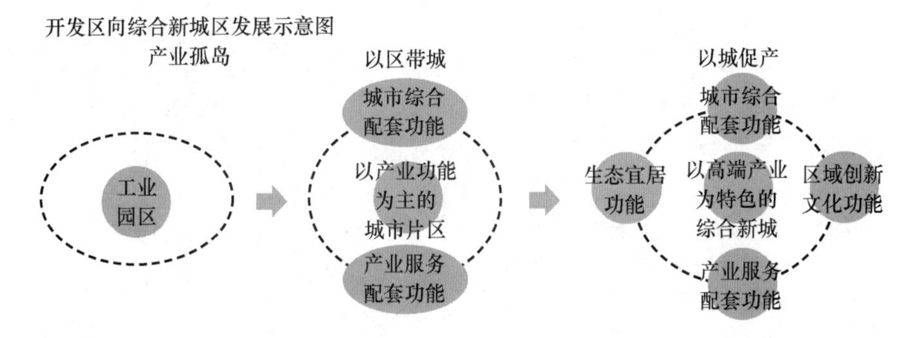

图 1-26　开发区向综合新城区发展示意图

资料来源：产城融合 _ 产业新城规划研究

https：//wenku.baidu.com/view/6a811fe4f46527d3240ce0fb.html

1.2.4 产城融合规划策略

（一）产城融合的战略应用

产城融合不仅是工业园区发展的终极目标、未来发展的必由之路，也是当前新城、新区（国家级新区），乃至房地产开发的规划战略思路，是地产业进化的必然结果。因此，新城新区、工业园区、产业园区只有空间尺度上的差别，规划理念上都趋向产城融合，进而提升至“产、城、人”融合（表1-9）。

表1-9 产城融合与“产、城、人”融合比较研究

项目	产城融合	产城人融合
背景	受开发模式与历史性因素的限制，我国产业园区在基本成型后往往成为了区域经济中的“孤岛”，从而导致功能结构单一、建设方式粗放与区域和城市发展脱节、钟摆式交通与职住失衡、综合竞争力不强等许多现象	城市太大，功能区过大，带来交通拥堵以及生产生活成本过高等问题，并在产城融合实践的基础上，深刻总结经验，提出产、城、人融合的概念，是“产城融合”理念的升级，也更符合“以人为本”的普世观
概念	通过“以产兴城、以城促产”，实现产城一体化发展	基础是城市，发展产业经济与承载产业空间，保障是产业，来驱动城市完善服务配套与更新，动力是人才，来增添城市的发展活力，以达到人、城市、产业之间持续向上发展、协调的模式
内涵	“以产促城，以城兴产，产城融合”，即以现代产业体系为驱动，以优美的生态环境为依托，将生态、居住、文化、商业、公共管理与公共服务、休闲、创新、娱乐等生活性和生产性服务有机融入园区的发展中，形成共生的多元功能复合新型产业园区乃至新城（区）	要实现人的发展与社会的、经济的、文化的、产业的、生态环境的良性互动和深度融合，就是要在城市发展中形成“产业升级、城市转型、管理创新”三轮驱动的新格局，形成城市与产业、产业与人才、人才与城市协调共融的发展新模式
核心	产业	人才
层次	低层次的融合	高层次的融合
落脚点	三大功能生态、生活（包含文化）、生产的平衡，并且在这基础上实现其他功能一体化的发展	产业、城市、人才三大部分的平衡，促进产业、城市、人才三者之间关系的协调互动发展
特点	1. 动力为产业结构，产业园区发展的初始驱动力为良好的产业基础，产业结构的升级导致社会结构中的消费结构和就业结构发生变化，影响空间结构分异； 2. 产业功能和城市空间功能的相互融合有利于创新型产业的发展；保障为社会结构的融合，就业需求的匹配度决定着居住人群的教育结构，不同产业工人对交通空间、产业的需求不同，消费能力的分层也导致了游憩空间、居住多样化的需求	1. 人才是产城人融合发展系统的核心，人才总体水平的高低和人才总量的多少决定着城市与产业发展的质量与规模； 2. 产业是产城人融合发展系统的基础，是联系人才与城市的纽带，产业的发展一定会使人才集聚，集聚了比较多的人才便会使城市更加繁荣； 3. 城市是人才集聚和产业发展的承载空间，是属于外部环境，城市对产业发展和人才成长提供优良的外部环境，是产业兴衰、人才聚散的前提条件

续表

项目	产城融合	产城人融合
基本元素	产业、城市	产业、城市、人才
应用	中泰（崇左）产业园； 日本筑波科学城； 苏州工业园	佛山狮山镇； 北京未来科技城； 苏州吴中区太湖新城

1. 地产发展的“产城融合”

亿达中国控股有限公司是中国领先的商务园区运营商，在2014年6月27日，其在香港联交所主板上市，主要经营的业务为物业管理、商务园区运营、商务园区开发、工程建设等，从目前已经完工的建筑面积来说，中国最大的商务园区开发商就是亿达。其运营理念为“以产促城、产城融合、轻重并举、共创价值”，亿达中国主要的做法就是在很多的城市创新和复制成功的商业模式，创造绿色低碳、可持续发展、城市和产业高度融合、环境优美、功能完善的城市生态与产业生态。亿达中国作为地产开发商，从“中国房地产进化论”（图1-27）悟出地产开发最终走向产城融合，并将其作为公司的运营理念。

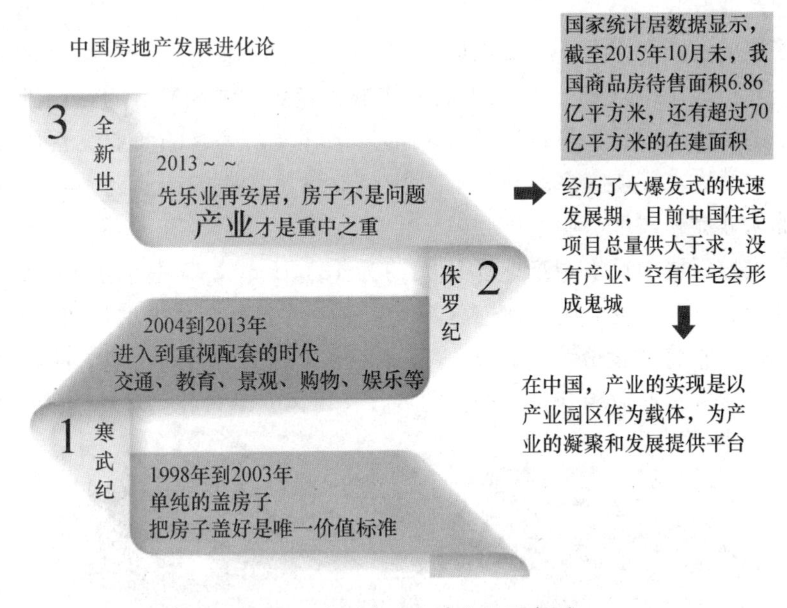

图1-27　中国房地产进化论示意图

资料来源：http://house.ifeng.com/detail/2016_06_12/50799321_0.shtml

现在，亿达中国的产城融合发展已经发展到更加成熟的阶段，并且其进行总结，提炼出了亿达智慧新城3S模式，比较适合现在的新经济形势，即智慧Smart，服务Service，可持续Sustainable，就是通过打造智慧的发展平台，运用全产业链的产业服务体系，推动园区的可持续、绿色发展（图1-28）。

图 1-28　亿达中国“产城融合”智慧新城 3S 模式

资料来源：http：//house. ifeng. com/detail/2016 _ 06 _ 12/50799321 _ 0. shtml

成立于 1990 年的天安数码城集团，总部位于深圳，是中国城市产业地产的引领者，同时也是中国最具规模的开发运营企业和城市产业地产。发展二十多年来，其产品形态历经工业园、工贸园、科技产业园，并且在 2009 年，在全国率先提出“城市产业综合体”的概念。现在，天安数码城已经是集交流、商务、产业与生活于一体的生活圈与企业圈，并且创造性地把园区分成主题产业园、生态型产业园和城市型产业园，用多元复合功能构筑产业园区特有的社会体系，推动区域的现代化、工业化和城市化发展，实现产业升级。

通过多年的实践和探索，天安数码城深刻领会了城市化发展过程中的一个核心理念，即“产业构筑城市未来”。天安数码科技城的成功发展经验表明，现代的科技产业园应被赋予两个新的内涵：应该有高品质的生态环境，完善的商业配套，用来满足现代产业人的生活诉求；还应该培育出有利于企业迅速发展的产业链条与产业资源，使园区里面的人才能够实现产业抱负。

青岛天安数码城项目规划产业园区大约为 135 万 m^2，其中生活配套约 90 万 m^2，涵盖高层住宅、产业研发大厦、独栋总部楼和别墅等多种产品类型（图 1-29）。作为城市产业综合体，它将建设成为包括电子信息、文化创意、主题产业、商贸物流、科技研发、总部经济等多产业相互协调进行发展，又可以实现自我循环功能的产业之城。

图 1-29　青岛天安数码城整体规划图

资料来源：http：//house. qingdaonews. com/news/2015—01/12/content _ 10860736 _ all. htm

2. 新城新区的"产城融合"

从广义上来说，新城新区是为了满足经济、生态、政治、文化、社会等多方面的需要，由投资建设和主动规划而形成的相对独立的城市空间单元。新城新区包括：物流园区、保税区、高新技术产业开发区、出口加工区、大学科技园、经济特区、经济技术开发区、边境经济合作区、旅游度假区、工业园区、自贸区，以及生态低碳新城、产业新城、临港新城、行政新城、高铁新城、智慧新城、科教新城、空港新城等。

（1）新城新区的龙头为国家级新区

从1990年代的浦东新区、2000年代的滨海新区，到2010年以后陆续获批的17个新区，我国目前共批复了19个国家级新区（截至2017年4月）。国家级新区战略成为21世纪以来的热点。其任务不仅在于通过官员高配、政策倾斜等促进地区经济增速，更在于在改革开放浪潮中，不断尝试探索多方面、多层面，兼顾广度和深度的改革和创新（表1-10）。

表1-10　2017年19个国家级新区体制机制创新要点与雄安新区重点任务

序号	名称	成立时间	体制机制创新要点
1	上海浦东新区	1992年10月	以制度创新为抓手，推进各类功能平台融合联动、协同互促，力争在深化自由贸易试验区改革创新、推进科技创新中心建设和推进社会治理创新上有新作为，持续在构建高标准开放型经济新体制上发挥引领示范作用
2	天津滨海新区	2005年10月	着力在深化"放管服"改革、培育壮大新动能、扩大双向开放等方面先行先试、率先突破，全面提升开发开放水平和能级，进一步发挥在京津冀协同发展中的示范带动作用
3	重庆两江新区	2010年6月	以深化内陆开放领域体制机制创新为重点，以战略性新兴产业为抓手，探索开放型经济运行管理新模式，推动建立质量效益导向型外贸发展新格局，进一步发挥在"一带一路"建设和长江经济带发展方面的引领作用
4	浙江舟山群岛新区	2011年6月	依托舟山港综合保税区和舟山江海联运服务中心建设，开展自由贸易港区建设探索，推动建立与国际接轨的通行制度
5	甘肃兰州新区	2012年8月	探索促进产业集聚和科技创新的新机制，打造务实高效的政务服务环境，充分激发社会投资动力和活力
6	广州南沙新区	2012年9月	深化粤港澳深度合作探索，推动建设粤港澳专业服务集聚区、港澳科技成果产业化平台和人才合作示范区，引领区域开放合作模式创新与发展动能转换
7	陕西西咸新区	2014年1月	深化城市发展方式创新和特色化产业发展路径探索，进一步发挥国家创新城市发展方式试验区的综合功能和在"一带一路"建设中的重要作用
8	贵州贵安新区	2014年1月	依托大数据产业发展集聚区、南方数据中心示范基地和绿色数据中心建设，探索以数字经济助推产业转型升级，促进新旧动能顺畅连续的供给侧结构性改革路径

续表

序号	名称	成立时间	体制机制创新要点
9	青岛西海岸新区	2014年6月	深入推进青岛（古镇口）军民融合创新示范区和青岛蓝谷海洋经济发展示范区建设探索，持续深化军民融合体制机制和海洋科技发展创新
10	大连金普新区	2014年6月	进一步创新管理体制，探索以科技创新和双向开放促进产业转型升级的有效途径，加快形成创新发展的内在动力
11	四川天府新区	2014年10月	突出"全面加速、提升发展"两大重点，加快全面创新改革，全力破解体制机制难题，进一步提升产业和区域整体竞争力
12	湖南湘江新区	2015年4月	深化要素市场创新，持续推进生态文明建设体制机制改革探索，在推进绿色集约高效发展与产城融合、城乡一体化发展等方面有所突破
13	南京江北新区	2015年6月	以科技创新培育发展新动能，以新技术助推行政管理体制改革，努力打造优良创新环境，积极发挥辐射带动作用
14	福建福州新区	2015年9月	积极对接国家"一带一路"建设，建立健全特色化综合服务平台，推进各类功能区深度融合
15	云南滇中新区	2015年9月	围绕建设面向南亚、东南亚辐射中心的重要支点战略定位，进一步理顺管理体制，健全要素保障机制，夯实开发开放基础
16	黑龙江哈尔滨新区	2015年12月	以优化发展环境为载体，以招商引资、产业集聚、对俄合作为重点，探索促进老工业基地转型发展新路径
17	吉林长春新区	2016年2月	构建科技创新平台，培育经济新动能，探索深化面向图们江区域合作开发新路径
18	江西赣江新区	2016年6月	围绕完善管理体制机制、创新发展平台、促进产城融合发展等方面进行探索，在促进中部地区崛起方面发挥积极作用
19	河北雄安新区	2017年4月	定位首先是疏解北京非首都功能集中承载地。突出7个方面的重点任务：建设绿色智慧新城；打造优美生态环境；发展高端高新产业；提供优质公共服务；构建快捷高效交通网；推进体制机制改革；扩大全方位对外开放

资料来源：根据国家发改委相关文件整理，http：//www.sohu.com/a/132517901_119038

国家级新区具有五个方面的角色，即改革红利释放区、改革探索试验区、区域核心增长极、产城融合典范区和绿色智慧宜居地。

从"经济特区"到"国家级新区"的转变，标志着空间战略向综合全面发展的转变，改变了原来以经济建设为中心的战略。国家级新区的发展与建设初期的经济特区相比较，是宜居宜业的新城市地区，也是产业经济发展的主战场，所以，从一开始建设就看重均衡发展与产城融合。从空间特征讲，国家级新区范围广、尺度大，均向多组团多中心的模式进行发展。因此，应进一步理顺和整合城区和产业功能区的关系，合理地划分"产城单元"。

在实现经济快速发展的条件下，国家级新区的规划建设也承担着研究低碳发展，让生态环境更美好的重要任务。在另一方面来看，国家级新区是全国新型城镇化建设的典范，它应该推广生态建设方面的先进方法，给中国特色新型城镇化的建设提供一个比较好的示范。

（2）国家级经济技术开发区、高新区成为新城新区的骨干

2017 年 4 月 8 日，根据国家商务部的网站信息，现在，全国国家级经济技术开发区有 219 个，边境经济合作区有 16 个；至 2016 年 11 月 27 日，全国国家级高新技术产业开发区有 145 个。

（3）省（市、区）级各类新城新区成为新城新区系统的重要支撑

有 1650 个各省级层面的新城新区，有超 1000 个规模比较大的市级新城新区。其中，在 32 个省（市、区）中，达到平均每县（县级市、市辖区）1 个新城新区的有 20 个。其中，新城新区县均数量最多的是广东省，平均每县有（县级市、市辖区）1.78 个。其次为山东和四川，平均每县有（县级市、市辖区）1.37 和 1.05 个新城新区。

在现在，我国的新城新区体系已形成包括超 3000 个在内的多类型、多层次新城新区。进入新的发展时期，渐渐地，经济增长的速度有所放缓，高速增长的城镇化、工业化时期已经结束。从总体上来说，新城新区将进入内涵式增长的新阶段。

产城融合成为新城新区的主要空间布局形式。在其发展过程中，有四种类型的产城关系，即有产无城、有城无产、产城低端结合、产城融合高度发展，未来新城新区发展的重要方向是产城高水平的融合。

在新型化的新城新区的规划建设中，其重要的空间布局方向和任务是产城融合。因此，在发展过程中值得注意的，一是合理预计人口增量，缩小新城新区的开发规模；二是科学选址；三是科学规划生态、生活、生产的空间组合布局；四是注重创新氛围与区域文化的塑造，以此来提高新城新区的美誉度和知名度等。

（二）产城融合规划策略

（1）定位契合

工业园区的发展定位特别是布局与产业选择要与其所依托城镇的发展定位相吻合，要符合城市总体规划等相关文件发展规划的性质定位，或者代表区域未来一个时期的发展方向和优势产业，支撑城镇发展愿景或者发展目标的实现。

（2）功能复合

产城分离最突出的问题为功能单一，在《美国大城市的生与死》中，雅各布斯强调“多样性是城市的天性”，对城镇特别是城镇活力比较重要的是功能复合。功能复合是指在工业生产的基础上，导入娱乐、居住、研发、行政管理、商贸和文化以及生态休闲、创新等功能，实现园区功能由片段式发展向全景式全面发展转变，即实现功能多样化的有机统一。中泰产业园功能协调示意图如图 1-30 所示。

（3）空间缝合

工业园区的选址位于城镇郊区或边缘地带，以孤岛型“飞地”面貌存在，并在极化效应的主导下，依靠着主城及周边地区的资源实现其快速的成长，这导致了严重的产城分离现象。朱孟珠等人通过研究发现，在我国新城新区中距离中心城区 0～5km 的占 21％，5～10km 的占 56％，20km 以上的占 23％。基于此，产城融合必须加强交通衔接，特别是建设连绵区实现空间缝合、优化城镇生长方向与引导交通无缝连接。

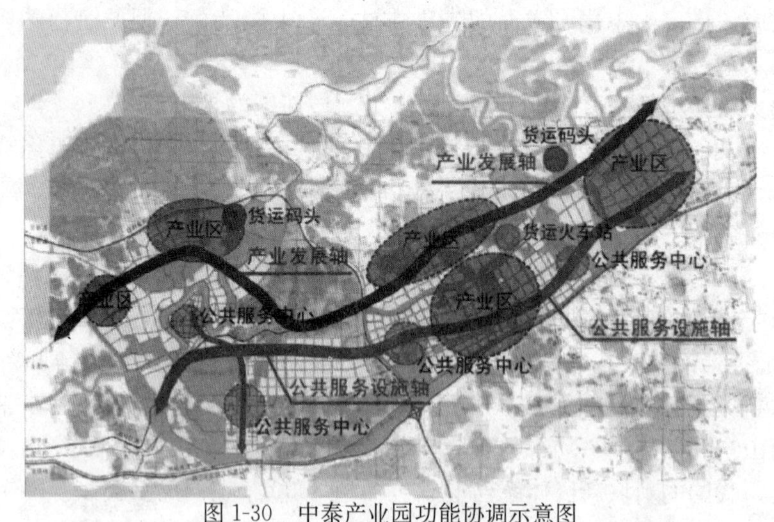

图 1-30　中泰产业园功能协调示意图

资料来源：欧阳东，李和平，李林，赵四东，钟源．产业园区产城融合发展路径与规划策略——以中泰（崇左）产业园为例［J］．规划师，2014，06：25—31

工业园区的内部交通主要由车行交通和人行交通构成。区内平时的人流量和车流量不大，但集中在上下班时为高峰。车行交通大部分为客运车，包括公共汽车、小汽车和公司班车，小汽车和公司班车一般为员工上下班或工业园区与外界进行业务洽谈、学术交流、参观学习的交通工具，公共汽车为集聚区内部各分区间主要的联系方式，车行道路主要由主干路、次干路和支路构成；人行交通主要为上下班时职工在工作地点和生活地点间来往穿梭的交通以及平时休闲游憩的交通，交通方式大部分为自行车或步行，园区的人行道路主要有支路、小路和游园路等。产城融合理念下的内部交通体系构建就是根据工业园区的内部交通特点，综合布置车行道、人行道等各种道路，形成以公共交通为主，自行车、步行、小汽车为辅的密度合理、整体有序、方便快捷的交通网络系统，便于人们的工作和生活。

同时也要加强工业园区外围铁路、高速公路、快速路的建设，加快构建贯通工业园区的客运轨道交通体系，可以有效提高园区与城市中心交流的强度和频度，也可以为产业集聚区导入人口、提升人气。同时，交通基础设施的建设对沿线的资源开发、房地产事业、物流产业、招商引资等横向经济都能起到一定的联合带动作用。

除此之外，在空间缝合过程中要充分发挥草坪绿地、山川水系等生态要素的作用，实施“生态优先”的战略，根据生态敏感性与适宜性构建园区内外部的生态安全格局，设置生态隔离带，实现空间生态化的“软缝合”。工业园区的景观规划也必然要求呈现多种类、多层次、多选择、复杂化的空间建设趋势（图 1-31）。这是因为，一方面随着产业集聚区产业的“退二进三”，必然要吸引低碳环保的高新技术产业入驻，而高新技术产业的生产设备对生产环境具有较高的要求；另一方面，高新技术产业一般都拥有较多的科技研发机构，这些机构会吸引一批高学历、高素质的人才前来就业，而这些人群的典型特征是对生活质量和工作环境具有较高的要求。过去对工业园区内绿化的要求只是为了满足最基本的生产防护功能，工业园区绿地数量少（绿化率一般不超过总用地面积的 15%）、规模小、布局分散而不成系统。

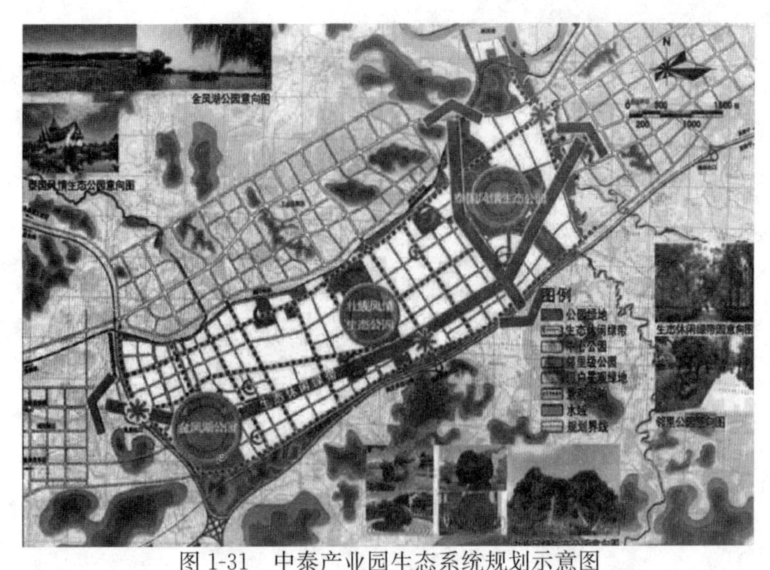

图 1-31　中泰产业园生态系统规划示意图

资料来源：欧阳东，李和平，李林，赵四东，钟源．产业园区产城融合发展路径与规划策略——以中泰（崇左）产业园为例［J］．规划师，2014，06：25—31

（4）用地混合

受《雅典宪章》的影响，传统产业园区的规划过于强调用地功能分区，交通、居住、游憩与工作四种功能均有严格且特定划分的空间领域，造成了各项用地空间的割裂。产城融合发展要强化用地的兼容性和产业园区功能分区，明确片区的功能，引导小聚集、大分区及适度混合的空间的有机生长，使园区具有适应多种变化的“弹性”。

园区用地混合就是根据功能需要与空间尺度在同一空间把不同类型的用地混合布局，用来提高工作效率，对日常生活比较方便。园区用地混合有多种方式，可以是生活用地之间的混合，也可以是生产用地和生活用地之间的混合。可以在园区生活区内，综合布置娱乐、居住、文化、商业、体育等多种功能用地，实现生活中心的辐射带动功能，增添集聚区活力，也可以在生产区内将工业用地、居住用地和服务设施用地综合布置，以减少通勤距离，缩短交通时间。

（5）产业聚合

产业园区规划应基于 OEM（贴牌加工）制造业，引导产业链条化与集聚化、企业集群化发展，引导产业园区从生产中心向地域生产综合体、从产业园区向产业社区甚至是综合新城转型。尤其要遵循产业链与价值链的规律，引导产业两端延伸——前端的研发设计（ODM）和后端的品牌培育（OBM），实现二产联动、产学研与产销协同，实现“3OM”（OEM＋ODM＋OBM）一体化发展。其中，产业前端还应兼顾信息咨询、商务会展和金融保险等其他生产性服务业，后端品牌培育还应包括城市形象、生态环境与文化景观等其他的品牌培育。除此之外，要培育园区绿色循环化产业链，引导园区从线性经济向循环经济进行转变，创造低碳的生态环境。中泰产业园产业协调示意图如图 1-32 所示。

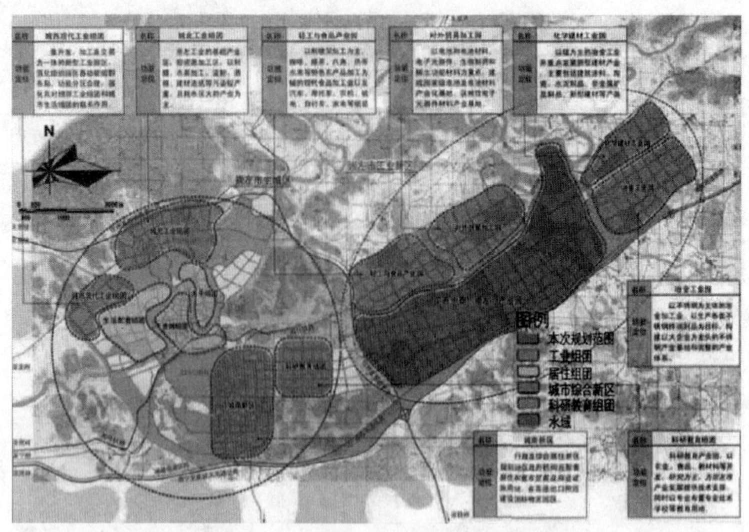

图 1-32　中泰产业园产业协调示意图

资料来源：欧阳东，李和平，李林，赵四东，钟源．产业园区产城融合发展路径与规划策略——以中泰（崇左）产业园为例［J］．规划师，2014，06：25—31

（6）规划协合

《中华人民共和国城乡规划法》第二十条明确提出，“在城市总体规划、镇总体规划确定的建设用地范围以外，不得设立各类开发区和城市新区”。因此，各类产业园区必须纳入到城市规划区的范围，加强土地利用规划、城市总体规划和产业园区规划等相关的规划尤其是其中强制性内容的统筹衔接，除此以外，通过土地利用规划与城市规划实施手段，统筹土地开发与区域产业空间布局，加强规划实施和监督的力度，避免对规划的任意调整或篡改，特别是避免在“退二进二”的过程中一些政府因为短期的利益驱使而强制推动园区功能向居住功能置换等。

园区与主城区如果要实现协调融合发展，首先在规划编制上要做到整体规划、前瞻规划和动态规划。当各个地方在进行编制产业集聚区规划的时候，要把园区规划纳入到当地社会经济发展规划、城镇总体规划和土地利用规划中，从城市甚至区域发展的角度对园区进行功能定位、主导产业选择、空间布局、空间管制等，最好能因地制宜地划定工业特别是基本生态控制线、城镇生长边界、污染工业控制线、蓝线、黄线与紫线等，以促进城镇和园区的协同发展。因为园区规划是在对现状分析的基础上综合考虑生态、经济、空间、社会等多种因素后做出的对未来发展具有指引与预见作用的规划，因此规划还必须有一定的前瞻性。如图 1-33 所示。

（7）结构耦合

城镇与园区的基本功能就是居住和就业，促进居住和就业耦合，就是促进就业人群与居住人群的结构性匹配，来实现职住平衡是产城融合的关键之一。我们国家和发达国家的有关成功工业园区的经验显示出，职住平衡比超过 60％就基本实现职住平衡。就业结构制约着居住结构，然而产业结构和就业结构有着紧密的联系。故只有产业结构、就业结构与居住结构（消费结构）相互匹配，才能真正实现产城融合。依据配第·克拉克定理，从工业化后期开始以来，第二产业就不能大量吸引劳动力，然而第二产业对劳动力具有更大的就业容量与较强的吸附能力。所以，产业园区应当适当地培育第二产业，尤其是高附加值的生产性服务业与就业系数高的生活性服务业。

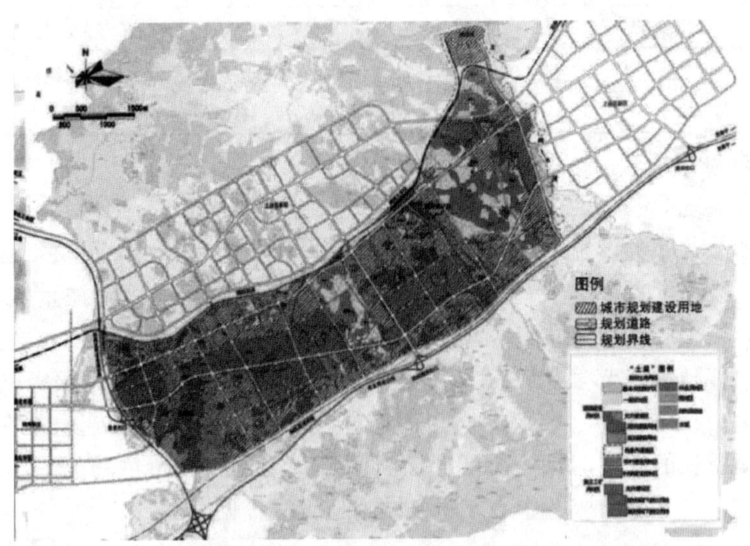

图 1-33　中泰产业园城乡规划与土地利用规划土地利用协调示意图

资料来源：欧阳东，李和平，李林，赵四东，钟源．产业园区产城融合发展路径与规划策略——以中泰（崇左）产业园为例［J］．规划师，2014，06：25—31

（8）人文融合

伴随生活消费观念的变化、通讯技术创新、产业升级与基础设施的改善，传统理论中产业布局和发展的主要影响要素正面临着比较大的挑战，决定性要素已不再是劳动力成本、交通基础设施和地租等，技术创新及其环境、行政绩效、优惠政策、生态环境优越性、廉洁程度、人力资本特别是高素质人力资源供给状态等因素的影响力正日趋增强。在产城融合的过程中应该加强对此新兴要素的关注，在园区规划编制和实施的过程中进行系统建设与专门研究，通过对科技创新、生态环境、综合服务与文化景观等主要的新兴要素的互动运营和保护开发，引导园区从综合园区向新型示范城、从技术园区向人文社区进行转型，提升园区整体能级和活力（表 1-11）。

表 1-11　产业发展与布局影响因素分析

影响因素	工业化初期	工业化中期	工业化后期	后工业化时期	类型
资源	高	较高	一般	一般	传统
交通	高 以货流为主	高 以货流为主	高 以客流为主	高 以客流为主	传统
能源	高 生产性能源	高 生产性能源	一般 生产生活并重	弱 生活能源	传统
通讯	低	较高	高	极高	新兴
科技	以经验为主	以技术为主	知识技术并重	以知识为主	新兴
文化	低	一般	较高	极高	新兴

续表

影响因素	工业化初期	工业化中期	工业化后期	后工业化时期	类型
政策	生产政策	生产政策	金融服务政策	人力资源政策	传统
劳动力	量大质低	量大质高	以高级技工为主	以知识分子为主	传统
生态环境	要求低，损害环境	要求低，损害环境	要求保护环境，可追求持续发展	尊重自然、追求经济、人、自然、和谐发展	新兴

（9）设施调合

设施配套应统筹园区的主导功能与性质，根据服务半径进行分级布局，构建等级化与体系化的公共服务设施网络。在创设期，园区优先发展产业，配套产业工人居住，并且公共服务设施配置社区级；这之后，向综合型产业园区转变，注重城区级与社区级设施配套，注重居住和公共服务设施配套的多样性，增设区级医院、商贸、体育与教育等设施；伴随人气与实力的持续上升，加快科研创新等生产性服务功能的植入，市级信息咨询、金融保险、会议酒店与商务办公等生产性服务设施通常在此时进驻；在成熟期甚至更长的发展时期，园区应该利用自身的比较有特色的资源，打造生态休闲度假基地与区域性综合服务中心。服务设施分级配置见表1-12。

表1-12　服务设施分级配置表

城市生活配套	片区（县）级服务设施	按照城市总体规划和商业网点规划进行布局与设置。在园区服务配套体系中，片区（县）级服务设施仅作为完整的园区服务配套体系中统筹考虑的一部分，不纳入园区服务配套设置的操作范围
	居住区级服务设施	规划服务人口规模为3～5万人，服务半径为1000～1500m
	居住小区级服务设施	规划服务人口规模为1～1.5万人，服务半径为500～800m
	居住组团级服务设施	规划服务人口规模为0.1～0.3万人，服务半径为300m
园区基本服务配套	园区服务点	以均质化的形式布置，服务半径为800m。包括宿舍、小食摊、小卖部、ATM机、露天健身设施、街头绿地等设施

1.2.5　促进我国现代工业园区发展建议

要想实现工业园区的可持续发展，就要考虑工业园区生产的每个方面，在工业园区建设规划、可持续发展建设及保障措施等规划建设方面做出相应的探讨。

1. 加强现代工业园区建设规划

在对工业园区进行建设规划的过程中，合理地进行优化可以实现良好节约，因此在规划工业园区的合理性上具有一定的现实意义。规划工业园区的整体技术水平和管理方面，应该有和国际接轨的意识，在工业建设中运用到的新型科学技术应大力发展，使我国工业园区的发展有一定的国际竞争力。在发展地区不同和行业主体不同的工业园区中，其相应的发展应依据不同的区域产业特点，对充分利用当地资源，形成以不同特色、不同推进策略为主导的生态工业园区。在工业园区中的不同成员之间，对物资的流动管理应加强并且完善，充分回收利用资源，以此来最大限度地降低资源的消耗。在工业园区的整体规划方面，应对企业工业园区的各类设施和信息、物质与技术合成做充分考虑，最终实现资源设施的共享。

2. 加强现代工业园区可持续发展能力建设

现代工业园在规划建设过程中，应当调整相应的产业布局，并且优化产业结构，以此来使资源实现最高循环利用效率。为了提高企业的生产效率，对不同类型工业园区的相互关系进行加强，来建立整体而稳定的工业网络监督并对工业园区进行管理，这就需要有关部门采取一定的管理措施，确保工业园区的可持续发展以及与企业项目目标相一致，进一步提升工业园区的可持续发展能力。

3. 加强现代工业园区保障能力建设

在规划建设中，工业园区相应的园区信息系统应建立起来，这样可使园区内的工作人员更好地掌控信息查询和资源共享等一些方面，工业园区信息系统的建立是一个数字园区、远程教育网，集高科技、院内局部网络于一体的信息控制系统，园内外的各种信息交流管理经由信息中心做调控并运转。除此之外，在规划建设中，工业园区还应该多多借鉴国外成功经验，相互贯通国内外的工业园区建设，来实现国际工业园区技术发展的合作与交流。

关于工业园区的组织管理，其内部管理工作应该得到加强，让工业园区的行业专家对其发展和建设进行参与，并建立相对应的小组，实现工业园区的管理统一。

在工业园区规划建设中，应积极进行宣传，让人们对工业园区充分认识，充分利用一些宣传工具，如电视媒体及相关网站等，加强工业园区内的信息交流，对现代工业园区的相关理论知识进行宣讲，及时更新思想知识和动态教育。

4. “十三五”工业园区发展重点任务

近年来，我国工业园区在快速发展的同时，也存在一些突出问题：园区数量过多、过散，有的园区规模偏小，产业规模效益不够高；有的园区规模虽大，但特色不鲜明，土地集约利用程度不高；有的园区龙头企业带动性不突出，产业配套体系不完善；部分园区以加工贸易和贴牌生产为主，产品附加值较低，处于价值链低端；园内基础设施和公共服务平台建设不足等。这些问题制约了工业园区的持续健康发展，也制约着产业结构的优化升级。

“十三五”期间，我国确定以改造提升工业园区、创建国家新型工业化产业示范基地为重要方式之一，以此推动工业结构调整和转型升级。“十三五”期间，工业园区要走出规范、特色、创新、升级的发展道路，重点抓好四方面工作：一是要围绕制造强国战略主线，着力提升工业园区的发展质量；二是要抓住互联网＋带来的发展机遇，逐步推动工业园区智能化、绿色化转型；三是要对接国家重大区域战略，积极探索差异化发展路径；四是有效整合各方资源，不断加强对工业园区的引导和支持。

5.《工业绿色发展规划（2016—2020）》明确“发展绿色工业园区”

改革开放以来，中国工业化发展取得了举世瞩目的成就，已成为世界第一制造大国和第一货物贸易国。然而，长期以“高投入、高消耗、高污染、低质量、低效益、低产出”和“先污染，后治理”为特征的增长模式主导中国工业发展，资源浪费、环境恶化、结构失衡等矛盾和问题十分突出。随着中国经济进入新常态，工业发展仍具有广阔的市场空间，同时也面临工业4.0时代新一轮全球竞争的挑战。在新形势下，党的十八届五中全会提出了绿色发展新理念。为落实绿色发展理念，加快实施《中国制造2025》，工业和信息化部制定《工业绿色发展规划（2016—2020年）》（以下简称《规划》），为“十三五”时期工业绿色发展确立了明确的目标原则和推进方略。

《工业绿色发展规划（2016—2020年）》明确提出的十大主要任务包括：大力推进能效提升，加快实现节约发展；扎实推进清洁生产，大幅减少污染排放；加强资源综合利用，持续推动循环发展；削减温室气体排放，积极促进低碳转型；提升科技支撑能力，促进绿色创新发展；加快构建绿色制造体系，发展壮大绿色制造产业；充分发挥区域比较优势，推进工业绿色协调发展；实施绿色制造＋互联网，提升工业绿色智能水平；着力强化标准引领约束，提高绿色发展基础能力；积极开展国际交流合作，促进工业绿色开放发展。

针对工业园区发展，在任务四“削减温室气体排放，积极促进低碳转型”中，提出“继续开展园区试点示范，结合新型工业化产业示范基地建设，加大低碳工业园区建设力度，制定国家低碳工业园区指南，推进园区碳排放清单编制工作，推动园区企业参与碳排放权交易。”

在任务六“加快构建绿色制造体系，发展壮大绿色制造产业”中，提出“发展绿色工业园区”。以企业集聚化发展、产业生态链接、服务平台建设为重点，推进绿色工业园区建设。优化工业用地布局和结构，提高土地节约集约利用水平。积极利用余热余压废热资源，推行热电联产、分布式能源及光伏储能一体化系统应用，建设园区智能微电网，提高可再生能源使用比例，实现整个园区能源梯级利用。加强水资源循环利用，推动供水、污水等基础设施绿色化改造，加强污水处理和循环再利用。促进园区内企业之间废物资源的交换利用，在企业、园区之间通过链接共生、原料互供和资源共享，提高资源利用效率。推进资源环境统计监测基础能力建设，发展园区信息、技术、商贸等公共服务平台。

1.3 工业园区规划概述

1.3.1 工业园区规划理论体系

根据各规划设计院、咨询公司从事大量工业园区规划的实践总结，针对工业园区的特殊性，其规划采用“三位一体”理论体系，即项目规划、功能规划、形态规划同时渗透到规划中，以保证规划项目的前瞻性、操作性和可实施性。

（1）项目规划

工业园区开发建设应遵循“项目带动、规划引领”的思路，结合园区发展中项目建设的积极性和辐射带动性，规划首先依托区域经济和产业发展战略，着重落实符合规划区产业要求的项目，引导规划区土地开发利用。

(2) 功能规划

根据项目规划结合产业发展趋势，通过对规划区的现场调研、资料分析、方案论证等流程，明确工业园区的定位和思路，确定用地的功能和方向，划分功能板块、按照投资估算设计开发模式，为项目落地、开发、建设提供基本功能结构。

(3) 形态规划

根据所确立的功能，规划项目内容所需土地的形态格局，提供详细空间布局、建筑控制指标及景观设计要素。形态规划上坚持追求特色化和主题性，避免同质化。

1.3.2　工业园区规划层次及技术路线

1. 规划层次

根据国家关于城市规划的政策规范要求，结合规划设计院从事大量工业园区规划的实践经验，充分考虑工业园区规划的独特性，将工业园区规划分为四个层次。即园区产业及项目布局规划、总体规划、控制性详细规划和基础设施规划。

2. 技术路线

结合工业园区规划层次，其规划技术路线为：从区域特色、现状条件及资源优势出发，形成产业及项目布局规划；通过产业发展及项目来考虑规划布局与功能安排，形成总体规划；从产业发展及项目落地要求角度出发控制各类用地指标，形成控制性详细规划；在控制性详细规划和各专项规划的基础上，对基础设施进行详细规划。其具体如图 1-34 所示。

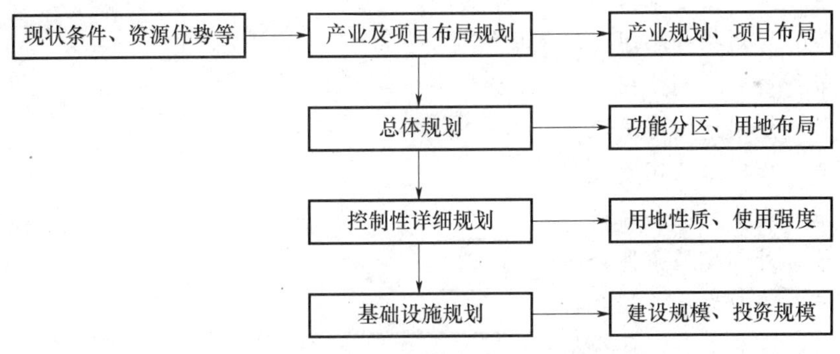

图 1-34　工业园区规划层次及技术路线示意图

3. 相关规划关系

工程实践中，工业园区的前期规划通常还包括战略性规划和概念性规划。通常，战略性战略属于软性规划，总体规划、分区规划、控制性详细规划、修建性详细规划等，空间规划属于硬性规划，概念性规划介于软性规划与硬性规划之间。

不同层面规划关系示意图如图 1-35 所示。

工业园区概念性规划是在宏观层面上对工业园区的发展勾勒理想蓝图，主要包括以下几个方面内容：

(1) 对规划区域的资源市场进行分析和预测。

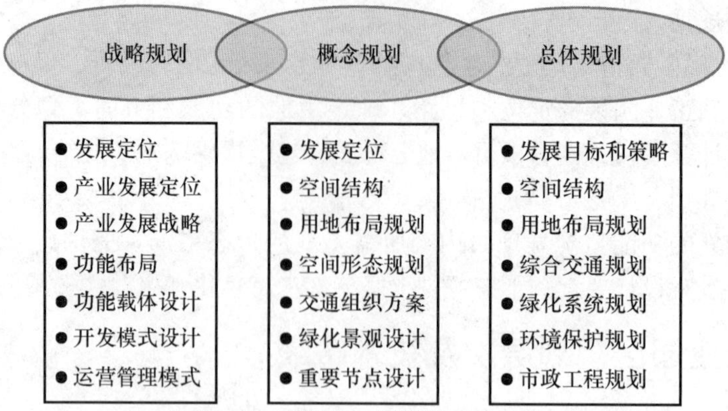

战略规划	概念规划	总体规划
● 发展定位	● 发展定位	● 发展目标和策略
● 产业发展定位	● 空间结构	● 空间结构
● 产业发展战略	● 用地布局规划	● 用地布局规划
● 功能布局	● 空间形态规划	● 综合交通规划
● 功能载体设计	● 交通组织方案	● 绿化系统规划
● 开发模式设计	● 绿化景观设计	● 环境保护规划
● 运营管理模式	● 重要节点设计	● 市政工程规划

图 1-35　不同层面规划关系示意图

资料来源：http：//blog. sina. com. cn/s/blog _ d179b6e80102vbpi. html

（2）确定工业园区的发展方向和发展战略。

（3）明确工业园区的定位、特色和主要内容。

（4）提出相关要素发展的原则和方法。

（5）提出规划区发展的重点项目，强调创新、个性和特色。

以重庆麒凌规划设计有限公司完成的《重庆江津区工业园区珞璜工业园概念性规划》（2007 年）为例（图 1-36），其概念规划说明书包括五章，其提纲如下：

第一章　总论

第一节　规划编制背景

第二节　上一轮总规实施回顾

第三节　规划指导思想与编制目标

第四节　规划编制依据

第五节　规划范围与层次

第二章　珞璜工业园发展条件

第一节　现状概况与分析

第二节　外部发展条件分析

第三节　产业发展前景分析

第四节　发展有利条件分析

第五节　发展制约因素分析

第三章　性质、发展目标与发展战略

第一节　工业园性质

第二节　发展目标

第三节　发展战略

第四章　规划策略与城乡协调发展

第一节　规划策略

第二节　城乡协调发展

第五章　工业园概念规划

第一节　建设现状

第二节　用地发展方向
第三节　工业园规模
第四节　工业园空间结构
第五节　功能布局与产业规划
第六节　用地规划
第七节　综合交通规划
第八节　绿地系统规划
第九节　生态建设和郊区规划
第十节　城市设计导则
第十一节　空间管制规划
第十二节　环境影响评价
第十三节　环境保护规划
第十四节　市政基础设施规划
第十五节　综合防灾工程规划
第十六节　远景规划构想

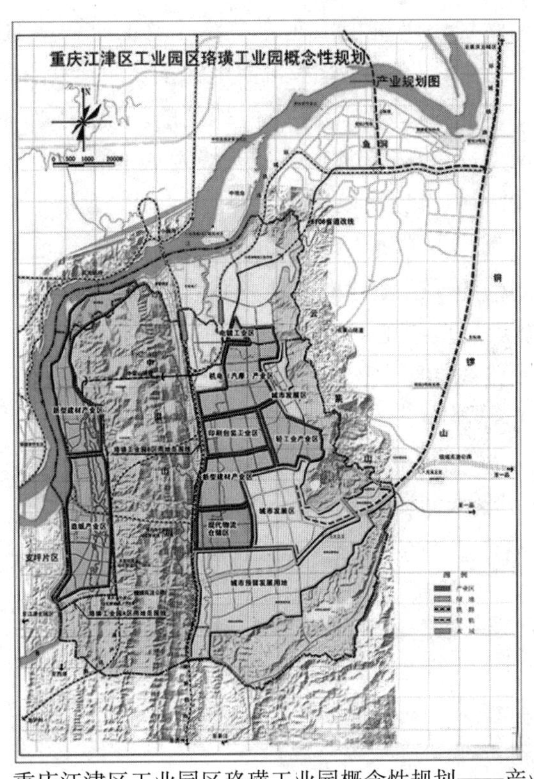

图1-36　重庆江津区工业园区珞璜工业园概念性规划——产业规划图
资料来源：https：//www.qianzhan.com/cluster/detail/178/130327－ed8df891.html

对于工业园区战略规划，目前尚没有明确统一的定义，我们可以从城市空间发展战略规划来获得启发。城市空间发展战略规划研究就是利用城市规划学、城市经济学、区域经济学、环境生态学等多学科的基本原理，从城市自身的基础条件出发，通过对城市的资源条件、产业基础条件、交通区位条件、能源条件、区域经济条件等方面的分析和比较，结合城市历史发展的经验及城市产业发展的经验，为城市的发展提供一系列的目标，并结合目标提出城市发展战略目标和措施建议。由于城市空间发展战略规划不是我国城市规划法定体系的部分，规划的内容和要求也没有具体的规定，战略规划研究过程中更为注重思维的灵活性，主要包括内容组织、工作方式、成果表达等。

城市发展战略规划的编制内容通常包括以下几个方面：空间结构方面（包括构筑完善的城市空间结构布局、建设便捷的交通网络条件）、经济产业方面、人文社会方面和生态环境方面。

因此，我们定义工业园区战略规划是：利用城市规划学、城市经济学、区域经济学、环境生态学等多学科的基本原理，从区域基础条件出发，通过对园区选址所在城市的资源条件、产业基础条件、交通区位条件、能源条件、区域经济条件等方面的分析和比较，结合城市历史发展的经验及城市产业发展的经验，为工业园区的发展提供一系列的目标，并结合目标提出工业园区发展战略目标和措施建议。

以《株洲市清水塘老工业区搬迁改造战略规划》为例，清水塘工业区位于株洲市中心城区西北部，南邻湘江，北侧、西侧紧邻长株潭绿心，面积约 15km^2。清水塘工业区作为“一五”时期始建、以重化工业为主导的老工业区，引领了株洲城市演变的开篇，具有重大的历史意义，但同时清水塘多年的工业生产也导致了严重的污染问题，严重威胁株洲市、长株潭绿心以及湘江中下游地区的环境品质。在国家生态文明建设、长株潭城市群建设“两型社会”、株洲市转型升级发展的背景下，清水塘工业区作为全国循环经济试点区、全国城区老工业区搬迁改造试点区，其搬迁改造工作形势紧迫。

（1）规划思路。为应对本项目土地开发成本高、存在多元主体需求、市场环境快速变化等难点，本规划构建了实施导向的技术路线，在“先治理、后开发”的前提下，形成以核心项目、实施路径为核心，以动态空间布局、运作模式、效益评估为支撑的创新技术思路。其技术路线如图 1-37 所示。

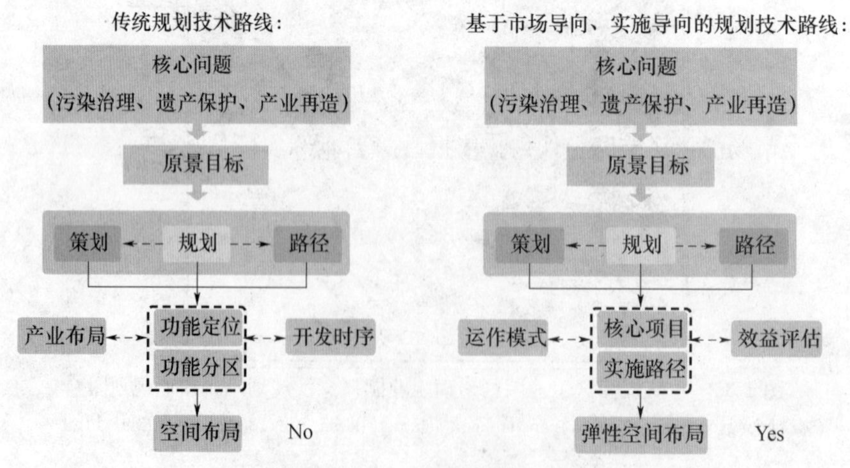

图 1-37 株洲清水塘老工业区搬迁改造战略规划技术路线的形成

资料来源：http：//www.zznews.gov.cn/news/2017/0626/260127.shtml

（2）规划重点。本规划重点内容从功能业态策划、空间布局规划、实施路径计划三方面展开：

① 供给侧＋需求侧的功能业态策划。在深入研判基地优势资源的基础上，面向城市、企业、居民的多元需求，明确基地功能定位，并进一步研究相关功能的发展演变特征以及最具生命力的业态，精准策划核心功能的引爆点。经过分析，确定了工业文化旅游休闲、科技创新、口岸开放三大核心功能，以及主题公园、体验式商业、科技园、保税区四类主体业态。

② 不变＋可变的动态空间布局规划。构建了由“引爆区、拓展区、衍生区、迭代区”构成的弹性功能网络，在提供一个持续稳定的空间结构基础上，形成模块化分区的灵活组合方式，营造不同主导功能、不同空间规模、不同开发时期之间的弹性，并形成兼容开发不确定性的概念性土地利用规划方案（图 1-38）。

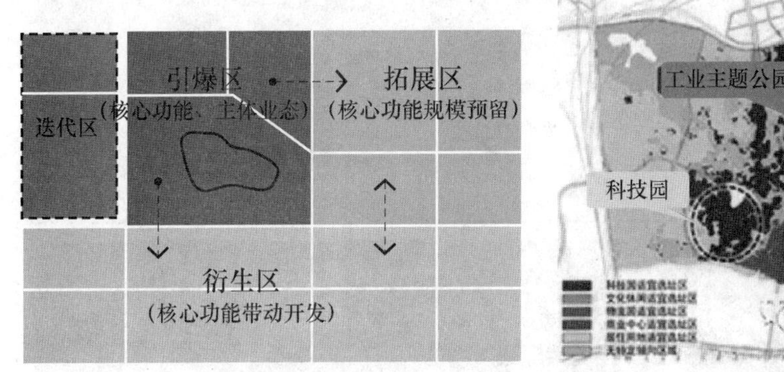

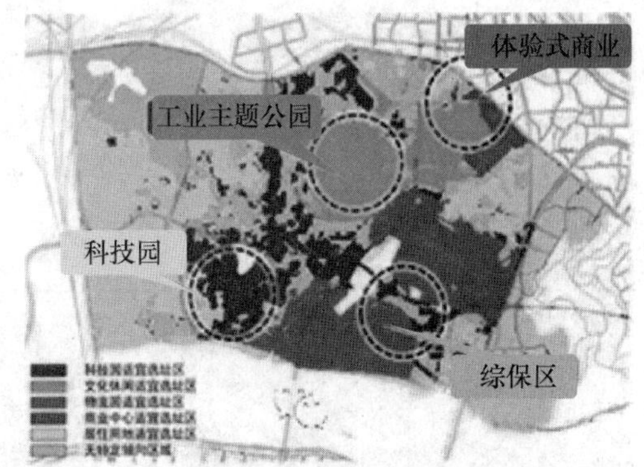

图 1-38　构建由“引爆区、拓展区、衍生区、迭代区”形成的功能网络

资料来源：http：//www.zznews.gov.cn/news/2017/0626/260127.shtml

引爆区锁定四大主体业态，分别是工业主题公园、体验式商业中心、科技园和保税区，通过土地价值评估为“引爆区”合理选址。拓展区选址在引爆区的邻近区域，形成核心功能的规模预留，并兼容衍生功能。在引爆区和拓展区以外的地区布局衍生区，形成核心功能的带动开发，以居住、商业、公共服务、娱乐休闲等功能为主。迭代区分布在口岸开放功能区，其远景功能将由当前的保税区向口岸商务区迭代，通过功能升级来释放滨江地段的土地价值。

③ 政府＋市场的可实施路径计划。依据政策要求和实际情况，将搬迁改造工程划分为“蜕变、激发、营造”三阶段，明确各阶段的“突破口”与“项目抓手”，以及各阶段决策的重点内容。同时策划基础设施建设类及经营开发类两类的八大项目包，明确各阶段分别由“政府推动”与“市场主导”的重点工程，有效推动搬迁改造工程的顺利推进（图 1-39）。

（3）规划创新。本规划针对清水塘这样一个复杂的大尺度城市更新发展区域，以提升规划的可实施性为目标，从技术思路与具体操作两个方面形成了创新。首先，本规划构建了实施导向的城市更新技术路线，形成以核心项目、实施路径为核心，以动态空间布局为支撑的创新技术思路。其次，在具体操作层面，形成了“供给侧＋需求侧的功能业态策划、不变＋可变的动态空间布局规划、政府＋市场的可实施路径计划”

三方面的应用思路。从实施成效来看，本项目获得了株洲市委、市政府的充分肯定，根据战略规划制定的《清水塘老工业区搬迁改造 2017 年工作方案》对搬迁改造工作形成了有针对性的、落地的指导。

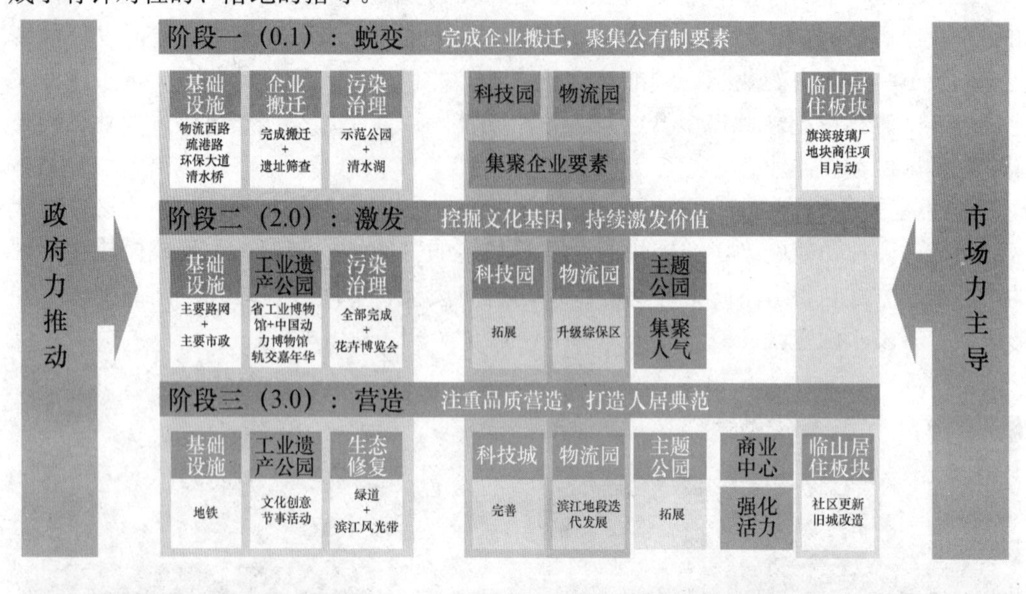

三大基础建设项目包
（政府主导、PPP模式）
1. 交通、市政基础设施
2. 污染治理+生态修复+花博会
3. 工业遗址公园+博物馆+轨交嘉年华

五大经营开发项目包
（市场主导）
1. 主题公园+主题社区
2. 体验式商业+商住
3. 科技园+科技社区
4. 保税物流园+配套社区
5. 临山居住板块社区

图 1-39 株洲清水塘开发总路线图：三阶段实施路径

资料来源：http：//www. zznews. gov. cn/news/2017/0626/260127. shtml

1.3.3 工业园区各规划层次的深度要求

（一）产业及项目规划应达到的深度要求

1. 制订园区产业发展思路及战略定位
2. 规划园区优势产业的产业链
3. 选择重点产业发展项目
4. 规划产业空间布局
5. 制订循环经济发展规划
6. 制订配套产业规划

（二）总体规划应达到的深度要求

1. 制订园区产业发展方向、项目选择
2. 确定园区发展目标和用地规模
3. 确定园区功能分区、各类用地的布局及结构
4. 明确园区交通组织和道路系统

5. 明确园区各项市政及基础设施配套
（三）控制性详细规划应达到的深度要求
1. 控制用地性质及建筑面积
2. 控制建筑密度及容积率
3. 控制绿地率及建筑限高
4. 控制建筑后退及建筑间距
5. 控制道路交通及公共服务设施
6. 控制市政设施配套
（四）基础设施规划应达到的深度要求
1. 确定各类基础设施规划建设的标准
2. 确定各类基础设施建设规模和投资规模
3. 确定综合管网布置形式
4. 提供各类基础设施规划建设的相关技术要求

1.3.4　工业园区产业及项目布局规划的框架内容

（一）区域经济社会发展宏观环境研究
1. 发展基础及优势条件分析
2. 存在问题及不利因素分析
（二）区域资源优势研究
1. 区域优势资源分析
2. 周边地区优势资源互补分析
（三）工业园区产业发展思路及战略定位
1. 主导产业的优劣势分析（SWOT）
2. 主导产业未来发展总体思路
3. 主导产业发展战略定位
4. 主导产业规划范围及功能布局结构
5. 主导产业发展目标及目标市场定位
（四）工业园区主导产业集群培育与发展模式创新
1. 重点产业项目可行性研究
2. 主导产品的市场前景分析
（五）工业园区特色优势产业的产业链规划
1. 基于区域竞争力的优势产业发展定位
2. 区域特色优势工业产业链规划
3. 区域工业项目整合
（六）工业园区重点产业项目发展选择
1. 重点产业项目可行性研究
2. 主导产品的市场及前景分析
3. 产业技术工艺水平提升

4. 企业层面循环经济发展模式设计
5. 园区循环经济发展模式设计
6. 园区环境容量、资源保障与产业规模匹配研究
（七）工业园区产业空间布局
1. 产业总体布局原则
2. 空间开发功能分区
3. 产业空间布局总体架构
（八）工业园区循环经济发展规划
1. 循环产业体系、产业链条设计
2. 循环产业体系、产业链条规划
3. 土地资源集约利用和循环经济建设措施
4. 水资源循环利用和节水措施
5. 垃圾的减量化、无害化、资源化
6. 循环型资源共享及绿色市场体系建设
（九）工业园区配套产业规划
1. 基础设施建设
2. 现代物流业建设
3. 融资平台建设
4. 研发平台建设
（十）工业园区主导产业发展规划实施保障措施
1. 政策保障措施
2. 服务保障措施
3. 合作组织保障措施
4. 土地供给保障措施
5. 招商引资保障措施
6. 人才机制与科技机制保障措施
7. 区域品牌与企业、产品品牌打造措施
附件：园区产业发展导向目录
园区产业发展重点规划项目表
附图：园区空间开发功能分区图
园区产业空间布局图
园区主导产业循环链条图

1.3.5 工业园区总体规划的框架内容

第一部分：文本部分
（一）规划综述
（二）区域经济社会发展现状分析
（三）工业园区建设目的和意义

（四）区域优势资源分析评价
（五）工业园区发展条件
（六）工业园区功能与定位
（七）工业园区规模预测
（八）工业园区循环经济及产业链规划
（九）工业园区功能分区及项目布局规划
（十）工业园区道路交通规划
（十一）工业园区园林绿地系统及景观规划
（十二）工业园区市政基础设施规划
（十三）工业园区综合循环利用及节能减排规划
（十四）工业园区环境保护及环卫设施规划
（十五）工业园区防灾规划
（十六）工业园区移民安置规划
（十七）工业园区近期建设规划
（十八）工业园区规划实施建议
第二部分：规划图
（一）工业园区区域位置图
（二）工业园区总体布局规划图
（三）工业园区道路交通规划图
（四）工业园区功能分区图
（五）工业园区绿化景观分析图
（六）工业园区近期建设规划图

1.3.6　工业园区控制性详细规划的框架内容

第一部分：文本部分
（一）总则
（二）功能规模与布局
（三）土地利用控制
（四）公共服务设施规划
（五）道路交通规划
（六）市政工程规划
（七）绿地系统规划
（八）城市设计导则
（九）生态环境保护规划
（十）综合防灾减灾规划
（十一）附则
附表 1　土地利用汇总表
附表 2　配套公共服务设施一览表

附表3　地块控制一览表

附表4　各类用地使用性质适建性规定表

第二部分：说明部分

（一）规划概况

1. 规划背景

2. 地理位置

3. 现状概况

4. 发展条件分析

（二）规划分析与规划重点

1. 规划范围

2. 规划依据

3. 规划指导思想

4. 规划区功能定位

5. 规划区用地需求与规划调整重点

（三）规划用地布局

1. 主要规划概念和构思

2. 用地评价

3. 功能结构

4. 规划用地分类与构成

5. 土地要素规划布局

（四）规划控制

1. 分区控制

2. 建设要素控制

3. 规划控制指标

4. 开发强度控制

5. 项目落地控制

6. 其他控制和规定

（五）设计导引

1. 设计原则

2. 景观体系

3. 城市设计指导性控制

（六）道路交通规划

1. 对外交通规划

2. 园区道路交通规划

（七）绿地系统及景观规划

1. 规划原则

2. 规划区景观构想

3. 规划结构

4. 规划布局
（八）各项工程规划
1. 给水工程规划
2. 排水工程规划
3. 电力工程规划
4. 电信邮政工程规划
5. 环境卫生规划
6. 环境保护规划
（九）防灾工程规划
1. 消防规划
2. 抗震规划
3. 人防规划
4. 防洪规划
5. 安全卫生规划
6. 职业危害因素及主要安全卫生规划
第三部分：图纸部分
（一）鸟瞰图
（二）区位分析图
（三）综合现状图
（四）功能结构分析图
（五）土地利用规划图
（六）道路交通分析图
（七）绿化景观分析图
（八）公共服务设施布置图
（九）建筑高度控制图
（十）地块编码图
（十一）地块容量图
（十二）道路竖向工程规划图
（十三）给排水工程规划图
（十四）电力电信工程规划图
（十五）供热燃气工程规划图
（十六）管线综合工程图
（十七）环保环卫工程规划图
（十八）综合防灾工程图
第四部分：图则部分
（一）规定性指标
（二）指导性指标

1.3.7 工业园区基础设施规划的框架内容

第一部分：文本部分

（一）规划总则

1. 规划背景
2. 地理位置
3. 现状概况

（二）道路交通工程规划

1. 路网现状
2. 道路系统规划
3. 道路交叉口规划
4. 公共交通规划
5. 道路设施规划

（三）给水工程规划

1. 给水现状
2. 用水量预测
3. 给水系统外部协调规划
4. 给水系统规划

（四）污水工程规划

1. 污水量预测
2. 污水系统外部协调规划
3. 污水系统规划

（五）雨水工程规划

1. 雨水量预测
2. 雨水管道系统规划
3. 雨水管道结构设计
4. 雨洪控制与回用规划

（六）电力工程规划

1. 电力负荷预测
2. 电力系统规划
3. 电力系统敷设
4. 道路及环境照明体系规划

（七）通信工程规划

1. 邮政工程
2. 电话工程
3. 移动通信
4. 有线电视工程
5. 通信管道

（八）燃气工程规划
1. 气源规划
2. 用地规模及发展规划
3. 燃气输配系统规划
（九）环境卫生设施规划
1. 固体废弃物收集及处置规划
2. 保洁规划
3. 公厕及其他环卫设施设置规划
4. 环境卫生管理规划
（十）中水工程规划
1. 中水用水量预测
2. 中水系统外部协调规划
3. 中水系统规划
（十一）热力工程规划
1. 热源规划
2. 热负荷预测
3. 热力网系统规划
（十二）绿化景观工程规划
1. 规划目标、指标及布局结构
2. 绿地系统规划
3. 树种规划
4. 景观环境系统规划
（十三）管线综合工程规划
1. 管线综合平面
2. 竖向及交叉口布置原则
3. 管线综合布置方案
（十四）竖向工程规划
1. 现状地形、排涝分析
2. 竖向规划总体布局
3. 绿线竖向高程控制
4. 蓝线竖向高程控制
5. 道路竖向规划
（十五）防灾工程规划
1. 消防规划
2. 防洪排涝规划
3. 抗震规划
4. 人防工程规划
（十六）投资估算

1. 投资估算范围

2. 工程费用说明

3. 总体投资估算

4. 分期投资估算

第二部分：规划图

（一）道路系统规划图、道路交叉口规划图

（二）给水系统规划图、水管道结构设计图、污水系统规划图、雨水管道系统规划图、雨水管道结构设计图

（三）电力系统规划图、道路及环境照明体系规划图

（四）燃气输配系统规划图、热力网系统规划图

（五）公厕及其他环卫设施设施规划图、绿地系统规划图、景观环境系统规划图、道路广场景观环境规划图

（六）管线综合平面图

1.3.8 工业园区规划编制方式与工作流程

（一）工业园区规划编制方式

根据工业园区规划编制层次，结合工业园区的特性，一般工业园区规划按照“产业及项目布局规划（战略规划）—概念性规划—总体规划—控制性详细规划——基础设施规划”逐渐深入的方式进行推进，从园区产业定位、项目布局，到总体空间布局，到建设规划，到基础设施配套规划逐步深入，从而最终达到项目落地，进一步为园区市政设计、园区建设奠定基础。同时，甲方可根据园区自身情况及实际需要，单独编制不同层次的规划。

（二）工业园区规划工作流程

第一阶段：工作准备阶段

1. 总体规划范围内甲方提供 1：10000 地形图；控制性详细规划范围内甲方提供 1：1000地形图；基础设施规划范围内甲方提供 1：1000 地形图。

2. 甲乙双方成立项目领导小组。

第二阶段：现场踏勘和收集资料阶段

1. 进行实地考察和踏勘。

2. 收集相关资料。

3. 走访相关部门。

4. 与项目领导小组进行座谈。

第三阶段：初步方案设计阶段

1. 制定初步规划方案。

2. 初步评审方案，确定规划基本思路及框架。

第四阶段：规划编制阶段

1. 按照甲方对初步方案的反馈修改意见，按照国家规定编制规划文本和附件（说

明书、图纸、图则)。

2. 甲方组织专家委员会对规划单位提交的规划文本和附件进行评审，形成最终的评审意见。

第五阶段：成果交付阶段

1. 规划设计单位按照最终的评审纪要修改完成规划编制。

2. 成果文件交付甲方，由甲方上报主管部门审批。

1.3.9　工业园区规划技术管理

各个城市在不同时期，会制定城市规划技术管理条例，如《苏州工业园区城市规划管理技术规定》(2011 年版)，包括 8 章，分别是：总则、用地管理通则、建筑管理通则、住宅区规划管理、公共设施规划管理、工业区规划管理、景观与环境规划管理和附则，以及附录 1 特定区域范围、附录 2 建筑满窗日照计算规则。

《株洲市规划管理技术规定 (2012 年修订版)》工业区规划管理具体细节如下：

第三十六条 (工业用地分类)

工业用地包括普通工业用地与创新型产业用地。

(一) 普通工业用地根据对居住和公共环境污染、干扰的程度不同，分为一类工业用地、二类工业用地、三类工业用地。

(二) 创新型产业用地是指从事高新技术产品研制、开发或提供技术外包服务和业务流程外包服务的企业用地。创新型产业用地包括研发用地和服务外包用地。

第三十七条 (普通工业用地控制)

(一) 普通工业用地容积率不得低于 0.8，不得高于 2.0，特殊项目可参照国家和省市有关规定执行。

(二) 普通工业用地建筑密度不得低于 30%，普通工业用地绿地率不得高于 20%。

(三) 普通工业用地项目所需行政办公和生活服务设施用地面积不宜超过项目总用地面积的 7%，建筑面积不得超过项目总建筑面积的 10%。

(四) 普通工业用地项目用地范围内严禁建造成套住宅、宾馆、专家楼和培训中心等非生产性配套设施。

第三十八条 (创新型用地控制)

(一) 研发、服务外包等创新型产业用地，可按照工业用地性质进行控制，且不得随意改变土地性质及用途。

(二) 研发、服务外包等创新型产业用地及地块内的建筑不宜分割转让。确需转让的，应报市规划行政主管部门批准。

(三) 创新型产业用地容积率不得低于 0.8，不得高于 2.0，绿地率不宜高于 20%。

(四) 创新型产业用地范围内不得建造成套住宅、公寓、餐饮等建筑，有特殊需要的应报市规划行政主管部门批准。

第三十九条 (仓储用地控制)

(一) 仓储用地容积率不宜低于 0.8，不宜高于 1.2，绿地率不宜高于 20%，建筑密度不宜超过 50%。

（二）仓储项目所需的行政办公和生活服务设施用地面积不宜超过项目总用地面积的7%，建筑面积不宜超过项目总建筑面积的15%。

（三）仓储用地与居住、医院、学校等生活性用地的防护距离应根据环境保护、综合防灾等有关规定的要求进行控制。

第四十条（工业区便利中心）

工业区内可按服务半径800～1000m设置便利中心。便利中心一般应包含宿舍、商业、卫生服务、文体活动、社区服务和公园等设施。

第四十一条（建筑高度）

（一）普通工业建筑地面以上建筑高度不得超过30m，地面以下建筑高度不得超过10m，对于生产工艺有特殊要求的工业企业，可根据具体情况控制建筑高度。

（二）创新型产业建筑地面以上主建筑高度不宜低于12m，不高于50m。

第四十二条（道路场地）

工业、仓储用地内车行道路宽度不小于4m，道路两侧距离建筑物不小于5m。

第四十三条（环境景观）

（一）沿城市主要道路两侧的工业仓储建筑，应当注重建筑界面的完整性和连续性。锅炉房、配电房、水泵房等小型辅助用房不宜沿城市主要道路设置，同时密植绿化进行遮蔽。

（二）沿河道两侧的工业仓储建筑应当保持生态景观廊道的通透性，保证滨水景观与建筑的融合。

（三）位于重要道路交叉口或重要城市节点的工业仓储建筑应加强立面设计与环境景观设计。

第四十四条（单体设计）

（一）工业建筑设计应按照生产工艺特点，保持其固有的组合方式，充分反映建筑类型和特征，力求形式与功能的统一。

（二）工业仓储建筑在满足不同功能要求的同时，规划设计可融合企业文化元素，创造景观优美、环境宜人的工作场所。

（三）提倡工业仓储建筑推广应用节能型的建筑材料及相应的施工工艺和技术。

（四）工业仓储建筑形式应以现代风格为主，造型宜简洁明快，色彩淡雅，并与周边环境相协调。

（五）创新型产业建筑应积极推广应用先进、成熟、适用、安全的新技术、新工艺、新材料和新设备，满足节能、节地、环保等要求。

（六）创新型产业建筑应提高建筑围护结构的保温隔热性能，采用有效的遮阳措施和高效建筑供能、用能系统和设备，有条件时宜采用热、电、冷联供形式，提高能源利用效率，提倡充分利用场地的自然资源条件，开发利用太阳能、地热能等可再生能源。

第四十五条（用地选址）

不得在工业园区以外布置工业项目。

1.4　产业园区规划的概念及意义

1.4.1　产业园区的概述

产业园区是指由政府或企业为实现产业发展目标而创立的特殊区位环境。它是推动区域经济发展、产业调整升级的一种重要空间聚集形式，在城乡经济发展中发挥着集聚创新资源、培育新兴产业、推进城市化建设等关键作用。产业园区的类型多种多样，包括经济技术开发区、高新技术开发区、工业园区、科技园区、文化创意产业园区、物流产业园区等，还包括近年来陆续提出的产业新城、科技新城等。

回顾我国园区三十多年的发展历程：从20世纪90年代中期国内部分沿海开放城市先后成立的经济技术开发区，逐渐发展到科技园区、工业园区、农业园区等以粗放型产业为主体的园区；再到90年代末出现和形成的设计园、软件园、文化园等以行业主体集聚的专业化园区和油画村、家纺城、古玩城等以个体专业经营为主体的精细化园区。由此可见，我国产业园区的规划建设已经向着专业化、精细化的方向快速发展。

改革开放以来，随着我国经济快速发展的需求，产业园区对区域经济发展的重要助推作用已经得到各级政府的重视。它在产业经济与区域经济之间形成了一个产业联动的桥梁，它承载着区域产业的系统组合与补充，以及主导产业的合理链接与配套等功能作用。产业园区建设发展的同时，也为科技创新型、配套加工型、经营创业型和咨询服务型等企业构建了一个良好的经营平台和发展环境。随着产业园区的不断发展与完善，园区经济已日趋完善与成熟，同时也形成了产业园区规划建设与发展的特有运营模式，成为区域经济建设中的重要组成部分，在今后的区域经济发展中将进一步发挥巨大的推动作用。

1.4.2　产业园区规划的概述

（一）产业园区规划定义

产业园区规划是对园区的产业发展、土地开发、空间布局、运营管理和招商引资等长期性、全局性、基本性问题的研究分析与统筹安排，是比较系统全面的长远发展计划，同时也是未来一定时期内引导产业园区快速稳定发展的行动纲领。产业园区规划决定了园区建设的规模等级、性质类型和方向，它是园区建设的龙头，也是园区健康发展的蓝图，所以在园区的建设过程中应始终奉行“规划先行”的指导原则，只有科学合理的规划才能指导园区快速稳定的建设发展。

（二）产业园区规划的分类

从不同的角度出发，产业园区规划可以分为多种类型。本书将从内容和形式两个方面对产业园区规划进行归纳分类。

第一，从内容方面，产业园区规划主要包括产业规划和空间规划两个部分。产业规划是规划的灵魂，空间规划是规划的躯体，所以产业园区规划应该坚持“产业规划先行”的理念。

所谓产业规划，是指综合应用各种理论分析工具，从当地实际情况出发，因地制宜，充分考虑国内外及区域经济发展形势，对当地产业发展的定位、方向、产业体系结构、产业链、经济社会影响、环境影响、实施方案等做出长远的科学计划。产业规划的内容与它所在的国家或地区的经济发展水平、发展阶段以及出现的发展问题等紧密联系。产业规划的内容要体现发展特色、发展创新和区域一体化等理念。要以行业和区域为立足点，但又要高于行业和区域自身，从它们的限制中跳出来，以长远的眼光来规划和设计产业发展的蓝图，构建创新型的产业结构体系。

产业规划的主要内容包括：产业发展现状分析、产业发展特征分析、产业发展定位、产业发展目标、产业发展重点方向、产业发展空间引导以及产业发展政策等。具体来看，在园区产业链、运营链、供应链和载体链的设计四个方面，产业规划均有所涉及，但是，产业链设计和运营链设计是产业园区规划的重点。

产业规划是产业园区规划最核心的内容，它主要解决在园区经济发展中具有主导作用的园区产业应该“发展什么、怎么发展、在哪发展”等关键问题，是园区产业发展的导向性计划。科学合理的产业规划不仅能优化园区资源配置，加快园区产业结构升级，而且还能通过产业的快速发展带动园区经济社会的发展，增强园区的核心竞争力。

所谓空间规划，主要是指产业发展在空间层面的具体落实。产业空间规划要以全国和各地区的产业布局现状为基础，综合运用产业发展和布局的相关理论，抓住各产业的特点并发挥它们的优势，遵循市场经济规律并辅以政府宏观调控手段，在空间上合理配置和引导产业的协调与可持续发展，最大限度地利用空间资源。它的目标是创造一个更合理的土地利用和功能关系的领土组织，协调环境保护和经济发展两方面的需求，最终达成社会和经济共同发展的总目标。

园区空间规划对园区的发展具有重大作用和意义，主要体现在它对园区空间发展的有效控制和引导以及对园区土地用途的合理空间安排，它是园区发展意向在空间层面上的表达，也是保障园区永续发展的重要条件，更是园区发展相关政策在空间层面上的体现。园区空间规划主要由园区空间布局和相应配套的园区空间政策组成。园区空间布局主要包括土地利用规划、交通规划、基础设施规划以及环境规划等内容；园区空间政策是指决策者通过对社会、经济、生态和相关技术等的综合分析与思考而作出的能够直接指导园区空间发展的政策引导。此外，空间规划也是园区开展各种经济活动以及实现其他各项规划的空间法律保障，对园区的空间形态起着决定性作用。因此，空间规划也成为园区规划的重要内容，是决定系统规划能否有序落实的关键条件。园区空间规划既会受到产业结构现状的影响，同时又能促进产业结构演进、升级。

第二，从形式方面，产业园区规划可以按顺序分为发展战略、发展定位、产业定位、产业布局、产业升级、经营管理等六个部分，它们之间环环相扣，相互协调，具有较明确的逻辑关系。产业园区规划的分析思路如图 1-40 所示。

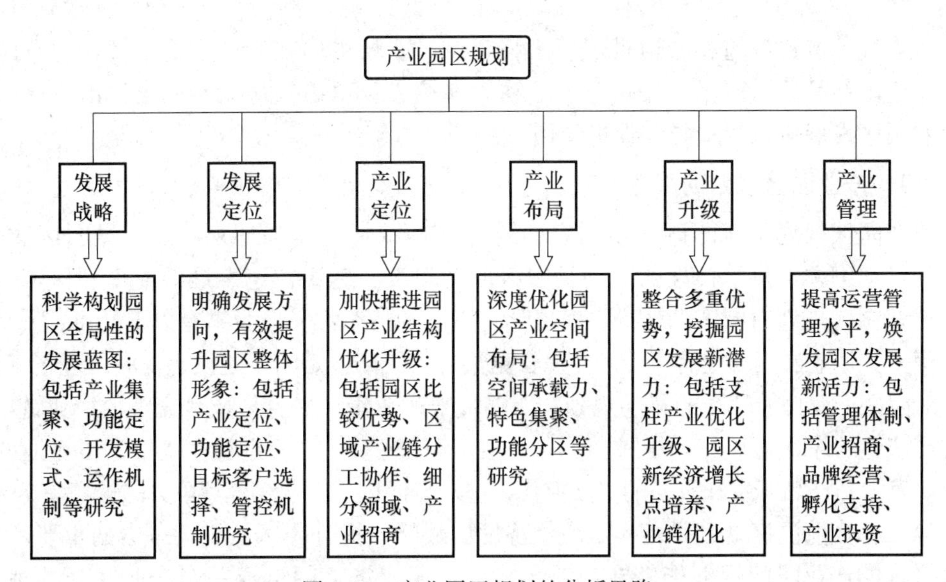

图 1-40　产业园区规划的分析思路

资料来源：产业园区规划思路及方法——基于国内外典型案例的经验研究

（三）产业园区规划存在的问题

根据目前的现状分析，我国产业园区规划存在的问题主要有以下几个方面：

第一，传统的城市规划模式和思想在产业园区规划中根深蒂固。在产业园区规划的过程中，规划设计单位过多地遵循投资方的意愿进行布局，而忽略了园区功能的定位和实际情况，因此全国各地出现了很多功能单一的产业园区。

第二，盲目追求布局构图的外观性，不注重规划的实效性。园区建成以后，由于经济效益不理想，越权出台各种优惠政策来吸引投资的现象时有出现；更有甚者片面追求规划布局构图的视觉效果，忽略了规划的实施性和可操作性，造成了盲目建区、违规占地等一系列不良现象。

第三，规划建设千篇一律，“千区一面”的现象严重。由于产业园区的内部功能和相应的配套设施相对简单，项目间的同质性较强，造成大部分产业园区规划失去特色，“千区一面”的现象严重。

第四，规划水平落后，配套衔接不足。园区产业发展规划缺乏科学性和前瞻性，难以形成系统完整的产业链体系，同一园区的企业之间的关联度和协调性不足。此外，产业园区规划与城镇体系规划、土地利用规划以及城市总体规划等衔接性较弱，公共资源的综合配套水平较低。

第五，规划多注重外部物质空间，轻内在产业，缺乏核心发展动力。在产业园区规划的研究分析和编制过程中，需要合理布局空间发展，高效配置空间资源，编制空间规划。更要深入研究园区的产业定位、产业发展、产业链和产品体系，编制产业规划。产业规划是核心，也是空间规划的重要基础和前提。所以，产业园区规划建设的核心是如何从当地资源、能源条件以及经济发展的实际情况出发，构建优势产业、主导产业和特色产业协调互补的完整产业链，并从时间和空间两个维度做出科学合理的园区产业规划。而目前，我国大部分产业园区在规划建设中过度注重外部物质空间，如厂房建筑、道路设施和绿地景观等工程建设，忽略了内在产业的重要性，导致园区规划缺乏内在品质，园区发展缺乏核心动力和核心竞争力，从而不能发挥出产业园区规划对园区发展应有的指导与促进作用。

（四）产业园区规划的战略意义

产业园区规划是对园区各项内容的统筹安排和长远发展计划，是指导园区建设、发展的行动纲领，科学合理的规划是园区成功建设、健康快速发展的前提和保障。所以，产业园区规划对园区的建设、发展具有重要的战略意义，具体有以下几点：

第一，产业园区规划有益于产业综合竞争力的提高，是园区建设、发展的理论基础。通过对园区产业功能片区的科学规划，能够带来产业集聚并且形成较完整的产业链，进而提高产业的综合竞争力；另一方面，产业园区的建设，也一定程度上推动了企业的新技术研发、新产品开发和设备的更新换代，进一步促进了产业综合竞争力的提高。

第二，产业园区规划是落实区域经济发展战略、提升园区核心竞争力的重要环节。科学合理的产业园区规划能够在产业经济与区域经济之间形成一个产业联动的桥梁，在提升园区核心竞争力、产业竞争力的同时，又以园区自身的快速稳步发展带动区域经济的发展。

第三，科学、完善的产业发展规划有利于后续开展招商引资工作。科学、完善的产业发展规划有利于招商部门把有限的资源投入到重点招商产业上，实现资源的高效合理利用，同时政府也能根据规划对重点产业给予政策倾斜。

1.4.3 产业园区规划的重要原则

产业园区规划的编制应该遵循“五项基本原则”，具体如下：

（1）关联发展原则

产业园区规划应以区域主导产业为中心进行规划布局，同时发挥优势产业、优势企业以及特色产业、特色企业的关联带动作用，加强龙头企业、大型企业与中小型企业之间的协作配套。实施产品和技术扩散，提高产业、企业协作配套水平，推动产业和企业错位发展、配套发展、互补发展，提高企业市场反应能力、市场适应能力以及市场竞争能力。

（2）成链发展原则

产业园区规划应把培育完善优势产业链作为当前经济背景下发展地区经济产业的重要途径，深化产业链延伸发展与整合，推进各企业、项目之间在产业链中分工协作、相互配套的关系，形成互相关联、互相协调、互相促进的发展格局。发挥处于优势产业链中心地位的大型企业、核心产品的带动作用，推进产业工艺流程和技术革新，提高制造能力、深度加工能力以及产业、产品的附加值，提高企业对产业要素资源的控制、配置能力以及综合成本消化能力。

（3）集聚发展原则

产业园区规划应加强公共基础设施建设、政策市场环境建设和强化产业配套能力，加快发展生产性服务业，提升服务水平和行政效能。推动产业关联的企业合理流动、入园发展，形成既竞争又合作的集聚发展态势，增强对产业园区外部产业吸纳、集聚的能力以及辐射带动作用，使产业园区成为本区域内产业集中度最高的区块。努力扩大规模经济和集聚经济效益，不断提升产业的创新能力和综合竞争力。

（4）集约发展原则

产业园区规划应通过优势产业集中布局、集聚发展，推动企业精干主体、分离辅助，建立成链闭环的循环经济发展模式，有效保护环境，实现资源综合利用、节约利用、循环利用，推进工业发展方式由粗放型向集约高效型转变。强化集约、节约利用土地，严格控制生产用地、生产辅助用地以及其他各类用地的比例，严格执行控制性详细规划所确定的园区各地块的建筑密度、容积率等控制性指标，努力提高工业用地的综合利用效率。

（5）合作发展原则

产业园区规划应坚持把产业园区作为充分开放与合作的重要经济平台，主动承接国内外或其他地区的产业转移。立足区域经济合作发展，支持跨区域建立产业园区，探索产业合作园区或产业集中发展区等新的建设发展模式和管理运行机制。立足外向发展，利用各地的区位交通、自然条件、政策倾斜等优势，因地制宜，争取建设一批内陆港、保税物流区、出口加工区，提高产业园区的外向度。

1.5 产业园区规划的框架和思路

1.5.1 产业园区规划的总体框架

一般来说，产业园区规划包括产业园区规划背景、规划布局、发展定位、园区运营管理、招商策略等。

产业定位分析是产业规划的总体规划的思路，只有准确地定位产业，后面的增值服务、招商策略与空间布局的设计成效才会更好。当然，在进行产业定位之前，我们需要全面地整理内部环境与外部环境，使产业的定位比较合理。在这里，根据相关的经验，我国的学者提出了“五步法”的总体规划思路，如图 1-41 所示。

图 1-41　产业园区规划的“五步法”思路

资料来源：产业园区规划思路及方法——基于国内外典型案例的经验研究

1.5.2 外部环境分析

经过分析外部宏观环境，对以后经济社会的发展变化可以很好地掌握，对未来产业发展趋势和变化规律进行了解，了解未来是什么样的状况。只有对以后的发展有了很好的掌控，当战略机会出现的时候才能及时抓住或者对战略威胁及时地进行规避，作出相应的战略选择，促使企业持续、健康、快速地发展。

具体来说，外部环境分析的主要目的是为了了解以下几个方面的内容：

第一，外部环境现状是什么？

外部环境分析首先是为了弄清楚园区内企业的向往领域、相关领域和所在领域目前的现状是什么。它们的行业供需状况、行业发展基本状况及细分行业状况、产品状况、区域状况、竞争对手类型、客户状况、行业价值链主要参与者状况、消费者或客户状况及需求偏好、行业关键成功因素等是什么样的现状？

第二，外部环境的影响因素有哪些？

其次，外部环境的分析是为了找出影响企业的向往领域、相关领域和所在领域的影响因素，重要的影响因素有哪些？它们会怎样影响这些领域的发展？

第三，未来外部环境会怎样？

对外部环境的分析最重要的是为了了解园区内企业的向往领域、相关领域和所在领域会是怎样的未来状况？同样的，它们的未来行业发展的细分行业状况、基本状况、区域状况、行业供需状况及、客户状况、行业价值链主要参与者状况、主要竞争对手状况、产品状况、竞争对手类型及消费者或客户状况及需求偏好、行业关键的成功因素等会是什么样的状况？这些领域有着非常重要的未来状况预测，直接决定着战略选择的成败。只有很好地预测未来，才能很好地作出战略选择，更好地抓住现在，更好地拥有未来。

总的来说，外部环境分析的目的是经过影响因素和行业现状的分析，对未来的变化趋势进行预测，了解未来的发展趋势和状况，为企业战略决策和战略选择提供依据。

园区外部环境分析一般包括社会、经济、政治等各方面的环境分析，具体来说，可从政策导向、产业发展环境分析和行业发展前景评估三个方面进行分析，如图 1-42 所示。

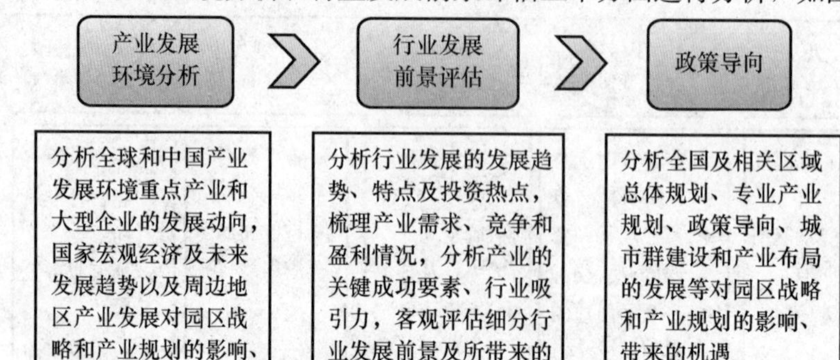

图 1-42 产业园区的外部环境分析

资料来源：产业园区规划思路及方法——基于国内外典型案例的经验研究

1.5.3 内部资源分析

内部资源分析是战略和园区内部有重要关联的因素，是园区经营的基础，是制定战略的条件、依据与出发点，是竞争取胜的根本。

掌握园区的现状与历史，明确园区所具有的优缺点是园区内部环境或条件分析的目的。这样有助于企业制定有针对性的战略，使自身的资源能够有效地利用，让企业的优势有充分发挥的空间。同时对企业的劣势进行规避，或者采取积极的态度改进企业劣势。

园区内部资源能力主要指人力资源、政策环境、产业配套、自然资源、产业基础和市场环境和法制、环境市场辐射能力。总的来看，可以从以下四个方面进行剖析，具体如图 1-43 所示。

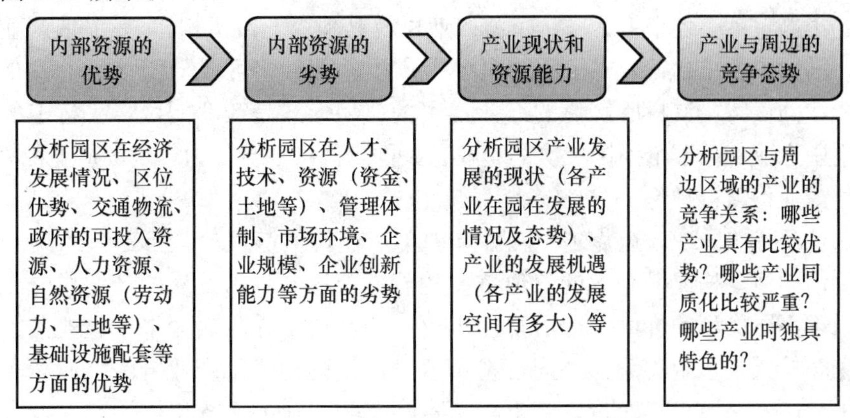

图 1-43 产业园区的内部资源分析

资料来源：产业园区规划思路及方法——基于国内外典型案例的经验研究

1.5.4 产业定位分析

在对内部资源与外部环境进行分析后，应先确定园区的产业发展的总体目标与总体功能定位，据此来分析产业定位。

产业定位指的是某一区域根据自身具有的独特优势与综合优势、各产业的运行特点与所处的经济发展阶段，合理地进行产业发展布局和规划，确定基础产业、支柱产业以及主导产业。

产业园区规划中极为重要的一环是产业定位分析，它关系到配套体系的构建与园区后期的建设。产业定位分析分为主导产业的选择、产业细化与产业组合和产业补充等步骤。下面就产业定位的逻辑思路与基本理论进行分析研究。

（一）产业定位的基本理论

在国内外，很多学者对产业定位进行过研究，也有着一些比较经典的定位理论，这些理论对以后的研究也有着很好的借鉴意义。所以对产业进行定位前，应该研究一下比较好的理论，更有利于产业定位。比较典型的理论有产业价值链理论、比较优势理论、企业生命周期理论与产业集聚理论。

（1）比较优势理论

最早提出比较优势理论的是大卫·李嘉图，为了说明当不同国家在生产某种产品的相对劳动生产率（机会成本）存在差异时，生产率高（机会成本低）的国家具有比较优势，可以专门生产该产品，并且可以从与别的国家贸易中获益。在工业园区的产业选择中把资源禀赋基础上的比较优势理论运用进去，则要求根据区域内产业发展的比较优势，恰当地选择产业园区的产业。

（2）产业集聚理论

第一个提出“集聚”概念的经济学家是韦伯，其理论的核心是找出工业产品生产成本最低的点作为工业企业布点的理想区位，探讨工业区位选择的工业区位移动规律与基本原则。在《国家竞争优势》一书中，迈克尔·波特于1990年第一次系统解释了产业集群的概念：“集群是特定产业中互有联系的公司或机构聚集在特定地理位置的一种现象，集群包括一连串上、中、下游产业以及其他企业或机构。”在韦伯产业集聚的基础上，马歇尔提出：行业内厂商的集中会产生外部性，可以降低该行业的成本，带来整个行业的优势。波特所解释的产业集聚的典型形式是产业园区，在特定的地理位置中，集中产业的若干个不同层次的企业，共同提高产业竞争力，推动产业的发展。

（3）产业价值链理论

在《竞争优势》中，迈克尔·波特首创了产业价值链理论，指出一系列相互联系的创造价值的活动构成了企业的价值链。随着不断地向纵深发展的产业内分工，传统的产业内部不同类型的价值创造活动逐步由一个企业主导分离为多个企业的活动，这些企业相互构成上下游关系，共同创造价值，这样就构成了产业链。企业竞争优势的基础越来越多地来源于产业价值链上、下各环节和企业的系统协同中。产业园区内的企业应集中于产业链的一个或几个环节，用多种方式和产业链中其他环节的专业性企业进行紧密合作与高度协同，从而极大地提高整个产业链的运作效率，也使得企业获得低成本、快速满足客户个性化需求的能力。

（4）产业生命周期理论

最先提出产品生命周期理论的是经济学家弗农，同样的，可以借鉴这种理论把一个产业的生命周期划分为四个阶段，即形成期、成长期、成熟期与衰退期。根据这种划分方法，在进行产业选择时，产业园区应先正确判断主导产业所处的生命周期阶段。一般新兴产业市场潜力大，成长力强，但是增长缓慢的风险也有可能存在；处于衰退期的夕阳产业，即使技术比较成熟，但是若作为园区的主导产业，其市场前景也许会越来越小。

（二）确定主导产业

因为其他产业的定位都是围绕主导产业展开的，所以确定主导产业在进行产业定位时是最重要的。

主导产业指的是在某一经济发展阶段中，对经济发展与产业结构起着较强的带动作用以及广泛、直接或间接影响的产业部门，它能迅速有效地利用科技成果与先进技术满足不断增长的市场需求，具有良好的发展潜力与持续的高增长率，它处于生产联系链条中的关键环节，是区域经济发展的核心力量。

主导产业的显著特征：一是具有较强的创新能力，获得与新技术相关联的新的生产函数，能够实现“产业突破”；二是具有持续的部门增长率，并高于整个经济增长率；三是具有很强的扩散效应，能广泛地采取多种手段带动或启动其他产业的增长，对其他产业的增长产生广泛的直接和间接的影响；四是具有良好的发展潜力与显著的产业规模，是区域经济发展的主导与支柱；五是在时间上具有阶段性，随经济发展的不同阶段而不断转换。

确定主导产业应遵循的原则：

（1）资源优势原则。主导产业的选择应建立在深刻认识本地区劳动力优势、资源优势、自然条件的基础上，具有社会发展基础相对集中、经济资源与自然资源，在同其他区域的竞争中，才能取得良好的效益，在区域经济中发挥主导作用。

（2）因地制宜原则。在确定主导产业项目时，不能脱离当地的客观情况，应该科学论证、从实际出发，充分考虑到原有产业布局、产业结构与产业基础，充分发挥人才、地源、技术、资源、资金等方面的优势，统筹规划，还要突出特色。

（3）市场供求原则。主导产业选择必须搞好市场预测，以市场为导向。在社会主义市场经济条件下，所有的经济活动都要围绕市场展开，面向国内外的大市场，积极发展适销对路、潜在需求量大的产品。

（4）技术进步原则。主导产业应该是区域内具有较大的技术储备或具有技术领先，并且要能够赶上现在的技术潮流的发展，在地区产业的高级化中技术含量较高、具有推进作用的产业。

（5）可持续发展原则。可持续发展观点追求的是人与自然的和谐，强调的是经济和环境的协调发展。所以，在选择主导产业时，一个重要的衡量标准就是环境保护。

（三）确定产业组合方案

产业组合分析是将产业生命周期的不同阶段与某个具体产业的技术经济特征结合在一起，也就是在矩阵中将某个产业进行定位并且加以研究分析的一个架构。描述某个产业在生命周期的不同阶段竞争力的来源是产业组合分析的目的。从策略分析的观点来看，产业组合分析对于园区企业把握不同环境条件和不同阶段下产业的特殊需求，帮助企业在产业内重新定位，洞察产业变动趋势与演变规律，利用现有资源减少不利因素，具有重要的意义。产业生命周期与竞争力的组合分析见表 1-13。

产业组合需要对应于特定的主导产业的特定阶段，选取一些合理的产业进行组合，以便发挥该主导产业的最大效用。遴选时需要根据产业的派生性、同质性，产业上下游关系，工艺、技术、材料、市场的相关性等进行合理选择。图 1-44 列举了 A、B、C 三种主导产业，对其在某阶段进行产业组合。

表 1-13　产业生命周期与竞争力的组合分析

生命周期 竞争力	导入阶段	成长阶段	成熟阶段	衰退阶段
客户战略	早期的客户可能会试用产品，并接受某些不可靠性	客户迅速增加，质量和可靠性非常重要，强化信用管理职能	大众市场，少量新产品或服务的试验；品牌转移	非常了解产品，主要根据价格选择产品

续表

竞争力＼生命周期	导入阶段	成长阶段	成熟阶段	衰退阶段
研发战略	新产品研发，建立技术能力，强调必要的、基本的产品功能，核心技术	核心技术初步形成，改进功能与质量，设计标准不够明确	稳定现有产品，增加附加功能，着眼新产品、新技术研发	改进现有产品的外观，及时引入新产品，着眼解决新产品引入中的技术问题
产业链和竞争重点	垂直一体化，寻求目标市场，研发与生产尤为重要	垂直一体化，寻求市场主导地位，重视竞争对手的反应，营销支出增加	垂直分离，维持市场份额很难，寻求降低成本	垂直分离，成本控制尤其重要
市场营销战略	高价格，但可能亏损	销售量和利润增加，价格可能下降，抢占主导市场	增加投资、增加分销商，加强售后服务和广告营销	价格竞争和低增长可能减少盈利，需要大幅度降低成本
市场特点	先驱厂商进入，市场需求不明	厂商数量增加，进入活跃，市场需求迅速增加，需求大于供给	市场需求饱和，生产能力大于市场需求，兼并频繁，厂商数量减少，规模扩大	市场需求减少，厂商转产或退出
竞争者战略	对新产品非常关注，尝试生产新产品	市场进入，试图模仿、革新和追加投资	竞争集中于广告、品牌和质量方面，产品变化少、产品本身差异小	竞争主要集中于价格，某些企业推出该产业

资料来源：产业园区规划思路及方法——基于国内外典型案例的经验研究

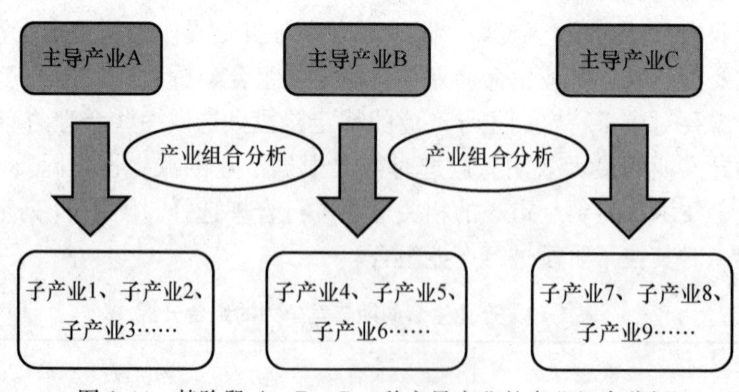

图 1-44　某阶段 A、B、C 三种主导产业的产业组合分析

（四）确定辅助产业

当产业组合方案确定好时，选取恰当的辅助产业应围绕主导产业作为支撑，这样

就可以很好地发挥主导产业的引导作用。

在产业结构系统中，辅助产业是为支柱产业与主导产业的发展提供基本条件的产业。由于它是支柱产业和主导产业发展的基础，所以，辅助产业一般要求得到先行的发展，否则，它将可能成为整个地区经济发展的瓶颈，辅助产业的产品一般是支柱产业与主导产业的投入。

一般来说，辅助产业分为侧向联系产业、后向联系产业与前向联系产业等组成部分。

（1）由于主导产业的“上”行联系而形成的产业部门称为前向关联产业，又称上游产业，这些主要是为主导产业部门提供基础性服务的产业。

（2）后向关联产业又称下游产业，指的是利用主导产业的产品作原料或者加工利用“三废”所形成的部门。

（3）侧向关联产业与主导产业部门并无直接的联系，它是以满足当地居民消费需要为目的的部门，因为其参与提高园区内人民的生活水平，所以对主导产业部门有直接影响。

1.5.5　产业发展策略和空间布局

（一）产业发展策略

在产业定位完成以后，即确定好辅助产业、主导产业、特色产业、优势产业和产业组合以后，接下来应该考虑产业的发展问题。

分析园区的主导产业现有产业链的完整度，明确产业链配套需求；给出具体的产业链设计方案（建链、补链、强链），制定出具体的产业发展规划；分析各个主导产业的价值链构成，明确产业链上的核心节点（高附加值、高技术、延展性好、带动性强的环节），分析在这些核心节点上进行重点布局的发展机会，设计重点发展产品。

在产业发展策略中，要确定产业发展的方向，明确产业发展的重点。对于各产业规划来说，未来各产业内部行业的发展重点需要确定，如服务业包括各种行业，是发展现代服务业还是传统服务业，而现代服务业又包括各种领域，应依据未来发展潜力、目标和行业发展现状等确立未来产业的发展重点与方向。对于区域产业规划来说，要根据区域市场需求、产业特征、优势等不同的因素，确立未来发展的重点产业或者区域发展的主导产业，并设计相应发展和规划的内容与方向。目前，在区域产业规划中，主导产业同构现象比较普遍，区域特色反映不明显。这一问题与市场的导向也有直接的关系，不完全是规划所致。

（二）空间布局分析

依据确定的产业发展策略，制定园区的产业空间布局规划。

产业发展在空间上的具体落实是空间布局。产业空间的规划依据各地区与全国产业布局现状，要结合布局与产业发展的理论，发挥各产业的优势与特点，按照政府宏观调控和市场经济规律相结合的方式，用来最大限度地利用空间资源、促进产业的协调和持续发展为目标，在空间上合理引导和配置产业的发展。

（1）产业发展的空间引导

依靠市场来调节产业或企业的区位选择，各种资源和生产要素能够被最大限度的利用，并可以获得最大利益的空间是企业或产业最佳的投资空间。在获得最大利益的基础上，规划要引导产业，应该尽量避免产业布局与发展造成地区矿产、土地和水等资源的浪费，使产业发展对环境与生态的压力降到最小，形成相对平衡的产业空间配置，使增加就业水平与地区经济发展呈现良好的发展态势。

要根据不同地区的区域功能定位、发展背景和发展条件，通过一些产业政策来建立行业的准入机制，使不同类型的产业在相应的区域布局和发展。比如，在一些比较大的区域中，对于主要发挥生态服务功能的区域，就要限制污染类、对资源消耗大的重化工产业的发展来引导产业的方向，鼓励发展诸如旅游业等一些环境与生态友好的产业。

对于一些关系国计民生的基础行业不能简单地考虑行业自身的发展目标和发展条件，还需要从相关产业的配套、产业基础与区域协调等方面进行考虑，引导产业考虑区域间的合理布局，也要考虑市场因素。比如，从原油进口和市场消费来看，现在大量依靠国外原油发展的石化工业，在广东等东南沿海大规模布局比较合理，但是考虑到原有的大区域的平衡与石化基地等问题，不宜在广东过分集中石化工业。对于日常消费类行业来说，其投资区位主要依靠市场来决定，产业空间引导主要是通过环境保护、税收、用地等政策工具来进行调控。

（2）产业发展点（轴、带）的规划

产业在空间的发展不会均衡展开，在一些区位条件优越的城市（或地点）、交通干线两侧等会形成不同等级、不同规模的产业集聚轴（带）和集聚点，这些产业集聚点（轴、带）是不同层次区域经济发展的重要支撑和依托，也是各类产业发展的核心区。所以，根据市场的经济规律，最大限度地利用不同层次区域的各种各样的资源优势，促进不同类型、规模的产业集聚点（轴、带）的形成与发展是产业空间规划的重要研究内容。

（3）产业空间的管治

在空间发展上，要充分考虑到人居环境发展、生态与环境约束的要求。针对重要的文物保护区、环境和生态保护区、风景名胜区、居民区等轴线或区域应制定严格的产业发展和布局的限制政策，形成不同层次的产业管制区。根据产业管制区的类型特征，依据引导性、指导性、强制性等政策手段进行分类指导，目标是促进生态建设与产业发展和环境保护相协调。

1.5.6 园区配套策略

在完成上述的空间布局和产业规划以后，应该合理地进行服务体系与配套设施的构建，以便实现园区的全方位可持续发展。产业园区的配套策略将以产业链为基础，用增值服务和基础服务两个板块打造园区服务平台，如图 1-45 所示。

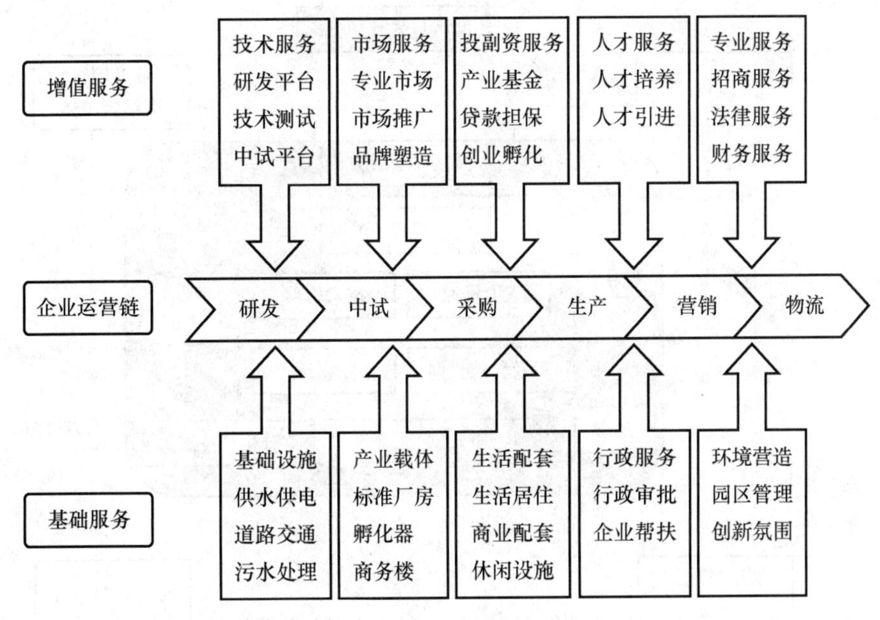

图 1-45　产业园区配套服务体系

资料来源：产业园区规划思路及方法——基于国内外典型案例的经验研究

1.6　产业园区规划的方法

1.6.1　产业园区规划的新理念

过去我们看到的和正在进行的，都是因为产业活动的总量增加促进的城市扩张，推动了城市化和全球化的过程，也推动了城市功能的提升。未来，我们将要进行的是以空间规划为手段，构建功能性城市区域，引导和推动城市的产业经济活动能力。近几年，在产业园区规划领域涌现出了一些新理念，以下是最为流行的两种理念。

第一，新的产业园区规划，首先要倡导以核心资源聚集为主要目标，空间规划是围绕核心资源的服务需求而进行的。

例如，一个高新技术园区的成长，更多地依赖人力资源、技术转移能力、信息及咨询服务能力以及展示交易服务能力，在这个核心要素的驱动下，使一个产业的研发、设计、中试、制造得到一定的核心优势基础，通过这个平台功能对外部资源，包括科研机构、产业资本、院校及制造运营企业的吸引，以达到一个循环成长的有机过程。具体如图 1-46 所示。

第二，目前我国的产业园区的开发多半处于第二阶段和第三阶段之间，与未来所需要的第四阶段有着本质的不同，需要进行一些规划上的预判和修正，以保证在未来的规划实施中，有着更具备成长弹性的空间设定。具体如图 1-47 所示。

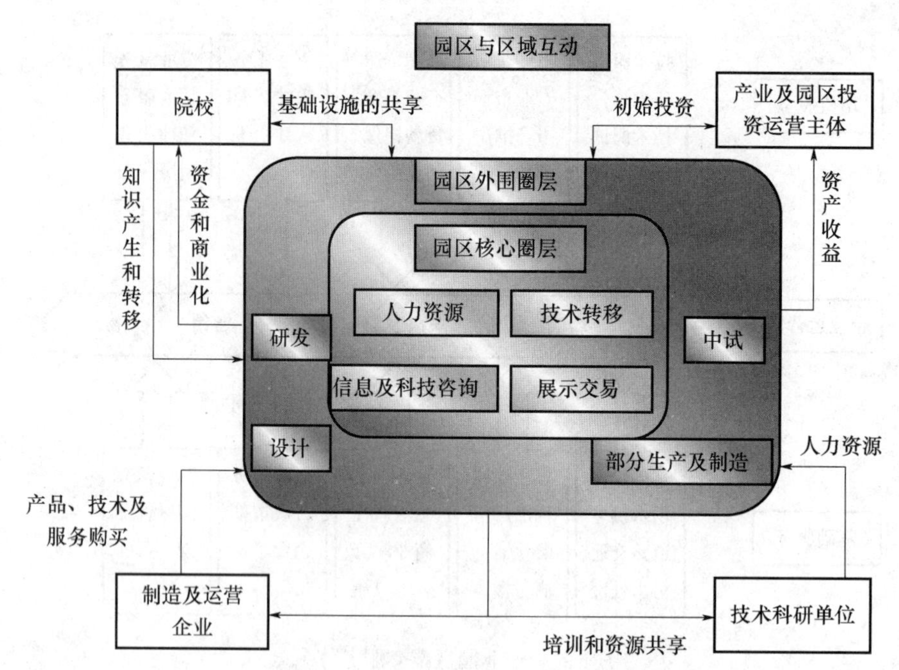

图 1-46　高新技术产业开发区的产业构建模式

资料来源：产业园区规划思路及方法——基于国内外典型案例的经验研究

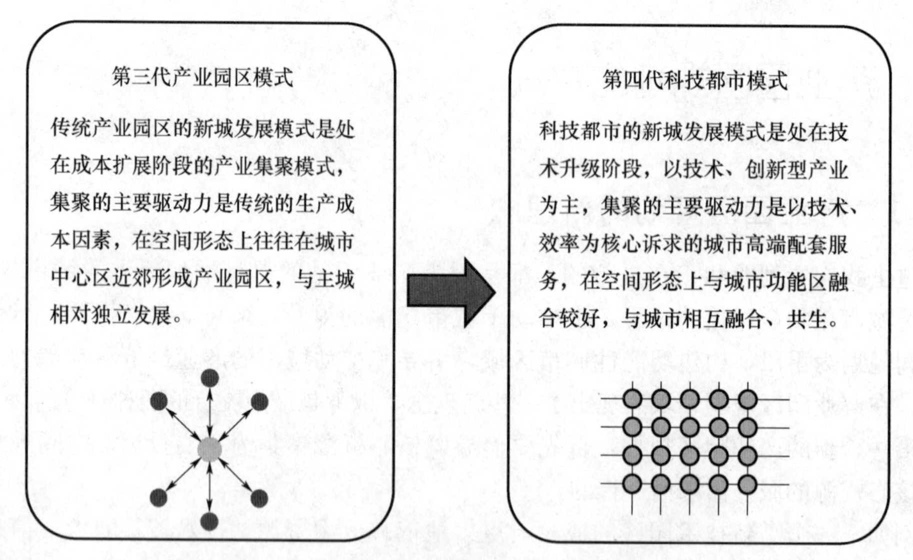

图 1-47　第三代、第四代产业园区模式的对比

资料来源：产业园区规划思路及方法——基于国内外典型案例的经验研究

1.6.2　产业园区规划的方法

产业园区规划的方法具有很多，无论是在前期的内外部环境的分析、产业定位的分析，还是在后期的空间布局和招商策略等过程中，都要结合实际采取最合理的方法，达到规划的最优化。

（一）宏观环境分析——PEST法

PEST（Politic，政治；Economic，经济；Social，社会；Technological，技术）方法经常用在对企业的外部宏观环境分析中，该方法同样可用于对园区的外部宏观环境的分析中。

宏观环境是指影响一切行业和企业的宏观力量。对宏观环境因素做分析，一般都应对政治、经济、技术和社会这四大类影响企业的主要外部环境进行分析。这种分析方法被称为PEST。根据分析企业或园区的特点不同，有时会对工具进行扩展和变形，如PESTL（Politic，政治；Economic，经济；Social，社会；Technological，技术；Legal，法律）、PESTLED（Politic，政治；Economic，经济；Social，社会；Technological，技术；Legal，法律；Ethical，道德；Demographic，人口）等。PEST的分析可以用头脑风暴法，可用于公司或园区的战略规划、市场规划、产品经营、研究报告等。具体如图1-48所示。

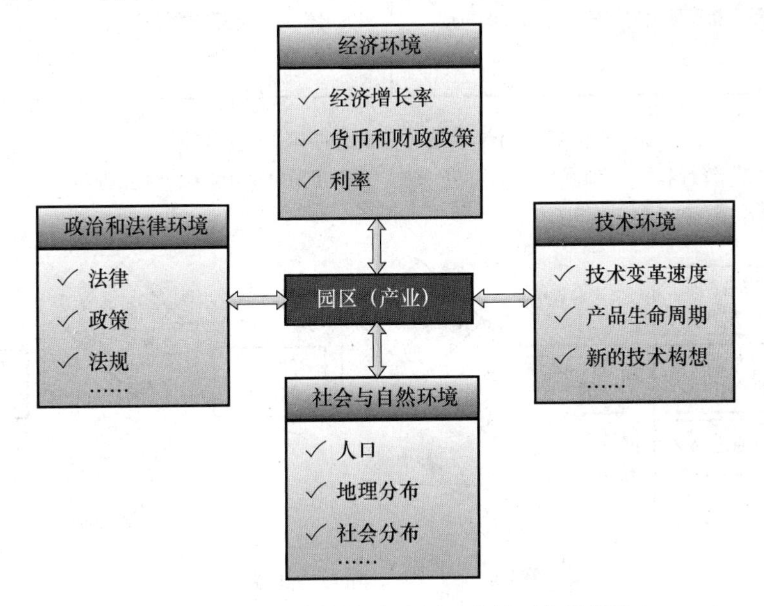

图1-48　PEST法分析产业园区的外部宏观环境

（二）内部资源分析——SWOT法

SWOT（Strength，优势；Weakness，劣势；Opportunity，机遇；Threat，威胁）方法一般用于企业内部条件和优劣势的分析，是一种企业内部分析方法。在园区规划中，该方法可用于园区的内部资源分析。具体如图1-49所示。

（三）产业定位分析——长中短名单法

长中短名单法挑选产业的方式是层层筛选，先找出可选的长名单，再结合限制性条件甄选出可供选择的中名单，最后通过产业发展前景的评估，得到短名单。具体分析思路如图1-50所示。

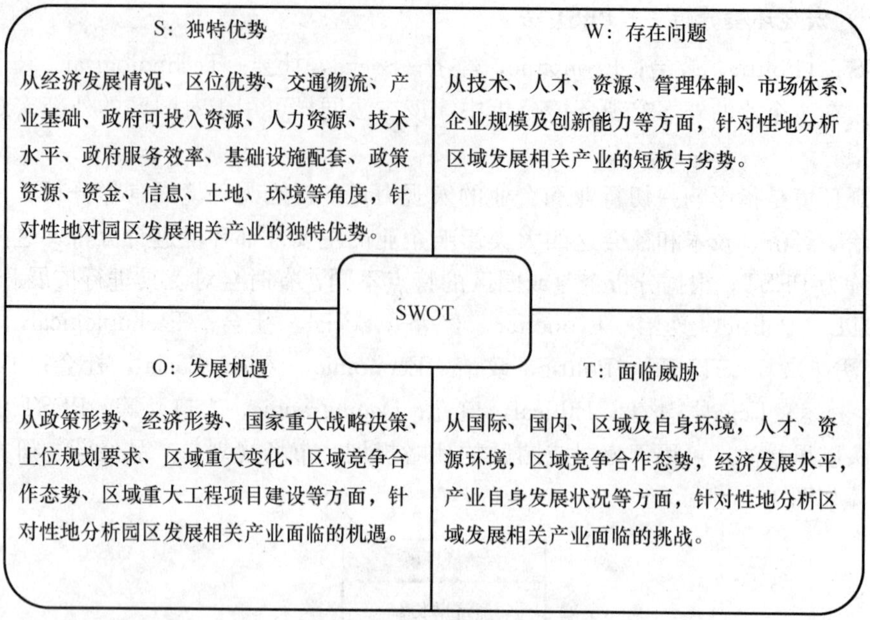

S：独特优势
从经济发展情况、区位优势、交通物流、产业基础、政府可投入资源、人力资源、技术水平、政府服务效率、基础设施配套、政策资源、资金、信息、土地、环境等角度，针对性地对园区发展相关产业的独特优势。
W：存在问题
从技术、人才、资源、管理体制、市场体系、企业规模及创新能力等方面，针对性地分析区域发展相关产业的短板与劣势。
SWOT
O：发展机遇
从政策形势、经济形势、国家重大战略决策、上位规划要求、区域重大变化、区域竞争合作态势、区域重大工程项目建设等方面，针对性地分析园区发展相关产业面临的机遇。
T：面临威胁
从国际、国内、区域及自身环境，人才、资源环境，区域竞争合作态势，经济发展水平，产业自身发展状况等方面，针对性地分析区域发展相关产业面临的挑战。

图 1-49　SWOT 法分析产业园区的内部资源

资料来源：产业园区规划思路及方法——基于国内外典型案例的经验研究

确定区域发展远景与价值取向
现有产业单元
国内完全新兴的行业
可通过外来投资形成的产业单元
（长名单）
可供选择的产业
限制性条件
（中名单）
可供选择的产业
产业发展前景评估
（短名单）
重点发展的产业
模型1
模型2
模型3

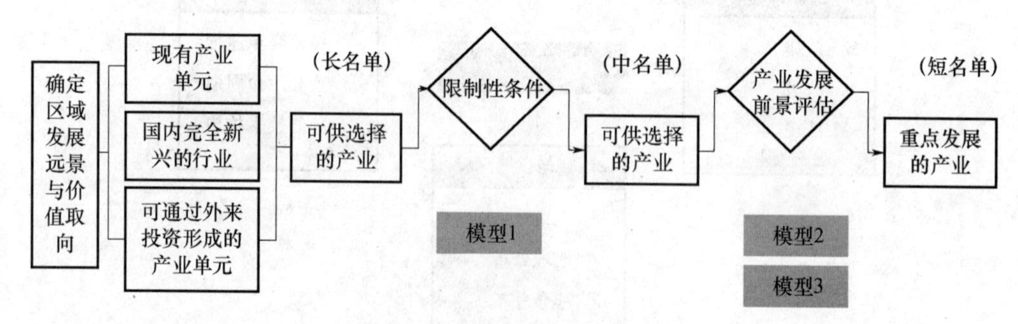

图 1-50　产业选择的分析思路

资料来源：产业园区规划思路及方法——基于国内外典型案例的经验研究

在具体的产业选择时，根据产业选择的分析思路，可以分为三大步骤：

第一步，确定待选产业单元名单及模型：长名单-中名单法。先采用长名单-中名单法筛选出待选产业。如图 1-51 所示。

第二步，构建评价产业的指标体系模型：VC-3C 法。

VC-3C 法即产业价值链（Value-chain）和能力（Competence）、机会（Chance）、合作（Cooperation）四个维度，构建出一个含有 10 个一级指标、24 个二级指标的评价模型。具体见表 1-14。

第三步，通过指标权重打分法确定短名单（重点发展的产业），分为一维线性分析和二维线性分析。

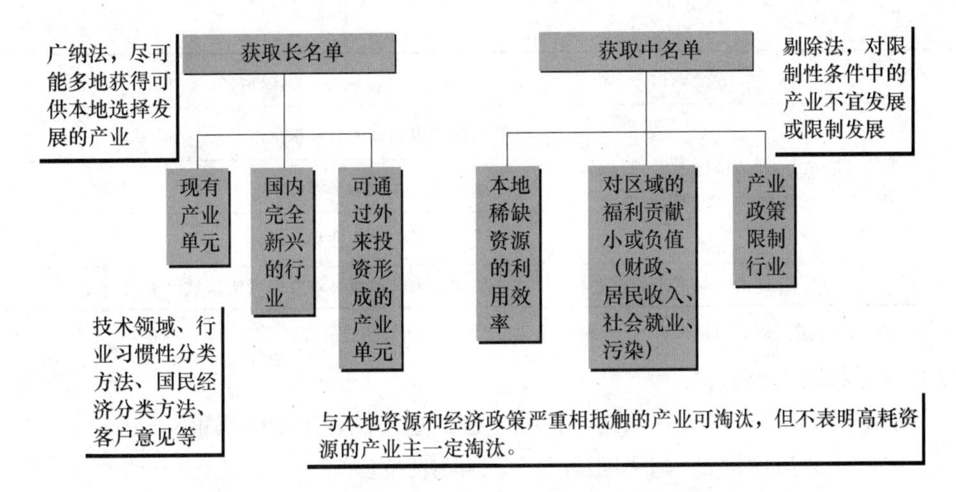

图 1-51　长名单-中名单法

资料来源：产业园区规划思路及方法——基于国内外典型案例的经验研究

表 1-14　产业评估指标体系

类型	一级指标	二级指标
价值链	产业上下游完整性	产业链完整性（原材料生产供应—处级产品生产—中间产品制造—成品制造—产品应用）
	产业关联程度	产业与现有资源的相关性（自然、科技、人力等）
		产业与现有主导产业的相关性
		产业带动和扩展性
		溢出效果
能力	产业竞争力分析	本地产业的相对竞争地位（产业规模、产业成本、材料来源、产品档次、产品价格）
		本地产业的潜在竞争优势
		本地企业的竞争实力和扩展潜力
	技术竞争力分析	产业技术水平（工艺水平）
		研发技术水平
		技术前瞻性
机会	国内外产业市场前景	产业市场容量
		产业市场增长性
		产业发展未来趋势
	产业进入壁垒	限制性政策
		产业垄断性
		进入门槛
	外部产业或企业进入的可能性	外部产业转移的意向
		产业链易于分解和流动性
		受区位限制必须进行区域布局

续表

类型	一级指标	二级指标
合作	周边市场发展到一定程度的辐射性	产业在周边区域的发展情况
		产业在周边区域的集聚度
		与周边区域的差异性和互补性
	周边市场需求的拉动性	产品在周边区域或经济联系紧密区域的需求情况

资料来源：产业园区规划思路及方法——基于国内外典型案例的经验研究。

(1) 一维线性分析

根据第二步建立的产业评估指标体系，根据重要性确定指标权重。

① 单项要素指标得分=单项指标打分×单项权重；

② 产业单元综合得分=累计各单项要素指标得分；

③ 将各产业单元最后得分从大到小排列，分数高者为优先选择领域；确定入选分值标准，从中名单中获得短名单（重点发展的产业单元）。如图 1-52 所示。

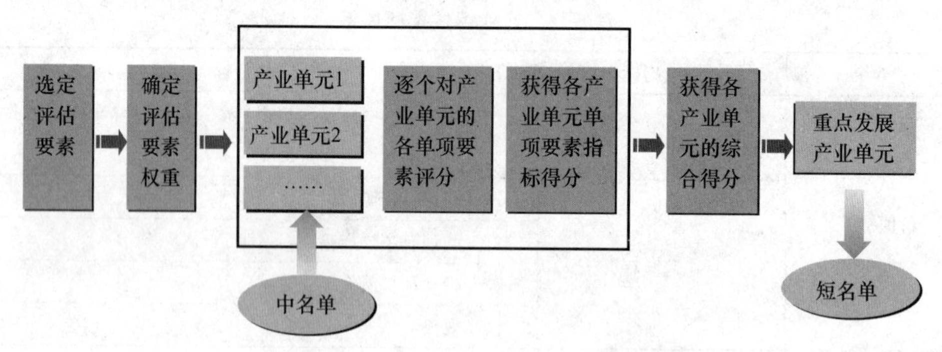

图 1-52　一维线性分析的短名单获取流程

资料来源：产业园区规划思路及方法——基于国内外典型案例的经验研究

(2) 二维线性分析

通过对产业价值链（Value-chain）和能力（Competence）、机会（Chance）、合作（Cooperation）四个维度进行重组，构建两个大指标：产业吸引力（由 Value-chain、Chance、Cooperation 组成）和本地产业竞争能力（由 Value-chain、Competence 组成），分别建立一些二级指标。产业吸引力包括 4 个二级指标；本地产业竞争力包括 9 个二级指标。具体如图 1-53 所示。在实际运用中，可以根据具体情况灵活增减指标。

根据上述建立的指标体系，根据重要性确定各指标权重，对两个指标体系分别进行打分并获得各产业单元在两个指标体系的综合得分；建立二维坐标图，获得各产业单元的相对地位。产业吸引力和本地产业竞争能力得分高者为优先选择领域（即短名单）。如图 1-54 所示。

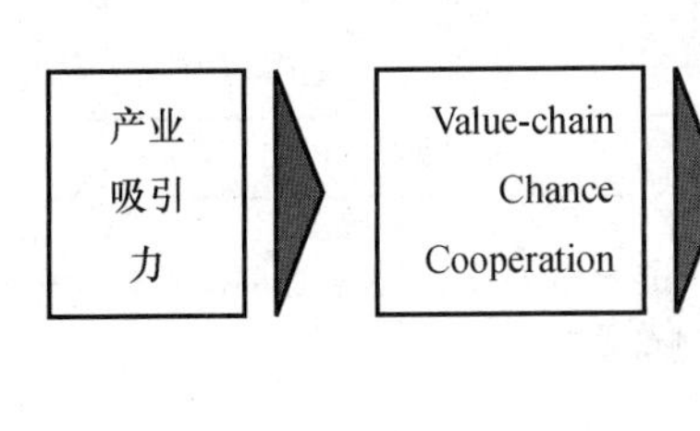

- 产业规模（国内/全球）
- 产业的成长性
- 产业关联程度
- 对财政、民生的贡献

本地产业竞争能力

Value-chain
Competence

- 不可移动性生产要素的可获得性及成本：水电、空气质量
- 可移动要素从外部进入的可能性
- 现有产业竞争力或通过改进实现扩张的潜力
- 产业价值链完整性（资源配套能力）
- 实体经济基础设施及城市功能
- 地理区位（交通、地形、产业辐射半径）
- 区域竞争与合作
- 科技资源与技术实力、技术的可获得性
- 城市文化、生产服务、生活环境及成本

图 1-53　二维分析的指标体系

资料来源：产业园区规划思路及方法——基于国内外典型案例的经验研究

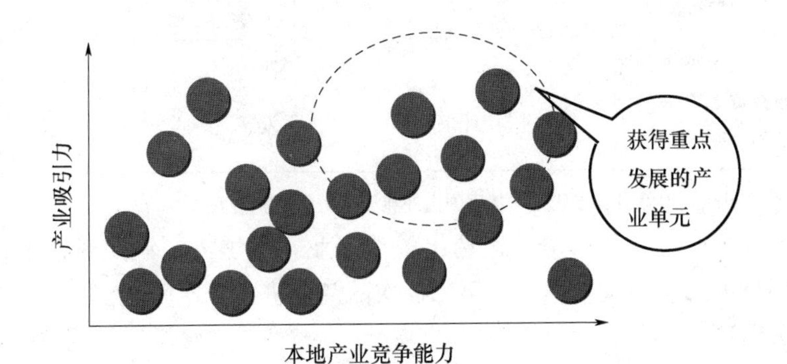

图 1-54　二维分析的短名单选择

资料来源：产业园区规划思路及方法——基于国内外典型案例的经验研究

（四）产业定位分析——二级筛选法

（1）初级筛选

对园区的产业进行合理定位的核心和前提是确定一套系统、科学的筛选园区产业机会的标准。选取区域战略、发展机遇、产业前景、资源优势、竞争态势、集群效应、国家政策七个维度，构建初级筛选的标准。标准的定义及符号说明见表 1-15。

表 1-15　园区产业初级筛选标准

符号	（好，1 分）	（中，0.5 分）	（差，0 分）
园区战略	该行业完全符合该园区经济及发展规划	该行业不是该园区的经济及产业规划的重点行业	该园区的经济及产业规划不鼓励该行业

续表

符号	（好，1分）	（中，0.5分）	（差，0分）
发展前景	园区内有一些可预见的特定事件促进该行业的发展	园区内无特定的可预见的事件促进或阻碍行业发展	区域内有一些可预见的事件会阻碍该行业的发展
产业前景	该行业在园区内拥有巨大的市场和发展空间	该行业在园区内的市场一般，但较易向其他地区辐射	该行业在园区内的市场一般且向其他园区的辐射要求较多
资源优势	该园区拥有良好的人文和自然资源，资金优势和基础设施	该园区的人文、自然、资金和基础设施情况一般	该园区的人文、自然、资金资源贫瘠，基础设施条件一般
竞争态势	该行业在园区内无竞争	该行业在园区内竞争一般	该行业在园区内竞争激烈
集群效应	该行业具有较长的产业链，对其他行业具有很强的带动效应	其他行业的带动效应一般	该行业的产业链较短，对其他行业的带动效应较弱
国家政策	国家的产业政策、税收政策等充分鼓励该行业的发展	国家宏观政策对该行业也不作限制	国家的宏观政策限制该行业在国内的发展

资料来源：产业园区规划思路及方法——基于国内外典型案例的经验研究

在通过对各个产业进行打分，遴选出备选产业。这里需要制定遴选的标准，比如根据得分不同分为三个档次，第一、第二档次的产业进入二次筛选。

（2）二级筛选

在一级筛选的基础上，进一步运用横向的综合区位优势和纵向的产业吸引力优势两维指标，评估该园区竞争状况以确定该园区的潜在产业竞争实力。

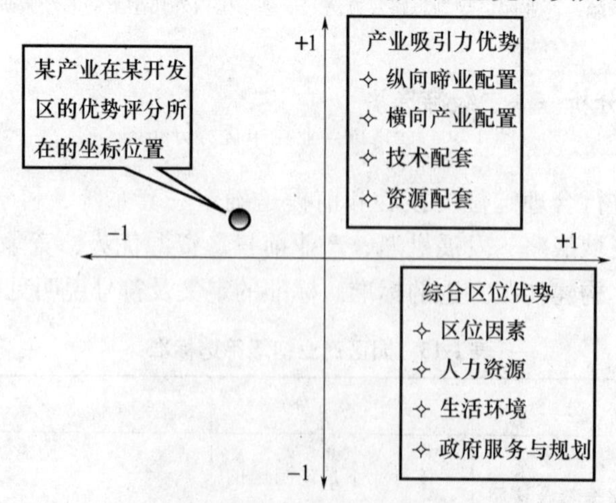

图 1-55　某产业在园区的竞争优势分析

资料来源：产业园区规划思路及方法——基于国内外典型案例的经验研究

如图 1-57 所示，产业吸引力优势和综合区位优势分别可以分为 4 个子因素指标，它们的得分根据各子因素的评分计算出，结果在［－1，＋1］之间。

各子因素打分的标准：对每个子因素有三个分值：－1，0，＋1。

打分标准如下：

＋1：表示远高于某区域内各个园区的评价水平。

0：表示处于某区域内各个园区的平均水平。

－1：表示大大低于某区域内各个园区的平均水平。

在计算最终得分时，产业吸引力优势和综合区位优势的方法略有差异。

在计算产业吸引力优势时，各子因素对不同产业的重要性不同，被分别赋予不同的权重，权重之和为 1。根据不同的权重和各子因素的分值，计算加权平均值，即为产业吸引力优势的最后得分。

在计算综合竞争优势时，不用对各因素赋权，默认为各个因素权重相等，所以直接计算 4 个子因素得分的平均值即可。

（3）评估产业机会

根据评估结果将特定园区的产业机会分为很有机会、有一定机会和机会很少三种类型，依次作为下一步园区产业定位可行性分析的基础。具体如图 1-56 所示。

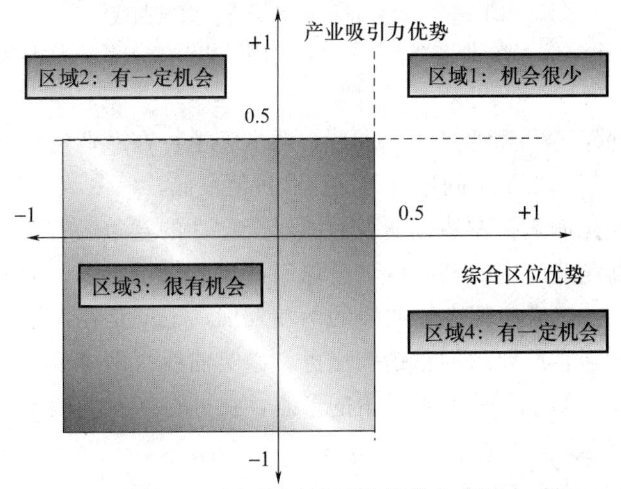

图 1-56　园区的产业竞争优势分布图

资料来源：产业园区规划思路及方法——基于国内外典型案例的经验研究

如图 1-56 所示，进过二次筛选，产业分为三类：

第一，机会很少产业。当产业竞争优势处于区域 1 时，说明其他园区已经在该产业形成了明显的竞争优势，目标园区在该产业的发展机会很少。

第二，有一定机会产业。当产业竞争优势处于区域 2 和区域 4 时，说明已有一些园区在某一方面具有较好的优势，但仍有一些不足，因此目标园区若能及时赶上，在该产业发展仍有一定的机会。

第三，很有机会产业。当产业竞争优势处于区域 3 时，说明各园区在该产业都没有形成什么明显的竞争优势，因此目标园区在该产业的发展机会很大。

（五）产业发展策略——产业价值链微笑曲线

当前一轮的全球产业分工，实际上是高端资源集聚向欧美、低端要素集聚向中国及东南亚的过程，以成本和规模取胜的时代即将结束，通常意义上的“微笑曲线”也将随着“金融泡沫”的破灭，开始新的重构过程。我们需要在新的一轮产业板块及分工中，尽量取得高端战略的实现，也需要在园区的规划与发展中做到空间和服务平台的适应性。

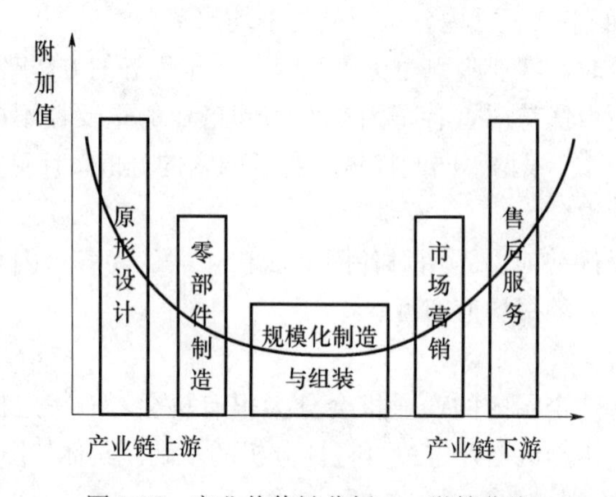

图 1-57　产业价值链分析——微笑曲线

资料来源：产业园区规划思路及方法——基于国内外典型案例的经验研究

如图 1-57 所示，微笑嘴型的一条曲线，两端朝上，在产业链中，附加值更多体现在两端的设计和销售，处于中间环节的制造股价值最低。

微笑曲线中间是制造；左边是研发，属于全球性的竞争；右边是营销，主要是当地性的竞争。当前制造产生的利润低，全球制造也已供过于求，但是研发与营销的附加价值高，因此产业未来应朝微笑曲线的两端发展，也就是在左边加强延展创造智慧财产权，在右边加强客户导向的营销与服务。微笑曲线有两个要点，第一个是可以找出附加价值在哪里，第二个是关于竞争的形态，在进行产业发展策略的制定时主要是为了解决这两个问题。

（六）园区配套策略——产业化平台建设

园区的规划首先是以产业平台构建为核心导向，而不是以用地性质和规模设定为主要目标。园区规划的宗旨是围绕建设一个产业平台或者产业服务平台为核心，这就要求在规划的初始，着重分析和判定这些平台构建的实际需求和发展途径。

例如，围绕一个产业技术构建的平台，核心能力是研发或技术交易能力，就需要围绕这个能力去建立一个创新科技服务平台，如图 1-58 所示。

（七）园区配套策略——企业生命周期理论法

产业园区规划时不仅仅需要考虑园区自身的利益，也需要更多地考虑园区内企业的成长性和二次成长培育。园区的服务是园区发展的核心关键，但是，大部分园区仍然更加重视仅仅是“招商引资”的初始过程，在园区内部企业的发展服务方面做得很不到位。这是园区发展甚至在规划过程中需要更多关注的问题。我们根据企业的成长需要，提供这样一个服务平台和功能是必要的，按照不同发展阶段的企业提供不同的关键服务。企业生命周期的分析思路可参见图 1-59。

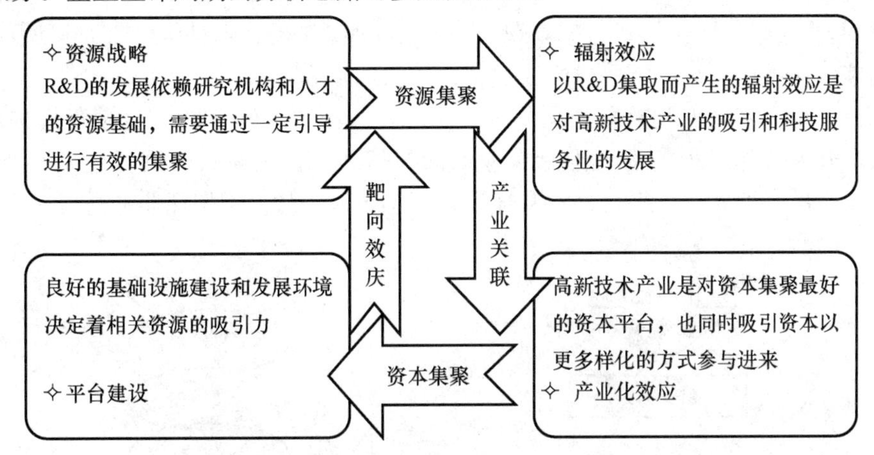

图 1-58　围绕 R&D（科研发展）产业化的平台建设

资料来源：产业园区规划思路及方法——基于国内外典型案例的经验研究

如图 1-59 所示，在生命周期的成长阶段，应该按照企业成长路线，提升创新创业综合服务能力和服务品质，规划构建国际高科技企业孵化器，引进国际孵化项目，与基地产业形成互动，设立大学科技园、留学生创业园，建立为高成长企业服务的加速器，建立孵化器和加速器的对接机制，形成从孵化器到加速器的企业成长服务体系，搭建投融资服务平台，联合银行、证券公司和中小企业创业板等帮助企业上市。

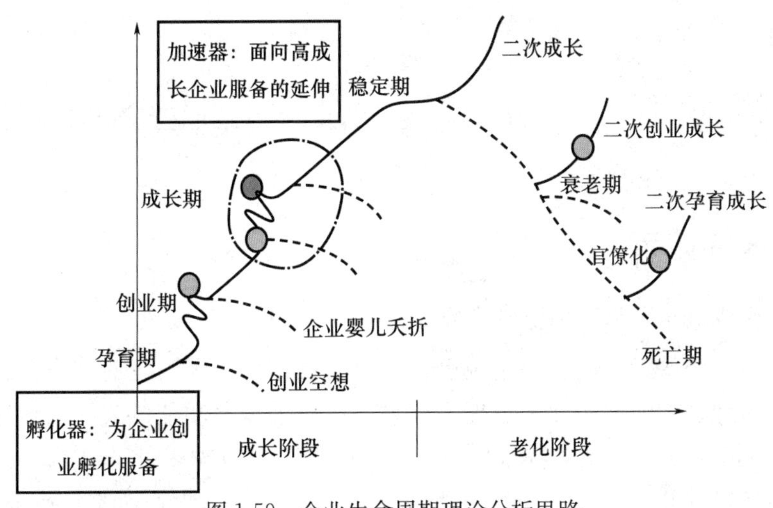

图 1-59　企业生命周期理论分析思路

资料来源：产业园区规划思路及方法——基于国内外典型案例的经验研究

（八）园区配套策略——搭建多层次的投融资服务平台

传统的投融资模式有财政投资、土地储备制度融资、国内外贷款和证券市场融资等。当前，国际金融环境瞬息万变，我们无论是在企业融资还是在园区整体融资方面，均须灵活地整合金融市场上的各种资源和渠道（如民间资本、海外资本、各种债券、信托、融资租赁等），针对园区内企业的实际情况，帮助各企业进行资本融资，实现园区从传统向BOT模式、TOT模式、ABS模式等创新性形式的变化。具体如图1-60所示。

此外，还可以通过以下手段来促进园区的投融资服务。

第一，设立基地创业投资专项基金；第二，与国内外知名的风险投资机构成员建立联系，开展合作，积极引入国际专业风险投资机构；第三，开展投融资担保业务，借助国家中小企业转贷款平台，在基地设立中小企业贷款信用担保业务窗口。

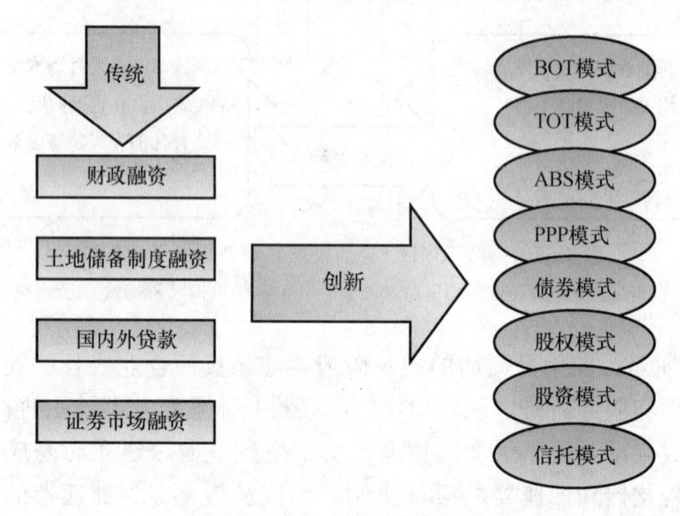

图1-60　投融资模式的创新

资料来源：产业园区规划思路及方法——基于国内外典型案例的经验研究

1.7　海绵城市与城市风道理念及其工业园区规划应用

1.7.1　海绵城市

（一）“海绵城市”理论的提出背景

随着中国经济的发展，在快速城镇化建设过程中忽视了对现有水资源的保护，城市中大量的湿地、湖泊被大面积填埋，导致原有湖泊调蓄功能缺失、城市地下水位下降等问题。同时，城市化的各项基础设施建设导致植被破坏、水土流失、不透水面增加，河湖水体破碎化，地表水与地下水连通中断，极大改变了径流汇流等水文条件，总体呈汇流加速、洪峰值增高的趋势，导致了城市内涝现象出现。可以说，逢雨必涝已逐渐演变为我国多个城市的瘤疾。面对这些水问题，我们亟须一个系统、综合的解决方案。“海绵城市”理论的提出正是立足于当前城乡突出的水问题及相关生态和环境问题。

（二）“海绵城市”理论内涵

海绵城市是指城市能够像海绵一样，在适应环境变化和应对自然灾害等方面具有良好的“弹性”，下雨时吸水、蓄水、渗水、净水，需要时将蓄存的水“释放”并加以利用。海绵城市的特点是能吸收、能渗透、能涵养、能净化、能释放。海绵城市建设应遵循生态优先等原则，将自然途径与人工措施相结合，在确保城市排水防涝安全的前提下，最大限度地实现雨水在城市区域的积存、渗透和净化，促进雨水资源的利用和生态环境保护。在传统城市中，雨水系统规划设计坚持快速排除与末端集中控制相结合的理念，使径流雨水通过管渠、泵站等设施进行排放，对市政雨水管网设施、排涝设施造成了巨大压力，与此同时由于径流雨水夹杂大量污染物质，不仅会严重污染排放区域的水环境，而且还会造成雨水资源的浪费。基于这一现状，海绵城市理论得以形成与发展，能够有效解决上述问题。海绵城市强调低影响、高效率雨水系统的构建，通过利用渗、滞、蓄、净、用、排等技术，促使径流雨水良性循环，维持城市“海绵”功能，提高城市对雨水的渗透能力、净化能力、调蓄能力和利用能力，减轻对市政设施的压力。海绵城市必须体现雨水积存、渗透、净化的自然性、生态性，所以在城市规划中既要考虑绿色化、生态化设施的建设，同时还要兼顾与传统设施的有效衔接，形成全过程的雨水管理体系和可持续发展的雨水排放模式，以实现雨水资源化利用、保护水环境质量、缓解城市暴雨内涝等目标。如图 1-61 所示。

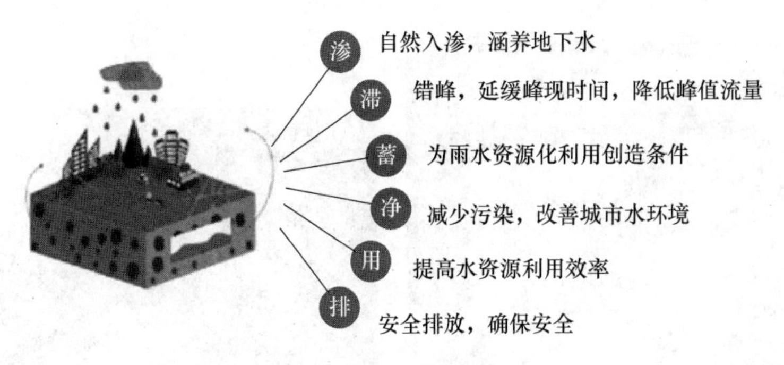

图 1-61　海绵城市规划理念

资料来源：国祯环保海绵城市建设技术体系

（三）工业园区规划应用

工业园区规划是城市规划的重要组成部分，也是对承载第二产业发展、城市经济增长的物质环境的部署。但是，在园区的规划和建设期间，也产生了严重的环境问题和社会问题。鉴于此，人们不得不寻求一种经济效益与社会效益均衡发展的新规划模式。因此，工业园区的用地弹性化和生态化模式成为当下理论研究的热点。但是，目前的相关理论研究比较多的是强调工业产业内部的生态化以及如何减少对自然环境干扰的被动保护，缺乏对园区宏观层面以及环境方面的考虑。随着海绵城市示范建设，工业园区海绵城市化规划应用将会成为工业园区规划建设的必要条件。

（1）园区道路规划

园区道路规划要以满足基本交通功能为前提，结合道路绿化空间，以及道路自身的承载要求，采取以下规划措施：加大对建设透水路面的可行性分析，尽量在人行道、非机动车道上建设透水路面，而在荷载较高的行车道上慎重建设透水路面；在道路两旁的绿化带处建设凹式绿地系统，增强绿化带对雨水的渗透力和储存能力；人行道的树木栽种要推广 LID（低影响开发）树池形式，消减路面上的径流水量。

（2）水系湿地规划

加大对现有水系湿地的保护力度，禁止盲目填埋园区低洼区的坑塘、河沟；调查研究历史填埋的河道水系，对存在较大内涝风险的区域进行生态恢复建设；规划植被缓冲带，并在河道与道路之间设置地面泄水通道，以便在降水时将雨水引入缓冲带；建设湿地系统，提高湿地系统对雨水的调蓄能力。

（3）实践案例

较早的实践案例包括 2000 年的北京中关村生命科学园（图 1-62），其设计采用了人工湿地收集雨水和净化中水的绿地系统，被称为大地生命的细胞；2007 年的天津桥园湿地系统（图 1-63），通过简单的填挖方，形成泡状生态海绵体，收集雨水，在解决城市内涝的同时，进行城市湿地的生态修复，发挥综合的生态系统服务；类似的绿色海绵工程也在秦皇岛滨海生态修复、哈尔滨群力国家湿地公园等项目中得到成功应用。

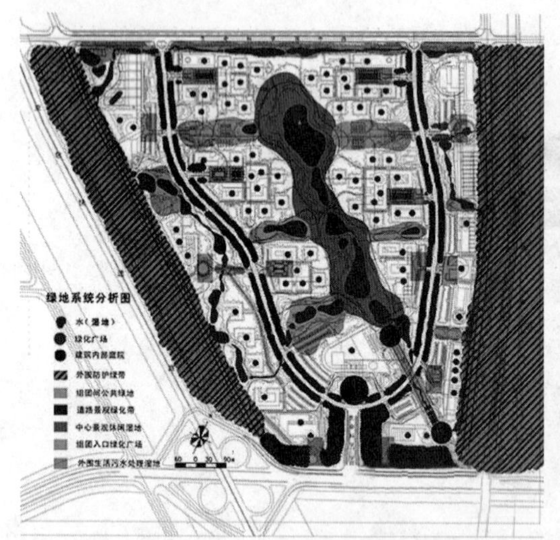

图 1-62　北京中关村生命科学园绿色海绵系统：生命细胞概念，绿地吸收和净化雨水和中水

资料来源：海绵城市理念及其工业园区规划应用

工业园区作为城市第二产业发展的重要环境载体，其规划设计一向受到规划界人士与专家学者的重视，但是研究的重点偏重于对产业的分析，而在环境规划与园区产业发展综合考虑方面尚缺乏系统的研究。故提出海绵城市在工业园区规划与设计中运用的思路，力求运用其理论的核心思想促进工业园区与城市其他部分的有机融合。

图 1-63　天津桥园：城市海绵系统，收集雨水并用于棕地的生态修复

资料来源：海绵城市理念及其工业园区规划应用

1.7.2　城市风道

（一）城市风道的基本概念

城市的通风廊道是有利于城市通风的自然廊道、人工廊道的总和。在现今的城市规划中，城市的“通风廊道”确定和设计已经是必须考虑的问题。德国是城市气候研究领域的先驱者，是最先开始探索城市风道的国家，因此，城市通风廊道（即城市风道）的概念始于德国词汇“Ventilationsbahn”。而在我国的城市规划实践中，常常使用“绿色风廊”“楔形绿地”“通风走廊”等词汇替代，即在城市绿色生态走廊或者城市局部地区打开通风口，将郊区的新鲜空气引入城市主城区。

基于城市总体规划的角度，城市风道的概念则更为广义，在总体规划布局体系中考虑风的流通引导通道，将湖泊水系、山体森林、公园绿地等开敞空间与城市建设进行综合考虑，通过路网结构与走向、建筑高度、建筑密度、绿地系统等的控制使得开敞空间与绿地系统形成点线面相衔接的网络结构。

（二）城市风道类型

1. 道路型风道

城市道路与人类活动联系紧密，且数量众多、等级分明，可利用良好的路网改善城市通风环境，道路型风道是城市风道的一种重要类型。城市道路分为不同的类型和等级，各自的通风特征也不尽相同。

（1）交通型道路风道

交通型道路主要包括城市中的快速路、主干路以及交通繁忙的次干路。此类道路以快速通行的交通为主，车流量庞大、尾气污染较重，是城市中特殊的风道，用于将道路中的污染物快速排出城市，以免扩散到周边居住、商业等空间中。但另一方面，交通型风道虽然尾气污染较严重，但道路红线宽度较大，两侧及中间隔离带常植有灌木、乔木等行道树和绿篱，能有效阻止污染气流向四周扩散。部分快速路、主干道两侧有数十米甚至上百米的防护绿带，将绿带与道路结合能形成宽度可观的风道，利于空气的快速流动（图 1-64）。

图 1-64　交通型风道示意

资料来源：汪琴．城市尺度通风廊道综合分析及构建方法研究［D］．杭州：浙江大学，2016

（2）生活型道路风道

生活型道路主要包括城市中的部分次干路、支路以及城市慢行系统等。此类道路尾气污染小，要尽量保持开敞，尽可能地串接城市的绿地斑块，最大程度地发挥其在城市中引导风流通交换的能力。在城市规划中，可将城市慢行系统与河道、公园、分隔绿带等空间相结合，设置景色宜人、尺度宜人的漫步环境，既提高了公众的生活品质，也有利于风的流通和交换（图 1-65）。

步行街道是城市居民活动最活跃的场所，犹如城市中数量庞大的“毛细血管”通达城市的每个角落，也是生活型道路风道的重要组成部分。将连续畅通的街道体系与两侧的建筑体型、主导风向等相结合进行规划，形成利于改善街区内部通风状况的风道。两侧切忌连续密集的建筑营造模式，不利于街道内污染物排放和空气的交换。

图 1-65　生活型道路风带示意

资料来源：汪琴．城市尺度通风廊道综合分析及构建方法研究［D］．杭州：浙江大学，2016

2. 绿地型风道

绿地型风道主要包括城市公共绿地（公园、游憩林地）、防护林带、生产绿地、交通绿地以及市内或城郊的风景区绿地等。植被绿地对受过污染的空气有过滤吸收的作用，大面积的城市绿地可形成良好的生态环境，并影响和净化周边城市建成区（图1-66）。而风作为载体，对受污染的大气有稀释净化功能。将城市绿地与风流通相互结合可以起到相互补偿、相互增益的效果。一方面，绿地的吸附过滤功能与风的稀释净化功能相结合，对污染空气的净化能力将达到双倍的效果，利于形成清新的空气；另一方面，流动的风与绿地结合形成局地环流，能将绿地内的清新空气携带至周边空间，扩大了城市绿地的影响范围，增强了城市绿地对周边区域的生态效应。

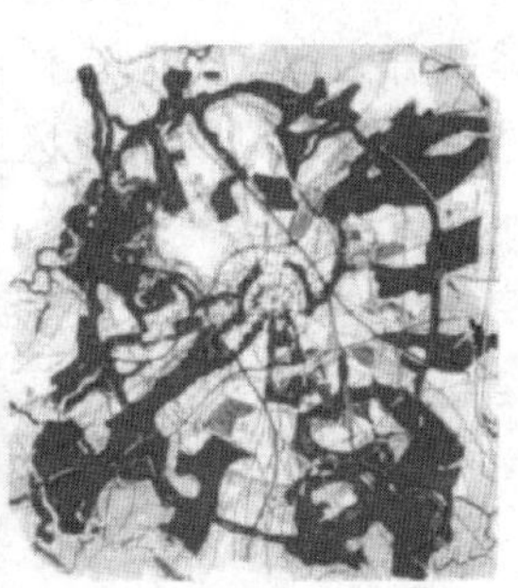

图1-66　绿地型风道示意

资料来源：汪琴．城市尺度通风廊道综合分析及构建方法研究［D］．杭州：浙江大学，2016

城市规划中，应充分利用道路、绿带、水系等将大面积的城市公园绿地串接形成一定规模的、连续的绿色城市风道。在规划建设中，应尽量秉持集中布置的原则，“遍地开花”“见缝插针”式的城市绿地虽然美观价值比较高，但生态效益相对较差，不利于改善城市环境。同等面积的绿地，集中布置的整体绿地效益要远高于分散布置，更易形成“林源风”。分散式的绿地布局形式还会导致城市下垫面覆盖类型趋于均质，形成较为稳定的近地面空气层，不利于风的流通，造成污染物的淤积。

3. 河道型风道

河道型风道指的主要是城市中的自然江河，诸多大城市都是顺江发展、临水而建的（图1-67），如位于长江入海口的上海、两江交汇处的武汉、钱塘江穿城而过的杭州等。河道是纯天然的风道，具有良好的生态环境效益。一方面，水体的粗糙度较低，滨水空间近地层的风速要比周边区域高，是最好的、自然的、无需特意控制的风道；另一方面，由于水体的下垫面性质易形成局地环流——河陆风，对滨水区域的风环境具有良好的改善作用，尤其是静风频率较大的区域。

城市规划中，需严格控制河道两岸的城市建设，尽量在河道两侧预留一定空间的滨河绿地。充分利用河道引导空气质量较好的风入城市，一方面，垂直河道或与河道成钝角地设置绿带或道路，最大程度地引导风；另一方面，严格控制河道两侧的建筑密度和建筑高度，密集的高层排列建筑会阻断河陆风的循环路径，阻碍河风向城市内部渗透。

图 1-67　河道型风道示意

资料来源：汪琴．城市尺度通风廊道综合分析及构建方法研究［D］．浙江大学，2016

（三）城市风道系统组成

德国学者 Kress 最早依据局地环流运行规律提出了下垫面气候功能评价标准，将城市通风道系统分为作用空间、补偿空间以及空气引导通道。其中，作用空间指需要改善热污染或者空气污染的待建区或建成区；补偿空间，即气候生态补偿空间，指冷空气或者新鲜空气的来源地；空气引导通道指作用空间与补偿空间之间的连接通道，粗糙度低、空气流通阻力小，引导城郊补偿空间的新鲜空气吹向作用空间。城市中作用空间、补偿空间、空气引导通道及相互之间的作用示意图如图 1-68 所示。

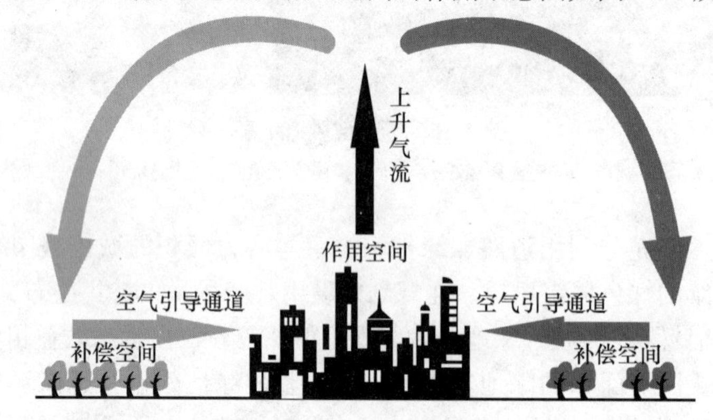

图 1-68　城市风道系统示意图

资料来源：汪琴．城市尺度通风廊道综合分析及构建方法研究［D］．杭州：浙江大学，2016

1. 作用空间

作用空间通常是以城市核心区为中心向四周逐步扩展的区域。该区域内城市化程度深，建筑、人流、车流密集，各类社会活动频繁发生，人为热排放严重且空气难以流通。因此，此类区域是城市风道建设的重点，亟须提高区域内部的空气接纳能力和交换能力。而提高城市空气接纳能力和交换能力涉及的主要是城市风压差，来自于城市建筑布局的影响。小尺度来说，单幢建筑的迎风面和背风面就能产生较大的压力差值；大尺度来说，城市建筑群之间易形成狭管效应，形成局部的疾风区和静风区，从而影响城市的通风能力。因此，完善城市建筑布局，包括建筑密度、建筑高度、容积率以及开发强度的控制等都是促进城市风道建设的重要因素。

2. 补偿空间

补偿空间通常与作用空间直接毗邻，作用空间中的热污染和空气污染因紧邻补偿空间便于进行气流交换，从而得到一定程度的缓解。补偿空间涉及的主要是城市热压梯度，城市核心区由于下垫面性质和众多热源的存在形成了城市热岛，使得城市核心区的温度明显高于周边郊区，形成较大的热压梯度差。张晓钰等就补偿空间和城市热压差的关系进行总结，将补偿空间分为生产冷空气的冷空气生成区域和能够在日间提供舒适气候条件的热补偿区域。

(1) 冷空气生成区域

在静风频发的城市中，最重要的补偿空间是冷空气生成区域。因此，应充分利用城市地形以及夜间冷空气气流组织城市通风。土地利用覆盖类型和土壤性质是影响夜间近地空气层冷却程度的重要因素。地表热容和热导相对较小的未开发建设区域是理想的冷空气生成区域，有研究表明，草地和耕地是最理想的冷空气生成区，其次是山坡和林地。一般情况下，冷空气的流动速度与地形的陡峭程度和冷空气生成区域的面积成正比。

(2) 热补偿区域

近郊林地和内城绿地均为城市重要的热补偿区域。近郊林地有着出众的热补偿功能和空气调节功能，无论处于何种气候条件下的城市都需发展和维护近郊林地的热补偿功能，尽量利用城市风道引入近郊林地中的新鲜冷空气。内城绿地是城市的另一大热补偿区域，但是不是所有的内城绿地都能成为热补偿区域。

3. 空气引导通道

空气引导通道为空气的流动提供廊道，即使是静风天气也不会对空气流通产生阻碍作用。按照运输气团和气流来源地的热学特征与空气质量，可以将空气引导通道分为通风廊道、冷空气引导通道以及新鲜空气通道三类，其中冷空气通道是最应该通过城市规划加以预留、保护和发展的。冷空气引导通道的气候调节效率通常与下垫面粗糙度、通道长度、通道宽度以及周边状态等因素相关。

在城市建成区构建空气引导通道的有效方式之一是充分利用城市公共空间，在满足居民公共活动的基础上，将城市通风功能与之融合。城市公共空间（如公园、广场、林荫道、生态廊道等）不仅没有阻碍物、通达性好，而且污染相对较低，拥有大量植被，有利于空气流动，是空气引导通道的不二之选。

(四) 城市风道国内外经验借鉴

近年来北京、杭州、武汉、南京、贵阳、福州等多个城市进行城市风道规划，作为治理大气污染的手段之一。在国际上，德国、日本和美国等对城市风道的规划见表 1-16。

表 1-16 城市风道的国内外经验借鉴

城市	主要成果	借鉴要点	实践经验
德国斯图加特	由空气污染问题严重的“雾都”改善成为“疗养胜地”	研究证明城市周边山坡地的峡谷地带及山隘出口都是冷空气流通的重要通道	提出管控要求并设置风道连接城市作用空间与补偿空间，确保有效的空气流动
日本东京都	基于对民众健康与能源消耗问题的关注，提出风环境规划管控措施	利用建筑高低错落的布置，引入海风以及由高层建筑引起建筑背风面的下沉风	引导河风和夏季盛行风流入，为风环境作用区规划管控提出了指导性措施

续表

城市	主要成果	借鉴要点	实践经验
中国香港	从微观尺度上满足城市空气流通的相关要求	增加绿化空间、减少地面覆盖率、加强与开敞地区的连接、控制建筑体积和高度	建筑物的排列和街道布局须遵从盛行风方向；利用高矮不同的建筑形态带动空气流通
中国武汉	对城市表面粗糙度高的区域引入风道并划分等级。它能使武汉夏季最高温度平均下降1℃至2℃	一级风道宽度范围为几百米至1km宽，二级风道宽度范围为100～300m	打造6片放射状生态绿楔，建立联系城市内外的生态廊道和城市风道

（五）城市风道在新城、新区、工业园区规划应用

城市风道规划建设，在我国尚处于初级探索阶段，上海在规划建设浦东新区时，便特意留出250m宽的世纪大道作为“风走廊”。据南大、南信大大气科学院联合调研的《气象条件对城市布局的影响研究》报告，城市主导风向、风速决定空气流通和污染物扩散，而城市高层建筑密集区、工业园区布局对近地层风向、风速有明显改变。南京麒麟科技城、苏州工业园的规划布局，不仅改变了当地原来农田水网的地貌，高层建筑还挡了“出气口”，对“城市热岛效应”“城市污染岛效应”的形成有着促进作用。因此，在新城、新区和工业园区规划过程中，顺应城市主导风向，形成生态开敞空间，构筑“城市风道”，对改善城市微域气候、减少热岛效应与污染岛、降低城市能耗、提升环境品质，有着重要的作用。

长沙经开区汨罗产业园的空间规划结构可总结为“一核一心，两廊四区”。其中生态通廊引入城市风道理念，结合城市风向，利用现状水系与山体打造城市生态通廊，引入城市风廊，有效扩散工业污染，并形成园区景观中心，使组团自然分割，保证生活区域的环境质量。如图1-69b所示。

城市风道规划设计，在比城市建成区更大的空间尺度上进行，工业园区基本上在城市风道的规划设计空间尺度内。因此，工业园区的选址、道路规划设计、建筑规划设计、绿道与生态廊道的规划设计，必须与城市风道规划设计相协调。

1.8 生态工业园区、低碳工业园区、两型工业园区创建

1.8.1 生态工业园区创建

生态工业园正是继经济技术开发区、高新技术开发区之后中国的第三代产业园区。它与前两代的最大区别是：以生态工业理论为指导，着力于园区内生态链和生态网的建设，最大限度地提高资源利用率，从工业源头上将污染物排放量减至最低，实现区域清洁生产。与传统的“设计—生产—使用—废弃”生产方式不同，生态工业园区遵循的是“回收—再利用—设计—生产”的循环经济模式。它仿照自然生态系统物质循环方式，使不同企业之间形成共享资源和互换副产品的产业共生组合，使上游生产过程中产生的废物成为下游生产的原料，达到相互间资源的最优化配置。

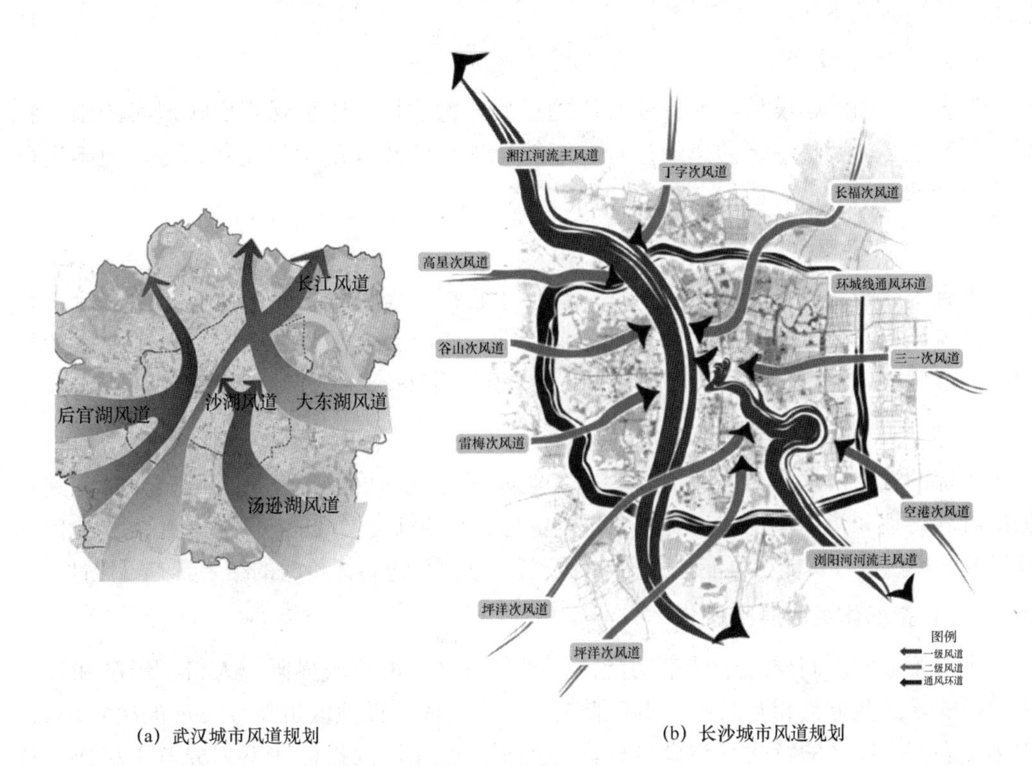

(a) 武汉城市风道规划　　　　(b) 长沙城市风道规划

图 1-69　武汉与长沙城市风道规划示意图

生态工业园区的目标是在最小化参与企业的环境影响的同时提高其经济效益。这类方法包括通过对园区内的基础设施和园区企业（新加入企业和原有经过改造的企业）的绿色设计、清洁生产、污染预防、能源有效使用及企业内部合作。生态工业园区也要为附近的社区寻求利益以确保发展的最终结果是积极的。

（一）生态工业园区指标体系构建原则

指标体系是综合反映循环经济发展水平的依据。结合生态工业园区清洁生产、资源生态化利用、经济高效、园区发展具有阶段性的特征，生态工业园区指标体系的构建应依据以下原则：

1. 客观性原则

指标体系应准确反映出生态工业园区的循环经济本质、生态工业基本特征和设计原则，全面反映生态工业园区不同于传统工业线性经济的特征。

2. 科学性原则

指标体系本身应有合理的层次结构，数据来源要准确，处理方法要科学，具体指标能够反映出生态工业园区建设主要目标的实现程度。

3. 系统性原则

生态工业园区建设是一项复杂的系统工程，指标体系必须能够全面地反映园区可持续发展的各个方面，具有层次高、涵盖广、系统性强的特点，既要有反映社会、经济和环境各个层面状态和发展的指标，还要有反映社会、经济和环境相互协调的综合指标。

4. 动态性原则

生态工业园区建设是一个持续改进的过程，构建指标体系既要反映现实的结果状态，同时也必须反映系统动态的过程。能综合地反映建设现状和发展趋势，便于进行预测与管理。

5. 目标性原则

生态工业园区的建设具有阶段性，类似于自然生态系统的顶级生物群落系统，其发展也应该有一个顶级状态，即达到工业产业门类齐全，经济实力雄厚，企业生产稳定，环境优美，经济、社会和环境协调发展等建设目标。

6. 可操作性原则

指标的选取要求从相关理论与生态工业园区建设的价值角度出发，充分考虑到数据的可获得性和指标量化的难易程度，定量与定性相结合，既能全面反映生态工业园区建设的各种内涵，又能尽可能地利用统计资料，使园区进行评价时的结果具有可比性。

（二）指标体系的层次划分

生态工业园区同样属于城市功能区，有相对固定的地域界限、人口、经济和社会生活模式，这些方面相互联系、相互影响，共同构成了该地区可持续发展的决定因素。根据生态工业园区的特征及建设目标，将生态工业园区的指标体系划分若干层次，从不同层次考察园区的循环经济发展水平，可以使评价结果更直观明晰，从而更敏锐地观察到园区建设与规划中存在的不足，以促进园区健康发展。

通常而言，生态工业园区的指标体系划分为总体层、系统层、状态层和变量层四个层次，其总体层即为循环经济指标体系，对指标体系的状态层从工业生产系统、园区管理系统、环境系统、经济系统和社会生活系统五个方面考虑。

（三）指标体系

按照上述分析，生态工业园区循环经济指标体系见表1-17。不同地域、不同主导产业的工业园区，变量层的指标数据，因地制宜选取。

表1-17　生态工业园区循环经济指标体系

总体层	系统层	状态层	变量层
循环经济指标体系	工业生产系统	工业产业生态化水平	原子利用率（%）
			水资源重复利用率（%）
			固废综合利用率（%）
			生产原料可替代率（%）
	管理系统	管理水平	企业间信息共享率（%）
			开展清洁生产企业比率（%）
			规模企业IS014001认证率（%）

续表

总体层	系统层	状态层	变量层
循环经济指标体系	环境系统	环境质量	平均空气环境质量等级（级）
			平均水体环境质量等级（级）
			单位 GDP 综合新鲜水耗（m^3/万元）
			园区人均公共绿地面积（m^2/人）
		污染物排放	万元工业产值废水排放量（t）
			万元工业产值烟尘排放量（t）
			有害气体排放强度（kg/万元工业产值）
			固废排放强度（kg/万元工业产值）
		环境管理	工业废水排放达标率（%）
			工业废气处理率（%）
			工业固废处理率（%）
			工业粉尘回收率（%）
			土地复垦利用率（%）
	经济系统	经济效益	核心企业年均企业 GDP（万元）
			人均 GDP（万元）
			园区产值占当地 GDP 比例（%）
			单位工业用地工业增加值（亿元/km^2）
		资源使用效率	工业用水效率（元/m^3）
			国土产出效率（万元/km^2）
	社会生活系统	社会公平	非农业人口比例（%）
			拥有大中专学历人数比例（%）
		生存质量	职工人均纯收入（元/年）
			固定电话装机率（%）
			园区绿化覆盖率（%）

资料来源：高妍．生态工业园区评价指标体系与评价方法研究［D］．哈尔滨工程大学，2007.

1.8.2　低碳工业园区创建

低碳工业园区的核心理念就是区域经济发展达到低碳要求，不仅包括生产活动过程中的低碳化，还包括生活环节的各方面低碳化，最终目的是实现人与环境的可持续发展。低碳工业园区虽然没有完全确切和权威的定义，但是对产业结构进行优化、大力引进低碳技术和加强低碳管理是被公认的工业园区低碳化发展趋势。工业园区低碳化发展是一种特殊的经济发展趋势，也是可持续发展和经济转型的重要方向。

（一）低碳工业园区与传统工业园区

在应对全球气候变暖和实现经济可持续发展成为全球共识的大背景下，改变传统工业生产模式，发挥“低碳”指导作用，对当前乃至将来具有重要的现实意义。低碳工业园区与传统工业园区都以促进经济发展为出发点，通过提高产业技术水平、激活经济拉动点来实现园区更好更快发展。不同点在于，低碳工业园区在经济增长方面，以低碳发展为导向，侧重于通过低碳技术、低碳管理等相关措施，实现以低碳排放为宗旨的经济增长。低碳工业园区要求园区在生产生活的各个环节进行低碳发展。而传统工业园区往往更关注经济效益，在园区的管理方面以促进经济增长为理念，因此园区更侧重于经济管理。

（二）工业园区低碳评价指标体系构建原则

为了客观、全面、科学、合理地衡量园区低碳经济发展的水平，在设定具体指标时，应遵循以下指标构建原则：

（1）科学性原则

科学性原则要求在选取指标时，既要充分反映内容的合理性和有效性，即构建的指标与低碳发展相关，还要考虑到指标的可操作性，即指标能用具体的数值或文字表述。

（2）实用性原则

实用性原则主要强调，在设计园区低碳指标体系时，选取的指标项能切实反映经济效益、管理水平和低碳发展质量等相关评价内容。

（3）动态化原则

指标体系在一个评价周期内要具有稳定性，但是指标应适应低碳发展和社会经济发展做适当调整的需要。为此，指标体系建立需要平衡动态和静态之间的关系，既反映园区目前的现状，又反映发展的要求。

（4）定量化原则

指标体系应尽量选取可以量化的指标，这样可以极大地避免主观因素的影响。尤其对于关键性的内容，影响较大，因此更应以量化指标为主。对于不能直接量化的指标，通过一定方法予以打分进行量化。

（三）工业园区低碳评价指标体系

遵循选取原则，以国家政策性文件为指导，从大量国内外评价体系中参考制定符合工业园区低碳指标体系的5个准则层和30个指标层，见表1-18。

表1-18　低碳工业园区指标体系

准则层	指标层	单位	指标类型	相关性
碳排放指标体系	碳排放强度	%	定量	负向
	单位工业增加值碳排放强度降低率	%	定量	正向
	CO_2排放强度降低率	%	定量	正向
能源指标体系	单位GDP能耗降低率	%	定量	正向
	单位工业增加值综合能耗	t标准煤/万元	定量	负向
	综合能耗弹性系数	1	定量	负向
	清洁能源占能源消费总量比重	%	定量	正向
	单位建筑面积能耗	t标准煤/万元	定量	负向
	工业余热回收利用率	%	定量	正向
	可再生资源利用率	%	定量	正向

续表

准则层	指标层	单位	指标类型	相关性
低碳生活指标体系	绿色建筑物比率	%	定量	正向
	园区人均绿色面积	亩/人	定量	正向
	废弃物利用率	%	定量	正向
	生活垃圾分类收集率	%	定量	正向
	污水处理达标率	%	定量	正向
	万人拥有公交车数量	辆/万人	定量	负向
	新能源车占公用车比重	%	定量	正向
	绿色出行率	%	定量	正向
经济发展指标体系	园区生产总值增长率	%	定量	负向
	固定资产投资增长率	%	定量	负向
	第三产业占园区总产值比重	%	定量	正向
	科技创新投入	万元	定量	正向
低碳管理指标体系	碳信息统计与披露	—	定性	正向
	环境影响评价	—	定性	正向
	能源评估推广率	%	定量	正向
	企业低碳参与度	%	定量	正向
	节能机构设置及管理人员	—	定性	正向
	园区低碳规划	—	定性	正向
	节能管理水平	—	定性	正向
	产品技术创新	—	定性	正向

资料来源：宁晓刚．太原市高新区低碳评价指标体系研究［D］．山西大学，2015.

1.8.3　两型工业园区创建

两型工业园区是指以降低资源消耗、减少废物排放和提高资源产出效率为目标，以转变产业发展方式为主线，全面践行“资源节约、环境友好”，确保节约发展、清洁发展，走内涵式发展道路的工业园区。株洲市是长株潭城市群两型社会建设核心区域，根据本地资源禀赋条件，开展两型工业园区创建，并制定实施《两型工业园区创建标准》。

（一）建设目标

（1）环境和谐

园区环境好，做到绿化、美化；生产方式低碳、环保；园区内各项用地的比例关系合理平衡，为园区职工创造安全的生产环境和健康生活的人文环境。

（2）管理高效

以现代园区管理理念为导向，以先进管理技术和信息化手段为支撑，以较低的成本，保证园区高效、流畅运转。

（3）内涵式发展

工业园区形成发展的良性循环，突出结构优化、质量提高、实力增强，通过内部的深入改革，激发活力，增强实力，提高竞争力，实现实质性的跨越式发展。

（二）指标体系

（1）指标体系框架

依据两型社会和两型工业园区的核心内涵，及两型工业园区建设目标，按照标准体系设立的基本原则，两型工业园区建设指标体系由资源节约、环境友好、文化建设、创新绩效四个分指标组成。如图 1-70 所示。

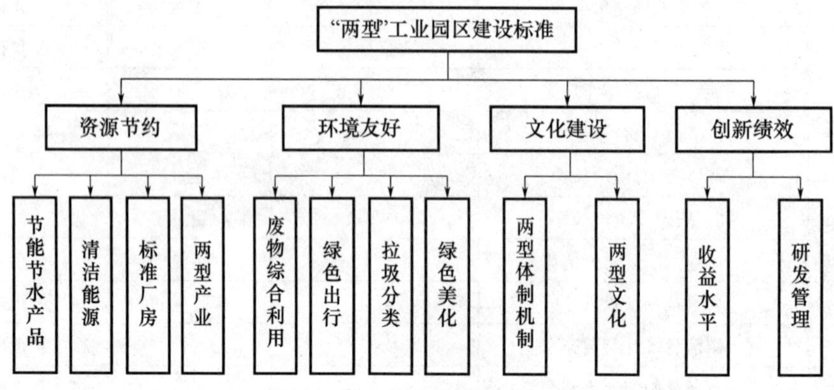

图 1-70　两型工业园区标准框架

（2）指标构成

两型工业园区建设指标见表 1-19。

表 1-19　两型工业园区建设标准

一级指标及权重	二级指标及权重	三级指标及权重	指标内容及参数
资源节约	1. 节能节水产品	综合能耗	万元工业增加值综合能耗≤0.5t 标准煤
		节能设备设施	园区内企业不使用国家明令淘汰的高耗低效设备和器具；园区管理部门和公共区域节能灯具使用率 100%
		建筑节能	新建、扩建办公楼和厂房符合相关建筑节能要求
		节约用水	万元工业增加值新鲜水耗≤9m³
			工业用水重复利用率≥75%，非生产性用水使用节水技术 100%
		用地管理	项目建设用地符合国家规定的"建设用地定额标准"；适度供研发用地、限制供给办公用地、禁止供给生活用地，配套用地比例≤8%
		投资强度	生产用地固定资产投资强度：市区≥200 万元/亩；县域≥120 万元/亩
		土地产出	单位工业用地工业产值≥160 万元/亩
	2. 清洁能源	新能源利用	建设可再生能源为主导能源的分布式能源站，推广使用太阳能、地热能等新型能源
	3. 标准厂房	标准厂房建设比例	新建标准厂房占当年建设厂房面积的 30%以上
	4. 两型产业	两型产业比例	两型产业增加值占园区工业增加值的 30%

续表

一级指标及权重	二级指标及权重	三级指标及权重	指标内容及参数
环境友好	5. 废物综合利用	综合利用	固体废弃物综合利用率≥85%
		固废产生量	万元工业增加值固体废物产生量≤0.1t
		生态基础设施	建立各项固体废物的分类收集及转运系统，建立污水集中处理设施。园区有供居民开展健身、休闲活动的基本器械；能提供符合标准的停车场库；有条件的园区布局直饮水设施
		污染物排放	COD、SO_2、氨氮、氮氧化物、硝等主要污染物排放达标率 100%
			生产废气、废水、废渣排放达标率 100%
		危险废物排放	危险废物处理处置率 100%。放射性物质污染处理率 100%
	6. 绿色出行	节能型公车配备	执行公车配备标准，节能环保型车辆使用率 100%
		公车使用管理	节约公车使用，不公车私用；对驾驶员实行里程、油耗双考核，月修理费浮动≤10%，月燃油费浮动≤10%
		“1135”出行	倡导短途出行骑公共自行车，机关职工公共自行车办卡率 100%，每周使用率 5 次，倡导“1135”绿色出行方式，即每周公车停开 1 天、1km 内步行、3km 内骑自行车、5km 内乘公交的出行方式
	7. 垃圾分类	垃圾回收	工业垃圾回收利用或无害化处理率 100%；生活垃圾分类投放，分类处理处置
	8. 绿化美化	噪声控制	工业混杂区内企业昼间噪声低于 55dB（A），夜间低于 45dB（A）；工业区内企业昼间噪声低于 60dB（A），夜间低于 50dB（A）；夜间突发噪声不超过标准值 15dB（A）
		环境卫生	园区干净整洁，无卫生死角
		园区绿化	未利用土地绿化率 100%；园区内花木生长良好，修剪保护到位，办公和公共场所有室内绿化
文化建设	9. 两型体制机制	制度建设	有两型工作实施方案，建立资源节约工作责任制和绩效考核制度
		环境报告	园区每年编写环境报告书至少 1 次
		公众满意度	公众对园区环境的满意度≥90%
	10. 两型文化	两型宣教	开展多种形式的两型宣传，员工对两型知识认知率达到 80%；结合实际开展主题鲜明的节能环保活动，有活动方案
		两型企业创建	两型企业创建率≥50%

续表

一级指标及权重	二级指标及权重	三级指标及权重	指标内容及参数
创新绩效	11. 收益水平	人均产值	人均工业增加值≥15万元/人
		人均产值增长	人均工业增加值年均增长率≥15%
		园区发展速度	园区工业增加值增速≥20%
		两型企业销售收入占比	两型企业销售收入占全部企业销售收入比≥50%
	12. 研发管理	研发投入	R&D占GDP的比重≥2.5%
		创新人才	科技活动人员占从业人员比例≥10%
		研发产出	高新技术产品（服务）收入占总收入的比例≥70%
		知识产权	万人专利授权量≥50项

第 2 章　工业园区构成及规划设计基本要求

2.1　工业园区组成

工业园区中除了工业建筑，更多出现办公、居住、文体等建筑类型，如高层办公楼在园区中往往成为地标性建筑。总部办公楼的地标性与群体建筑的统一性是现代产业园的一个新特点，如图 2-1 所示。

(a) 无锡总部办公产业园

(b) 西咸新区总部经济产业园

(c) 重庆人力资源服务产业园

(d) 苏州工业生物产业园区

图 2-1　工业园的总部办公楼

资料来源：http：//wuxi. house. qq. com/a/20130712/000085 _ all. htm

http：//www. fcfx. gov. cn/zwb/dzfx/wgfc/638. htm

https：//baike. so. com/doc/25748194－26881555. html

http：//www. sipac. gov. cn/sipnews/yqzt/2010nmseqd/

工业园区根据用地功能要求，可以分为以下八个组成部分：标准厂房区、专业工厂区、仓库区、管理区、公共和公用设施、生活区、道路用地和绿化用地等。

(1) 标准厂房区

标准厂房区是指在规定区域内统一规划，具有通用性、配套性、集约性等特点，主要为中小工业企业集聚发展和外来工业投资项目提供生产经营场所的发展平台。

推进标准厂房建设，有利于优化资源配置，缓解用地紧张矛盾；有利于优化生产力布局，促进中小企业发展；有利于培育产业集群，建设先进制造业基地；有利于改善生态环境，实现经济社会和谐协调发展。

标准厂房区的划分，根据国内外的资料分析和研究，一般以 200m×400m 组成的地块来布置较为经济，这样既便于厂房的布置，也可以减少内部的道路面积。工业园标准厂房区分为分块建造和统一建造两种方式（图 2-2）。小地块 3～5 公顷，中地块 6～10 公顷，大地块 12～20 公顷。标准厂房效果图如图 2-3 所示。

图 2-2　标准厂房建造模式

1—标准厂房；2—车库、仓库；3—变配电所；4—绿地；5—商店

图 2-3　标准厂房效果图

资料来源：http：//www.hfinvest.gov.cn/8970/8971/8987/201210/t20121012_1183244.html
http：//km.house.qq.com/a/20120711/000026_1.htm

根据《厂房建筑模数协调标准》（GB/T 50006—2010）及对开发区现有厂房的分析研究，标准厂房一般采用 6～9m 的柱距进行建设，横向一般采用 4～6 个柱距，纵向跨度一般采用 3～5 个柱距，首层层高一般为 5～6m，二层以上层高为 4～5m。

适合采用标准厂房的产业门类有：通车、汽车零配件、金属工具、金属容器、食品生产、纺织服装、印刷包装等。

基于标准厂房的用地容积率区间控制：若以 18m×45m 为标准厂房尺寸，在一块 150m×250m 的地块中布置该种厂房，建筑密度最大可达 60%。结合《工业项目建设用地控制标准》（国土资发 2008，24 号）对建筑系数的控制要求，规划确定最低建筑密度为 30%。容积率＝平均层数×建筑密度，因此可以推断地块容积率与建筑密度、平均层数关系见表 2-1。

表 2-1　地块容积率与建筑密度、平均层数关系

平均建筑层数	建筑密度	容积率	高度引导
1 层	30%～60%	0.3～0.6	6m
2 层		0.6～1.2	12m
3 层		0.9～1.8	18m
4 层		1.2～2.4	24m
……			

（2）专业工厂区

专业工厂区按工厂的特定要求建造，以适应特定的工业流程、空间尺度等需求。专业工厂区的用地，应根据工厂的实际需要来划分，一般划成 1～5 公顷的地块。

（3）仓库区

仓库区用于原材料、产品等物资的一般周转性存放。

（4）管理区

管理区的主要用途为园区的管理办公，一般设有管理办公楼、科技中心、信息中心、展览中心、培训中心等。

（5）公共与公用设施区

公共与公用设施区是指商业、体育休闲、医疗卫生等公共设施与服务用地。根据具体情况确定，一般设有医疗门诊部、消防站、车库、环境卫生和绿化服务机构、饮食和方便商店以及变电站、供水设施、污水处理等。

（6）生活区

为职工生活配建的宿舍、住宅、服务等用地。生活区是指为单身职工和外地不带家属的职工而建造的单身宿舍、食堂、浴室等建筑。生活建筑也可建造在附近的居住区内或位于园区较安静的地段，且与生产区相距不远。商业、社康则分布在生活区内，有条件的园区配备幼儿园、小学等配套设施。

（7）道路用地

道路用地服务于工业园区交通、运输功能。由于功能分区严谨、生产流线等特殊的工艺要求，新兴产业园应内外分流、人货分流，员工的生活、生产活动有规律，交通便捷、通畅。货运的流线安排则要考虑货运车的进出、装卸货避免对生活区、生产区造成影响。

（8）绿化用地

绿化用地包括公共绿地、防护隔离绿地等。

工业园区用地组成见表 2-2，示意图如图 2-4 所示。

表 2-2　工业园区用地组成

用地名称	工业、仓库	管理、公共公用设施	生活	道路	绿化
用地比例（%）	50～70	5～10	5～15	8～12	10～20

注：工业用地中标准厂房与专业工厂之间的用地比例，应根据具体情况确定；工业小区的平均容积率（总建筑面积/总用地面积）宜控制在 1.5～2.0 之间。

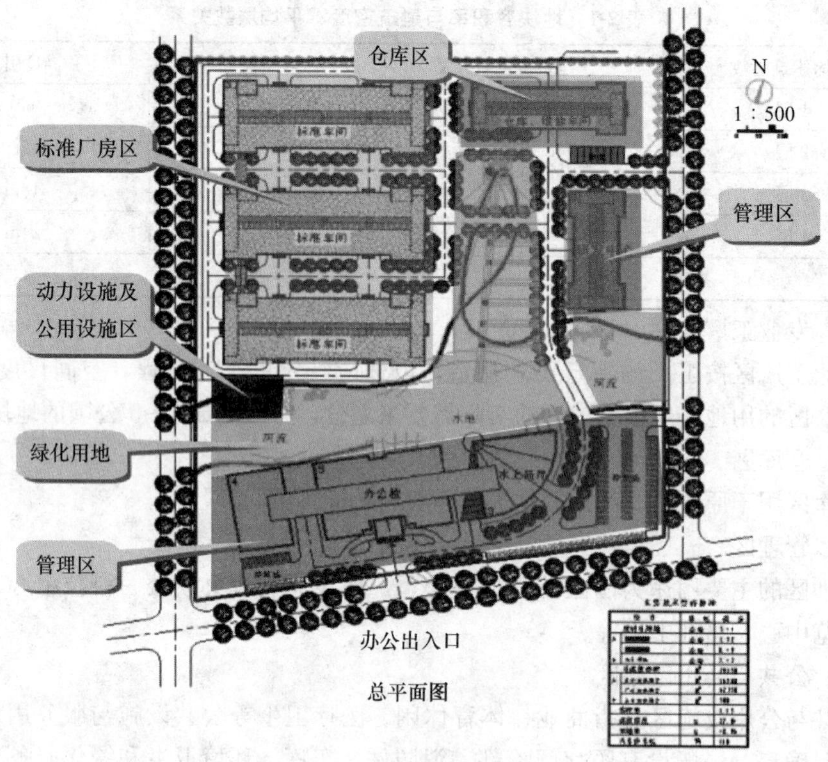

图 2-4　工业园区组成示意图

2.2 工业园区规模

工业园区的合理规模是在集约、高效利用土地资源的原则下，以有效的开发周期为指导，参照所在城市工业经济发展的规模指标，考虑当地经济开发能力的约束与能良好地维护城市生态环境安全的条件，以人为本、不滥用土地、为子孙后代赖以生存的土地留出发展空间的可持续发展思想指导，根据产业集群发展的实际需要而进行规划的合理空间范围。工业园区的规模包括空间规模、投资规模、企业规模、产出规模等，但空间规模是一切规模的基础。工业园区的空间规模应以规模效益理论为基础，即随规模增加带来报酬变化来确定园区规模，这是影响工业园区空间规模的主要因素。

规模经济学将规模报酬分为三种类型，即规模报酬不变、规模报酬递增与规模报酬递减。对于工业园区而言，规模报酬不变表示新企业的进入或总投资规模的扩大导致工业园区产出以相同的比例增加，即工业园区规模的扩大不给原有企业或新增企业带来生产成本的下降和经济效益的上升。规模报酬递增表示新企业的进入或投资规模扩大会导致园区企业平均成本的下降，即通常所说的规模经济。大部分工业行业或企业都具有规模报酬递增的特性。规模报酬递减表示新企业的进入或投资规模增加会导致企业平均成本的增加，即规模不经济同样适用于工业园区，工业园区同样存在着规模经济和规模不经济（图 2-5）。

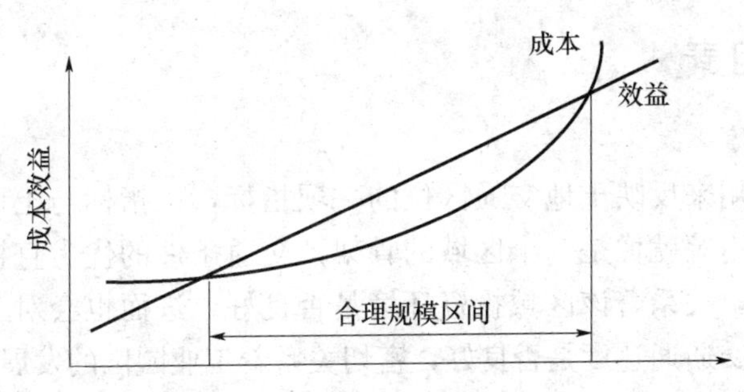

图 2-5　工业园区的合理规模区间

资料来源：张宏波．城市工业园区发展机制及空间布局研究——以长春市为例［D］．哈尔滨：东北师范大学，2009

对于工业园区规模大小在什么情况下算作适度，应该有一定的衡量标准，工业园区的规模标准应以投资的工厂、规模、成本、效益为衡量标准。规模经济效益不是在扩大规模基础上形成的，只有建立在产业集聚需要基础上的空间扩张才可能保证必要的空间开发效益。当然产业集聚最直观的表现是一定地域空间内企业数量的增加和经济总量的提高，也表现在产业链的延长和产业范围的扩大，这都需要空间规模的支撑。

关于是否存在最佳工业园区空间规模，学术界还没有定论，因为决定工业园区规模的因素有许多，诸如项目的内容、国民经济发展状况、投资环境、政策法规、人地关系的紧张程度等都会影响工业园区的规模。由于不同的园区在其依托的区域发展水平等各个方面均存在较大的差异，因此不存在统一的最佳规模标准。

2.3　影响工业园区布局的因素

2.3.1　自然环境因素

自然环境主要是指用地的地理位置、地形、地质、气候、土地资源等自然要素。地理位置是某一事物和其他事物的空间关系。如工业园区若与城区距离适宜且不阻碍城市发展，可以使工业园区充分利用与其他区域的空间关系，就近接受城市辐射和扩散，促进自身发展。考虑到工业企业生产的需要，工业园区的用地一般应较为平坦、开敞，并且以较强的土地承载力和温和的气候为宜。对于土地资源，主要是要考虑尽量少占耕地，多利用不宜耕作的土地，减少土地资源的浪费和对自然环境的破坏。

从环境保护出发，工业布局应趋向分散，避免集中污染和相互影响。从工业本身来看，一方面有些产业对环境条件要求高，如电子、感光器材、医药制药等高新技术产业，这就要求工业园区所处地区的空气、水等环境要达到一定水平，另一方面，有些工业对周边的水环境、大气环境、声环境等造成一定影响，如医药制药、食品生产、机械加工等。因此在进行工业园区布局时要综合考虑城市主导风向、水源、与中心区远近等。

2.3.2 社会因素

（1）交通通达度

交通通达度是用来反映土地交通区位的一项指标，该指标与土地的级别有密切关系。道路、水运航道等就像是一个区域的骨架，交通条件的优劣直接关系着该区域各项产业的发展状况，关系着该区域投资环境是否良好，进而也会对工业区位的优度等级产生影响。因此交通通达度是否良好，密切关系着工业园区的发展状况。

（2）基础设施状况

基础设施状况基本上包括供水、排水、供热、供气这四项影响因子。这四项基础设施都是工业发展过程中不可或缺的重要资源，为工业园区正常运行的基本条件。

（3）政府政策

优厚有利的区位政策能够让企业处于宽松良好的发展环境中，从而达到降低生产费用、扩大收入的目的。在现实情况中，政府往往会通过改善当地的区位条件、增加区位补助金以及增加区位限制条件等优惠政策来吸引、诱导或是改变个人和企业的区位投资倾向，进而对当地产生极为有利的正面影响，帮助该地区拥有更多的企业入驻，并促进当地工业园区获得更好的发展。反之，若没有有利的政府政策的支撑，较之其他地区的优厚政策，必然会对工业园区的发展造成一定的影响。

（4）居民的适宜出行距离

工业园区与小城镇是联系密切的整体，两者之间有着大量的经济和社会活动联系。工业园区与小城镇间的社会活动主要是指居民的出行、交流。工业园区与小城镇的一体化发展要求在居民出行的合理范围内进行工业园区的选址，以满足两者间的交流需求。居民出行的合理范围测算是根据居民的出行方式（表 2-3）和最大出行耗时确定不同出行方式下居民的适宜出行距离（表 2-4）。

表 2-3 小城镇居民出行方式构成

交通方式	步行	自行车	摩托/电动车	公交	出租车	三轮车	小汽车	其他
比例（%）	18.13	28.05	25.38	1.50	1.31	5.18	17.77	2.68

表 2-4 不同出行方式的出行率

交通方式	平均速度（km/h）	最大出行耗时（min）	最远出行距离（km）
步行	5～7	20	2
自行车	11～4	30	6
公交车	16～25	25	10

2.3.3 工厂生产工艺的要求

工业园区的产业结构、主导产业类型对园区的选址影响较大。不同的产业，对资源、工业企业场地需求、对外交通联系、劳动力需求等不同，工业园区宜考虑园区的产业定位进行选址（图 2-6）。

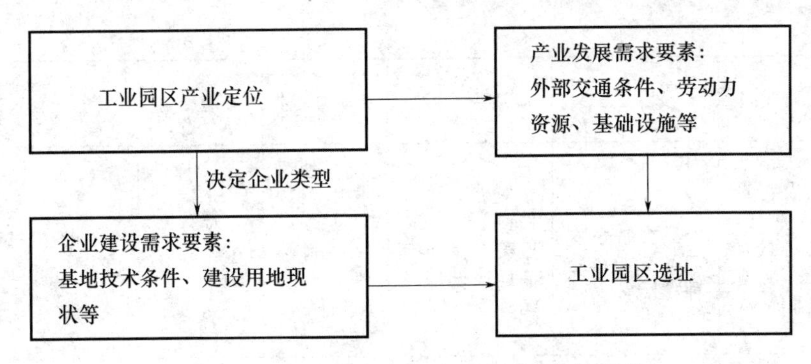

图 2-6　产业定位与工业园区选址要素的关系

资料来源：乔显琴．“产城一体化”视角下的小城镇工业园区空间布局规划研究——以汉阴县月河工业区为例［D］．西安：西安建筑科技大学，2014

主导产业是小城镇工业园区产业定位的核心，根据各地资源、产业发展条件不同，工业园区主导产业类型多种多样。工业园区主导产业大致有以下几种类型：

（1）资源加工型产业。主要是依托当地的矿产及能源资源进行加工的产业，包括煤、石油等能源加工产业，矿产资源加工产业，建材加工产业等。

（2）食品生产、加工型产业。主要是依托当地的特色农产品、生物资源（药材）等进行加工的产业。

（3）传统工业型产业。主要是以当地特色传统手工业发展的，包括工艺品制作、特色产品生产等产业。

（4）装备、机械加工型产业。主要是以装备制造、机械加工为主的产业。

（5）高新科技型产业。主要是电子制造、物流商贸、新兴产业、文化创意等产业。

各产业类型对园区选址要素的不同需求，形成了不同的工业园区选址结果，表 2-5 总结了各类产业对园区选址要素的影响。小城镇工业园区选址时，应根据园区的产业定位，综合评价园区内主要产业对各要素的需求，进行合理的选址布局。

表 2-5　各类产业对园区选址要素的影响

产业类型	产业类型	资源要素	交通条件要素	劳动力要素	环境影响	园区与城镇关系
资源加工型	煤化工、石油化工、矿产加工、建材等	靠近资源产地，部分企业靠近市场地	产品外运，需要便利的大运量交通条件，靠近交通枢纽	劳动力需要量大，对专业技能人员有需求	环境污染严重，需加强环境治理	一般在城镇外围或远离城镇的地方
装备、机械加工型	装备制造、机械加工、汽车零件等	靠近市场地	产品运输量大，一般靠近交通枢纽	劳动需求量大，有一定技术要求	对环境有一定影响	一般布局在城镇周边

续表

产业类型	产业类型	资源要素	交通条件要素	劳动力要素	环境影响	园区与城镇关系
食品生产、加工型	农特产品加工、中药材加工、生态农业等	靠近资源地，一般为特色农产品、生物物种资源等	对外交通条件要求不高，但需要保证产品运输设备的畅通	一般技术要求低，劳动力以农村剩余劳动力及城镇人口为主	对环境有一定影响	一般在城镇内或城镇边缘
传统工业型	工艺品、编织制造业等	一般靠近原材料地	对外交通条件要求不高	需要有一定技艺的人才，吸纳本地劳动力	对环境影响小	一般布局在城镇周边
高新科技型	电子产业、商贸、创意产业等	靠近市场地	需要与城市有便捷的交通联系	对高新技术人才需求量大	对环境影响小	一般布局在核心城镇内部或边缘，靠近城镇教育文化中心

资料来源：乔显琴．“产城一体化”视角下的小城镇工业园区空间布局规划研究——以汉阴县月河工业区为例［D］．西安：西安建筑科技大学，2014。

2.3.4 工厂协作与联合的形式

工业园区的组织模式不同，产业区布局模式也不尽相同。根据园区产业组织模式，主要分为以下两种：

（一）同质型产业集聚模式

对于资源较单一、发展基础较弱的地区，通过集中挖掘已有资源，充分利用市场、交通条件，开发工业园区主导产业。工业园区以主导产业的集聚形成规模效应来实现工业园区的稳定成长。同质型产业集聚模式下，依靠一类产业集聚产生规模效应而得以发展，不同产业间相互联系不密切，工业园区产业多为分片式布局，利用生态绿化、服务片区等作为各产业片区的联系（图 2-7a）。

（二）产业链模式

产业链模式是以主导产业为核心，以前后向产业或关联产业为补充的产业结构。产业链模式的组织要求以实现园区产业生态发展为目的，遴选具有能量、物质循环或信息流通的产业，组织高效的产业链。一般循环经济产业园、生态产业园等，产业组织多为产业链模式。

产业链模式要求根据产业链内产业的前后向关系、物质流动关系及产业链间的关系进行产业、企业的布局，工业园区以产业链为单位进行产业的空间布局（图 2-7b）。

产业链模式的联合方式大概分为以下几个方面：

（1）产品生产过程具有连续阶段性的工厂进行联合。

（2）以原料的综合利用或利用生产中的废料为基础进行联合。

（3）以各个专业化工厂生产的零件、部件组装成机器和仪器进行协作。

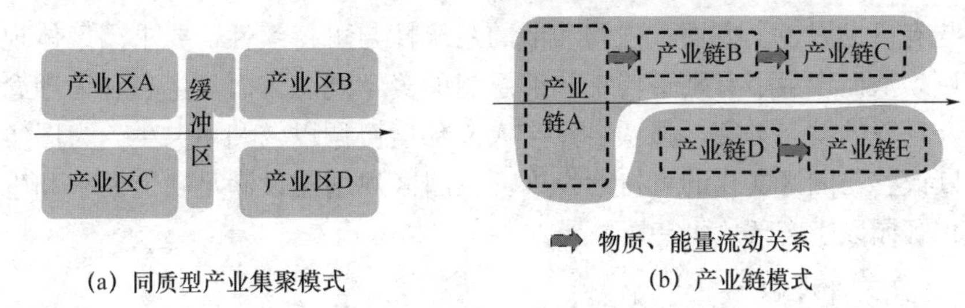

(a) 同质型产业集聚模式　　(b) 产业链模式

图 2-7　园区产业组织模式

资料来源：乔显琴．“产城一体化”视角下的小城镇工业园区空间布局规划研究——以汉阴县月河工业区为例［D］．西安：西安建筑科技大学，2014

（4）建立为主要生产单位服务的统一的材料准备中心。

（5）共用公共设施。

（6）丘陵、山地——“短、小、与工艺结合”。

（7）综合性协作和联合。

2.4　工业园区布置的基本要求

2.4.1　工业园区规划的理念

（一）弹性规划理念

弹性规划理念是强调将规划设计中的各个方面统筹考虑，包括社会经济、人文历史、园区景观等方面。园区的发展和完善是一个动态的过程，因此必须对园区各项建设进行统筹安排，应采取统一规划、分期实施的原则，正确处理好近期建设与远期发展的关系，以远期发展的合理性为主导，兼顾近期建设的需要和可行性。

规划是一个不断发展的过程，不是一成不变的，它可以显现出规划区域的成长过程。之前我们的规划都是只停留在近期规划的一个时间点上，并没有对区域远期的发展有所考虑，而如今的规划已经变成一种过程和阶段，并且能使这个阶段之后的区域发展与之顺利衔接。

弹性规划的规划设计是多元的，它是规划方案的集合。弹性规划方案的集合中有很多种的规划方案对应一种经济社会和环境现状，而在任何一种的社会经济和环境下都有唯一适合的方案，也就是最优方案。当今经济飞速发展，区域经济急剧增加，空间布局多变，所以在制定工业园区空间布局的时候就应从长远的角度出发。工业园区弹性规划是指在规划的思路、指标体系以及循环体系中指定一个中间目标，以中间目标为中心，指定合理的弹性上限和弹性下限，使得工业园区的发展对于不确定的社会经济和环境变化更具有适应性，更具有宏观的控制能力和把握全局的能力。

（二）生态和谐理念

生态和谐理念是绿色工业园区规划与设计的核心理念，它强调人与自然、人与社会的协调与有机发展各个方面，强调和谐的系统性与可持续性，要求园区体现系统整体和谐原则，从而产生了有别于传统和谐思想的美学观念。而且生态和谐理念更重视人及其存在环境的动态平衡，强调自然与人文环境协调以及和谐共生，力图实现园区环境的不断改善与园区文化的可持续发展。在园区规划建设满足功能要求和生产需求的同时，保证园区生态环境可持续发展。

（三）人文关怀理念

人文关怀理念是站在科学与“以人为本”的高度上对工业园区规划的深入思考。既要追求理性主义的合理高效规划布局，又要注重浪漫主义和人文主义的空间环境和建筑形象，强调园区人文关怀理念。园区规划应注重人的尺度，塑造多层次的场所，在开放空间、比例与尺度把握、建筑空间布局等方面强调人性化设计，努力满足人们的情感需求。同时，充分考虑园区空间的各阶层共享，充分调查人的特定行为模式。据此进行环境适应性的设计，反映园区人文关怀特色，表达绿色人文精神。同时，园区规划建设也应从人的生理、心理和行为需求出发，对园区工作和休憩模式进行生态整合，有机协调工业生产、经济发展和自然的共生关系，从而使园区更加适合员工工作与交流，真正做到人文关怀，实现园区和谐的有机运转。

2.4.2　工业园区规划的原则

（一）内闭循环原则

工业园区内部规划建设时，应充分考虑到生产中出现的污染现象。对于污染较重的工业园区应尽量做到生产过程的内闭和生产中的循环利用，同时在园区的边界布置隔离带，对其进行阻挡和封闭，防止有害气体、粉尘等扩散到外界环境中污染空气，做到园区的内闭循环。

（二）整体性原则

根据统筹发展理念，园区的规划应根据整体性原则，注重事物的结构关系和整体作用。充分把握工业园区的整体性原则，考虑其聚集性、关联性、循环性的特点，对工业园区内的企业从工业流程及产品的接续、规划的科学布局、科技的扶持等多个角度进行整合，使园区中的各个企业内、园区内、辐射地区内以及地区间形成一个既具独立性又具备整体性的区域，以利于工业园区更合理、更高效、更健康、更和谐地朝着高品质和高标准的方向发展。

（三）生态性原则

工业园区生态性，主要是指在生产过程中注重节能减排，合理地处理和安排生产和生活中产生的垃圾。利用循环经济理念使生产废弃物“减量化、再利用、再循环”。在园区的选址上，尽量远离城市居住区，布置在城市周边，将对居民的影响减到最小。在工业园区的规划中，应将保持园区的环境生态和谐考虑进去，构建生态和谐的新型工业园区。

（四）层次性原则

层次性是系统理论的一部分，它是在考虑到整体性的基层上，体现出整体中包含的层次关系。工业园区是一个整体，它包括各种要素之间的统一与协调，还包括生产与园区环境的协调统一，在充分考虑到整体性后，园区的各个要素的规划比如道路系统、景观系统等方面就要应用层次性原则。在规划道路系统时，要结合生产的需要和周围的环境，对道路系统划分层次等级。景观系统规划时在考虑到整体的生态性时，要分层次对景观进行划分，按照点、线、面的方法进行层次划分。此外，对于不同的场所要考虑不同的空间层次性，园区的功能决定了其层次的划分原则。

（五）文化性原则

由于物质文明的高度发达，人们在精神领域的追求也在不断地提高，我们在抓好物质文明建设的同时，对精神文明的建设也十分重要。当今的企业在追求物质生产目标的同时也更注重企业文化的建设，挖掘企业内涵，提高员工素质。企业精神在鼓舞企业不断地追求卓越。通过景观的塑造、绿化的布置、雕塑的摆放、宣传版面的设计等多种途径将企业文化融入到工业园区的建设之中。在满足生产需求的同时，给员工更多精神的鼓舞和力量，使企业保持活力，使得生产效率提高的同时，员工也更加热爱自己的企业。

2.4.3　工业园区规划的基本要求

（一）宏观布局与选址

当前我国工业园区的宏观布局主要有：依托高等院校和科研院所、依托城市雄厚技术基础、分布在沿海沿江等地方和高速公路沿线布局等四种模式。一般来说，工业园区的选址要考虑六个方面的因素：

（1）智力基础。包括当地大专院校、科研机构的数量及质量，特别是具备技术开发能力的机构和人才的情况。

（2）政策作用。指某一地区或城市的开放度，能够享受的优惠政策水平。

（3）自然条件。地理位置、用地条件、水源条件等。

（4）工业基础。城市总体工业发展水平、技术能力、工业结构层次等。

（5）社会条件。包括市场发育情况、劳动力资源状况、与所在区域协调的程度等。

（6）基础设施。对外交通及通讯条件，水、电、气等各种市政设施的水平，各种服务设施的状况等。

（二）土地利用与适用

对于刚起步的园区而言，土地利用状况的评价比较简单；对于利用城市市区进行改造的园区来说，这种评价就复杂得多。不论是哪种形式，土地利用现状评价一般都应该包括对园区所在地的自然条件的分析和社会经济条件的分析。土地利用规划原则如图 2-8 所示。工业区的评价一般侧重于以下几个方面：

（1）用地地质条件的分析和评价。

（2）水源条件的分析与评价。

（3）环境容量的分析。

（4）发展空间的分析。

（5）对老城区的改造、利用。

（6）基础设施条件的分析。

（7）服务设施条件的分析。

（三）土地需求预测

土地需求是工业园区建设的一个核心内容，它为工业园区的发展奠定了基础，是工业园区合理布局的前提。这项工作必须根据社会经济发展计划、企业发展计划和人口预测（就业岗位预测），确定合理的用地需求。

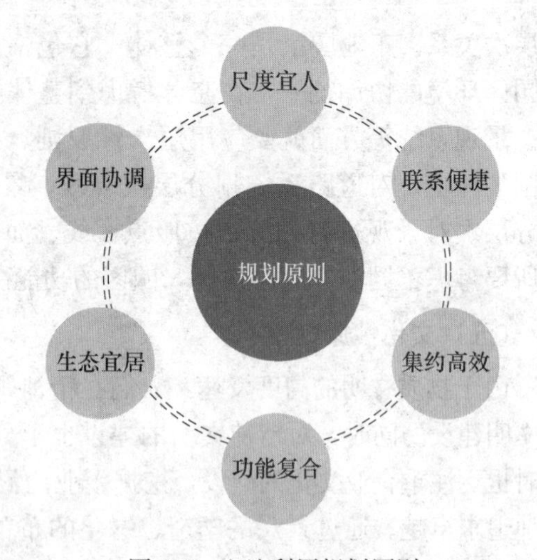

图 2-8　土地利用规划原则

http：//km. house. qq. com/a/20120711/000026_1. htm

土地需求的预测必须贯彻以下几个原则：一是用地数量必须满足工业园区的合理发展，必须为工业园区的建设提供充足的土地；二是节约用地、合理用地的原则，提高土地资源利用的效率；三是尽可能地少占耕地。土地预测需求量是一个变数，往往考虑工业园区的建设发展、高新技术的特点等因素，在预测规划中常留有余地，宽打窄用，以免未来实际建设中捉襟见肘。另外，利用土地要本着少占耕地良田，防止土地浪费使用，近些年来我国的工业园火热，使得城市边缘的土地浪费较多，对城市的正常运行造成不良的影响。

（四）土地功能分区

分区使用土地的基本出发点在于把功能相同或相近的用途区集中或相邻布置，一方面使得相同、相近的用途区便于联系、协作，另一方面使得功能不同、相对的用途区不至于相互干扰。功能分区对于工业园区而言应该有所发展、有所调整。一般来说，把大专院校、研究机构集中布置，孵化、中试等设施与此相结合布局，生产企业独立设置，其他服务设施如行政管理、金融、贸易等也采取集中布局的模式。由于高新技术产业比较注重环境效益，在功能分区的同时，提倡土地的混合使用，提高土地利用效率，常见的如居住建筑、服务设施、科研设施在地域上交错布局，既考虑功能又与当地环境相融合。总体布局可以满足功能的要求，又各有特点。总部办公楼一般是产业园的标志，位于园区中心或重要地段；厂房、办公、宿舍及配套按照使用要求分区布置在园区内。附属建筑的布置临近厂房且绿树环绕。园内多植被，舒适宜人，如图 2-9 所示。

（五）各类设施布局

除了功能分区外，还有各种设施的布局。这里所说的设施包括：市政基础设施、公共服务设施和标志性设施。市政基础设施中最重要的是道路网的规划，道路网是工业区的发展骨架，对工业区规划布局影响最大，规划布局时，应考虑因素为：

（1）要满足工业区内的交通需求，道路系统构架清楚，分级明确，一方面与区外城市干道有便捷的联系；另一方面区内形成完整协调的系统。道路的走向、级别要根据交通流量等因素确定，保证工业区交通顺畅、安全。

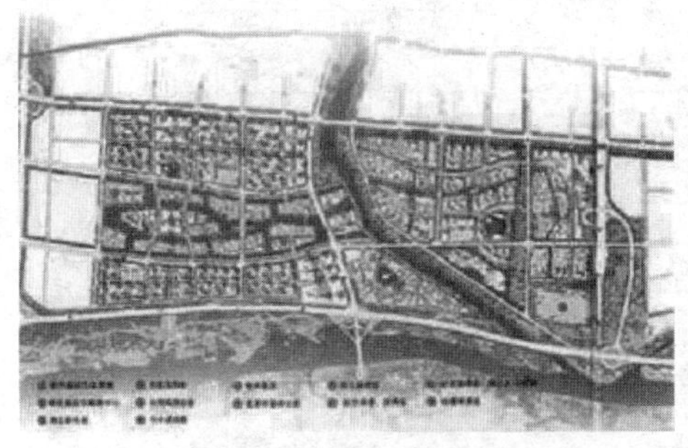

(a) 南京海峡两岸科技工业园

(b) 张江写字楼半岛科技园

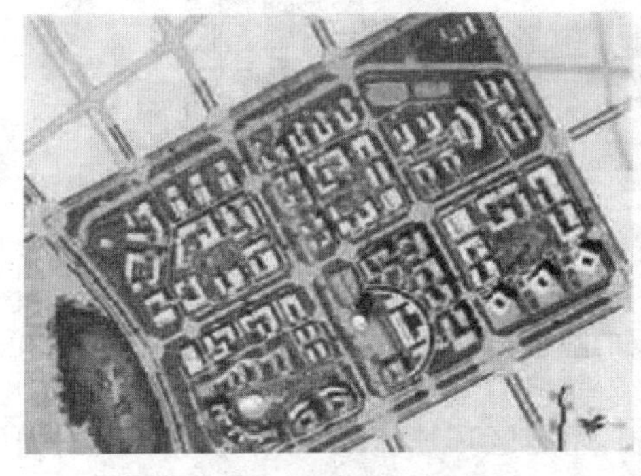

(c) 浙江余杭高新产业园

(d) 重庆运盛李渡工业园区

图 2-9　新兴产业园的总平面规划

资料来源：http：//njhxl. essc. fengj. com/
http：//yuanlin. civilcn. com/yltz/jggh/1306735985126086. html
http：//www. ocn. com. cn/us/gaoxinjishuchanyeyuanguihua. html
http：//bbs. zhulong. com/101010 _ group _ 201814/detail10052506

（2）通过道路网规划，制止区外交通穿越工业区，保持工业区空间结构的完整性，便于区内各功能区、各种设施以及各种用地之间的联系，满足区内交通安全。

（3）要考虑发展的趋势，尤其要考虑汽车数量的集聚增长所带来的交通压力。

（4）要满足消防、救护、抗灾、避灾的特殊要求，还要结合其他市政设施的布局，尤其要考虑地下管线的布局需要。其他市政基础设施的布局要注意配套齐全，各种工程管线（包括电力、电讯、给水、雨水、污水、燃气、供热等）应该地下敷设，减少对工业区日常生活的干扰。

工业园区规划布局的基本原则如图 2-10 所示。

各种设施之间要相互协调，便于其他功能的充分发挥。公共服务设施的规划布局应该根据其功能进行适当分类，不仅要满足其自身功能的发挥，还要适应工业区生产活动的活动规律，便于用户的使用。更重要的是，要考虑到公共服务设施在组织生产生活方面的作用，为加强工业园区的凝聚力提供条件。标志性设施往往是工业园区形象的反映，标志性设施的规划建设是城市设计的重要内容之一。应该综合工业园区的特点，总结、提炼出工业园区具有代表性的特点，选择合适的区位，确定适宜的建设方案，使之真正成为工业园区的象征。

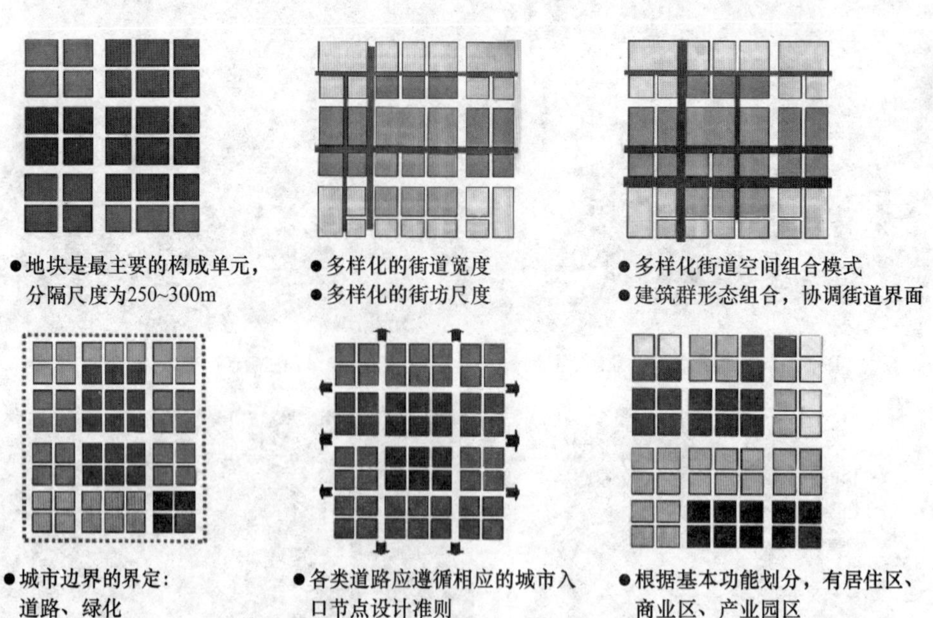

图 2-10　规划布局的基本原则

工业园区产业用地模式如图 2-11 所示，工业园区环境生态规划的基本原则如图 2-12所示。

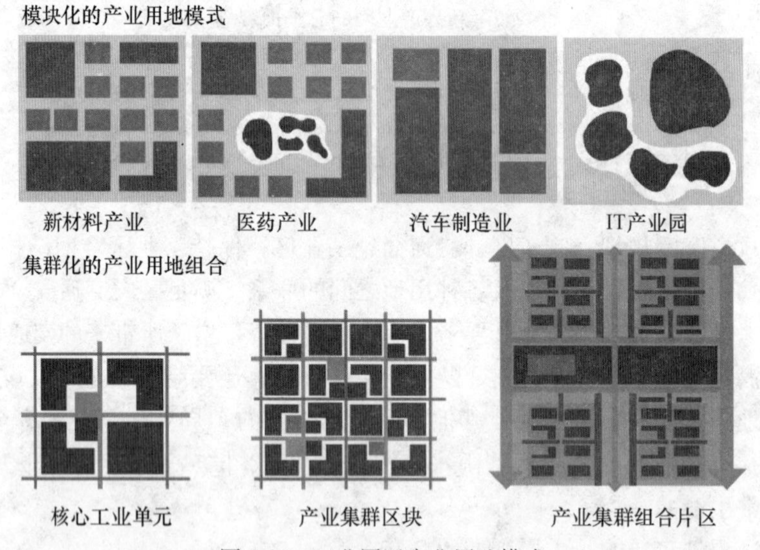

图 2-11　工业园区产业用地模式

安排工业园区的布局时，在合理的规划理念和规划原则的指导下，还应注意以下几个方面的要求：

1. 总平面布置应充分利用地形、地势、工程地质及水文地质条件，合理地布置建筑物、构筑物和有关设施，并应减少土石方工程量和基础工程费用。如：当厂区地形坡度较大时，建筑物、构筑物的长轴宜顺等高线布置，并应结合竖向设计，为物料采用自流管道及高站台、低货位等设施创造条件。

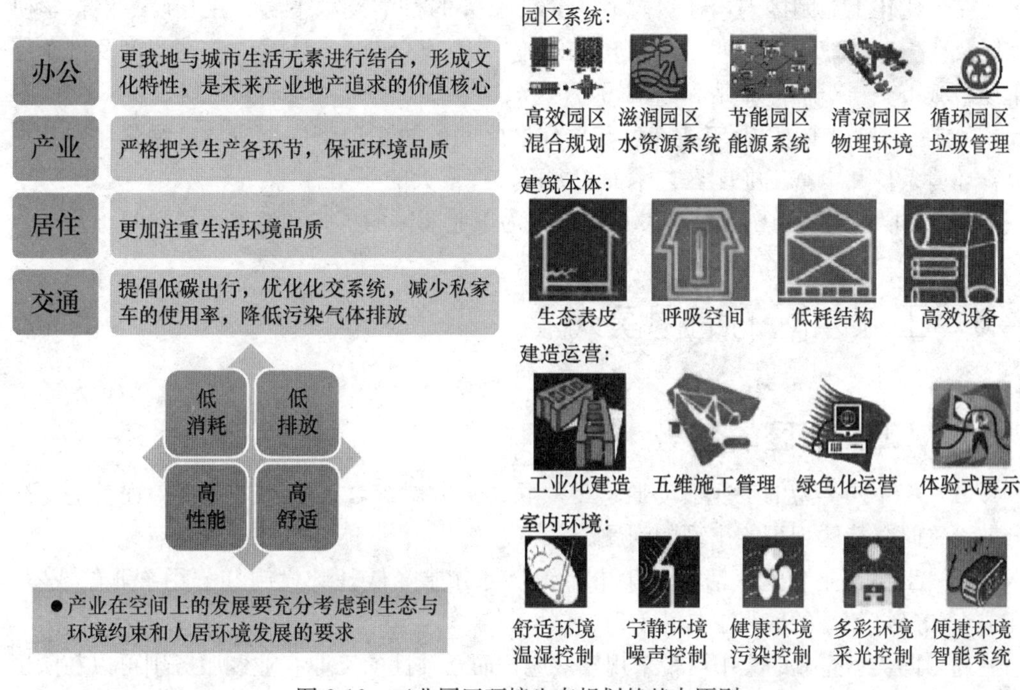

图 2-12　工业园区环境生态规划的基本原则

2. 总平面布置应结合当地气象条件，使建筑物具有良好的朝向、采光和自然通风条件：

(1) 将管理办公、居住等布置在有污染的工业厂房上风位。

(2) 应防止有害气体、烟、雾、粉尘、强烈震动和高噪声对周围环境的危害。

(3) 高温、热加工、有特殊要求和人员较多的建筑物，应避免暴晒。

3. 总平面布置应合理地组织货流和人流。工业园区功能分区与道路组织必须满足生产工艺流程要求，使物流线路短捷，运输总量最少；按功能分区，合理地确定通道宽度；根据工业园区内各组成部分的功能要求，结合用地条件和周围环境关系，合理确定它们相互之间的位置，务使整个工业园区的布置合理紧凑。

4. 在符合生产流程、操作要求和使用功能，符合各种防护间距要求的前提下，建筑物、构筑物等设施应联合多层布置，合理地紧凑安排；厂区、功能分区及建筑物、构筑物的外形宜规整，便于节约用地。

5. 辅助性设施不宜占用适于企业布置的地段。条件许可时，可以布置在各企业（工厂）之间的隔离地带，或者尽量利用工业园区零星和不规则的地段。

6. 动力设施和仓库应布置在工业园区各用户单位的负荷中心，并与外界接线联系方便。

7. 工业园区内的主要运输线（铁路、道路等），应当与城市内外的干线相联系，并与港口码头、车站、仓库区等处有便捷的联系。

8. 公共中心的布局，应能方便地为工业园区内职工服务，最好设在工业园区的中心地带，并与居住区取得有机联系。

在现代化工业园区内，还设置有为企业服务的科学技术中心。在此设有供科学研究以及在生产基地上培训职工的机构和设施，工业区级电子计算中心站，以及汽车停车场、城市交通车辆停靠站和停车场。

9. 在工业区园内以及工业园区与居住区之间的防护地带内，应尽量绿化，使其在改善环境条件和丰富工业园区艺术面貌方面发挥最大的作用。

10. 应根据需要预留足够的发展用地，为工业园区的扩张和发展预留空间。

2.5 工业园区的结构模式

2.5.1 工业园区的优势

（1）将不同类型的工业活动通过工厂联建的方式综合设置，可在较大程度上减少分散设置时功能区划可能出现的问题。

（2）工业企业与生产活动的集中布置，可分摊降低基础设施和公用事业的成本，在成本和经济效益的取得上较为有利。

（3）同类型企业的集中可带来规模效应，而互补性的工业企业和服务则可以在园区内形成良好的对接，形成完整的流线，从而为工业企业的合理布局和良好发展提供条件。

2.5.2 工业园区的布局模式

工业园区是集生产、生活、管理服务为一体的区域，各功能区的布置应该根据与周边区域的关系、园区的发展模式、用地的自然地形地貌等来合理安排，既要有利于生产，又要充分发挥生活、服务设施的作用。

一般说来，工业园区规划布局的模式有以下三种：

1. 平行布局模式

这种布局模式是将工业生产区和配套服务区并联布置，各自有发展轴线和交通干道，形成平行发展、垂直联系的态势。它来源于苏联建筑师米留廷提出的“功能平行发展”的带形城市设想，是长久以来工业园区规划中经常采用的一种规划布局方式。它使生产和生活两种功能之间既形成便捷的联系，又互不干扰，而且两种功能区的发展都不会受到限制，并且当居住生活区发展到一定规模时，有可能成为城市新区。这种规划结构在工业园区规模较小时，优势会体现得比较充分，但当工业园区发展规模过大时，则容易导致道路设施过长、纵向联系距离增加等弊端，而且由于受居住生活区服务半径的限制，工业生产区进深不大，也限制了工业园区发展的规模，因此，这种布局模式适用于位于城市边缘或郊区、用地空间大致呈带状的、中等发展规模的新城型工业园区。

郑州高新技术产业开发区就是典型的平行布局规划结构（图 2-13），其南部为工业生产区，北部为教育科研区，两者之间布置管理、商业、居住等功能的配套服务区，沿东西向呈方格网状滚动发展。工业生产区和居住区之间由三条南北向主干道联系，东西向主干道则是发展主轴线，两侧以公建、绿化为主，并串联开发区各中心，集中展示其空间形象的多样性和景观序列的节奏感。

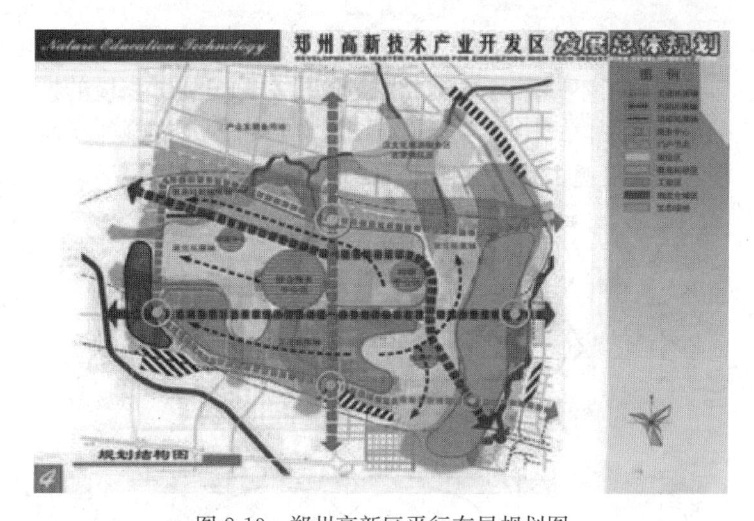

图 2-13　郑州高新区平行布局规划图

资料来源：http：//news. kaifeng. fang. com/2013－05－31/10218594. htm

2. 中轴布局模式

中轴布局模式可以算是一种特殊的平行布局模式，依托一条或多条景观大道、绿化通廊等规划要素，在工业园区内形成一条发展轴线，使工业园区管理办公机关、行政部门、商务办公、居住设施等配套服务项目在这条中心轴线上集中，并形成多个等级和类别的中心，工业生产区在其周边平行布置，使工业园区的生产区、生活区、管理服务中心形成"一条轴线、多个中心"的平行发展态势。

这种布局模式的优点在于发展方向明晰，有利于工业园区的拓展和分期建设；管理、居住等配套服务区两侧与工业生产区长边相接，使二者之间能保持密切联系，也让配套服务区的服务效能和服务半径能发挥到最大（图 2-14），有利于工业园区规模的扩大；配套服务区和工业生产区有各自的主要干道，相对独立发展，可大大减少相互干扰；另外，管理、办公、商业、居住等建筑的体量、外形、色彩等可塑性大，易于工业园区的中轴线上形成空间环境特色，丰富园区的天际轮廓线（图 2-15），是一种较好的工业园区结构布局模式。

但是在这种布局模式下，管理服务用地和居住生活用地规模较大、发展轴线长，两侧又被工业生产区包围，使居住用地和工业用地的接触面增大，对接触面上的居住用地或多或少有一些影响，特别是当工业企业污染较大时，对其影响很大，因此在产业发展方面，宜发展高新技术产业以及食品、服装等对环境影响较小的工业。这种布局模式发展规模一般比较大，适用于设置在城市边缘或新区、发展空间充裕、延续城市发展轴线的大规模新城型工业园区。

苏州工业园区的规划结构属于典型的中轴布局模式（图 2-16）。行政、商业中心沿中轴线布置，居住区围绕在其周围，再由清洁的轻型生产区围绕着居住区，形成中轴布局、平行发展的态势，缩短了生活区与商业中心、生产区的交通距离，合理地解决了工业园区的配套服务问题。这种布局结构也来源于新加坡的土地开发经营方式，按照新加坡的土地开发经验，通过吸引工业投资创造就业机会，带动就业人口，从而带动住宅开发，居民入住以后产生商业需求，可以支持商业中心的发展，由此一来，工业园区的配套服务得到了不断完善，对吸引工业投资也起到了积极的推动作用。这种由外围向核心的滚动开发模式不仅符合工业园区和城市的发展规律，而且可以不断提升土地价值，使产业发展进入良性循环，获得长远的经济效益。

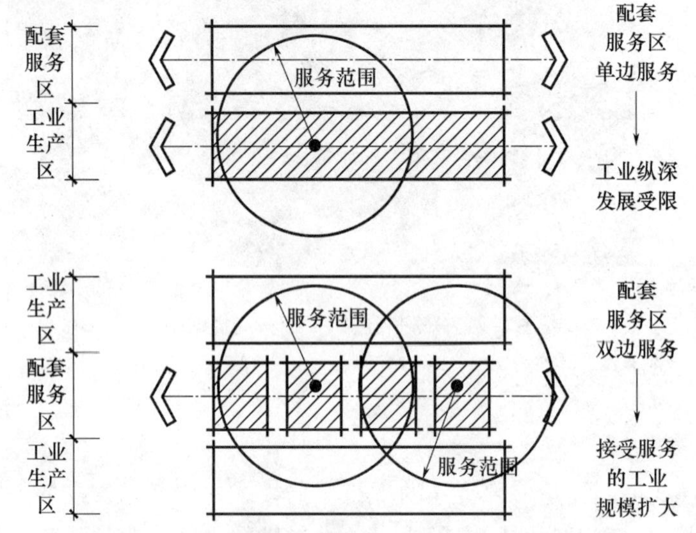

图 2-14　平行布局和中轴布局中配套服务区服务范围对比

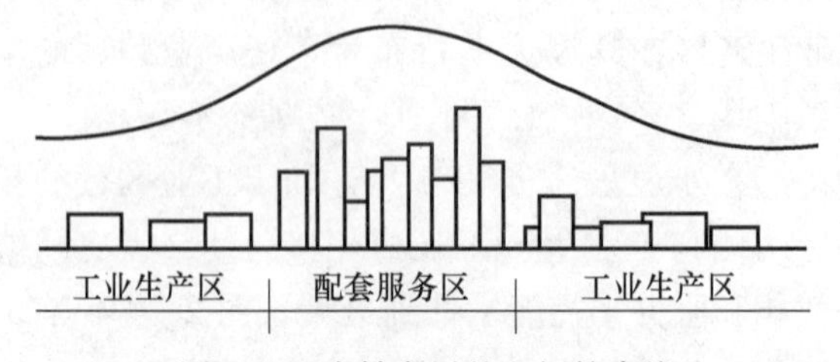

图 2-15　中轴布局的空间轮廓线

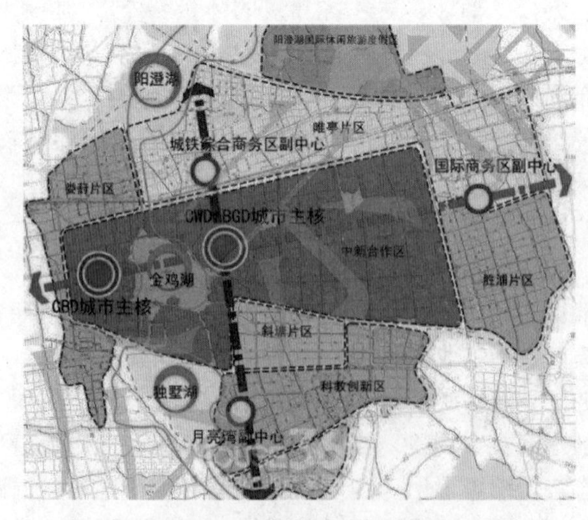

图 2-16　苏州工业园区的“中轴式”规划结构

资料来源：http：//news.house365.com/gbk/szestate/system/2013/12/05/023080926.html

3. 中心布局模式

这种布局方式是以管理服务中心和生活区等工业园区配套服务设施为核心，工业生产区围绕在中心周围向周边地区层层拓展。它使工业生产区的发展空间很充足，而且各工业用地到中心的距离都差不多，有利于解决工业园区的配套服务问题。

根据中心数量和等级的不同，这种布局模式又可分为三种，即单中心布局模式、多中心布局模式和一心多核布局模式。

（1）单中心布局模式。这指工业园区内只有一个中心的布局形式，以中心区的建设带动周边基础设施建设，完善配套服务设施，进而吸引工业投资、推动工业发展。首先，依据工业园区的远期发展规模，配置一定数量的行政管理、商业服务、生活居住等设施，并集中设置在中心区，然后将生产区沿周边区域布置。这种布局方式一般为与主城区联系紧密、处于城市近郊区的工业园区所采用，而这个中心区也往往设置在与城市生活区邻近或与通向城市生活区的干道邻近的区域，它有利于工业拓展，不利于配套服务设施的发展，当生产区发展到一定程度，超出中心区的服务半径，而原有园区配套服务设施不能满足其要求时，生产区的发展将会受到限制。这种方式的特点在于分区明确、重点突出、投资小、启动快、易见成效，适用于位于城市边缘、规模较小的依托主城型工业园区。

重庆建桥工业园区启动区（图 2-17）和西彭工业园区用地规模在 3～5km^2 之间，规模不大，且与城市生活区邻近，因此采用了单中心布局模式。其配套服务中心靠近城市生活区设置，设施规模较小，不能独立完成工业园区的配套服务功能，需要由就近的城市生活区来解决一部分配套功能。

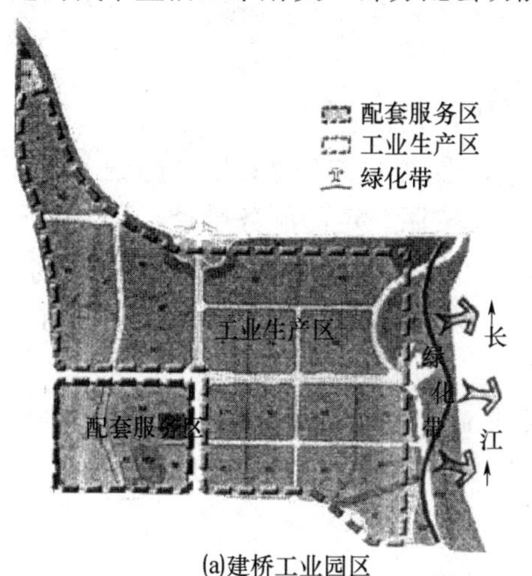

(a)建桥工业园区

(b)西彭工业园区

图 2-17　建桥工业园区和西彭工业园区单中心规划结构

资料来源：http：//baike.sogou.com/h61391761.htm？sp=l61391762

（2）多中心布局模式。这种布局模式是在工业园区内相隔一定的距离布置多个工业组团，每个组团都有其内部的、功能完善的核心。它打破了一般工业园区中生产区紧密布局的模式，具有多个组团均衡发展，保护生态环境，形成良好配套服务体系，及有利于在不修改总体布局的情况下适应变化的新情况等多种优势，是工业园区较为理想的一种规划结构，适用于用地充裕、与自然环境有机结合的情况，以高新科技产业及研发项目等环保型产业为主导。其空间布局的基本结构是有机结合的分子型多核心结构，整个科学城由11个分散在不同地区的组团构成，每个组团承担特定的功能，并有其各自的中心，组团之间保留了大片的树林作为绿化带，使得这种多中心布局的高科技产业园区形成了极好的绿化环境基础和发展空间，值得国内的工业园区借鉴。

重庆的港城工业园区的规划布局采用了“多中心、组团式”的分散布局模式，其A、B、C、D四个片区都是较完整的组团，有各自的配套服务中心，工业生产区围绕各组团中心设置，组团之间又有自然山体、沟壑相隔，相隔距离在150～400m之间，基本具有多中心的布局结构特征。另外，重庆花溪、同兴工业园区也是采用了在园区中分散布置多个配套服务中心的布局模式，但其工业组团的分区没有明显的界线，只是由各配套服务中心的服务半径形成了多个无形的工业组团。

（3）一心多核布局模式。这种布局模式是介于单中心布局模式和多中心布局模式之间的一种布局模式。在工业园区中设置一个以管理服务、商业、居住等为主要功能的中心，另外在各工业组团中设置以商业、居住等基本配套服务功能为主的次级中心，从而形成类似于居住区公建布局模式的“工业园区—工业组团”规划结构。这种布局模式可以避免建设多套配套服务设施的大量投入，又使得各工业组团都有各自必备的配套服务设施，能相对独立运作，同时还可获得大中心的有效支持，可以使工业园区存在不断拓展和分期建设的可能，但当工业园区扩大到超出大中心所能辐射的范围时，园区的发展将受到制约。这种布局模式适于以工业产业开发为唯一目标，弱化第三产业发展的中、小型工业园区，在对工业园区区位选择的要求上，对依托主城型和新城型工业园区的规划布局都适用。

在我国东部地区，这种规划布局模式被经常采用，并且它们把工业组团配套服务中心和西萨·佩里提出的“邻里单位”概念相结合，形成了“工业邻里”的概念，即在工业园区中除了设置园区级管理服务中心以外，还按照一定的服务半径，在工业园区的各工业邻里中布置多个次级商业、居住中心，主要配置小型商业、餐饮、服务、娱乐、书报等和供职工居住的住宅，形成邻里中心，就近为本工业邻里服务，成为产业、居住等服务功能为主的核心，形成了“一心多核”的组团式规划结构。

工业园区的规划布局模式很多，关键是要根据工业园区的区位环境、周边条件、发展规模等具体影响因素，因地制宜地选择有利于该工业园区持续、健康发展的规划结构，科学、合理地指导工业园区的开发建设。

第 3 章　工业园区建筑规划设计与布局

工业建筑虽然完全不能等同于民用建筑，但基本原理是一致的，也适用建筑三要素原则，它们在满足不同使用功能要求的同时，同样创造了优美、宜人、时尚、有文化内涵的建筑内外空间及建筑环境，工业建筑同样具有艺术性和文化性。随着时代的变迁，工业建筑已从纯粹的机器外壳转变为有空间、有灵性的建筑实体，与民用建筑的界限逐渐淡化。

对形式美的关注是建筑造型设计永恒的追求，工业建筑作为一种特定的建筑类型，必然会产生具有其个性特点的造型。现代建筑的多元化为工业建筑的创作提供了运用多种建筑构成手法的可能，同时强调建筑细部处理。由于当前对环境关注度的提高，工业建筑设计必须考虑形式、功能、环境之间的关系。价值观、审美观的多种倾向，创造出丰富多彩、跨文化、有特色、有个性的工业建筑。

工业建筑和其他公共建筑相比，人们需要在其中高强度、快节奏、长时间地工作，它是更需要人性关怀的场所，良好的工作条件和宜人的内部环境可以减轻人们的工作疲劳，促进人们的身心健康。

3.1　厂房建筑规划设计理念及空间类型

厂房建筑是指从事工业生产的房屋，主要包括生产厂房、辅助生产用房以及为生产提供动力的房屋和其他配套附属建筑物。

3.1.1　厂房建筑特点

随着我国工业体系的逐步发展，厂房建筑的设计能力在建设实践中获得提升，基本上都能适应企业生产的需要，符合厂房建筑的相应设计规范和原则。在现代厂房建筑实践中，厂房建筑有以下特点：

1. 新技艺和新材料的运用

随着城市化和产业结构的转化，工业生产也进入转型阶段。厂房建筑在建设上主要体现在高科技、新工艺、新材料的应用，表达工业厂房越来越智能化的趋势，并因此获得高品质的工作环境。

2. 人性化设计

人性化设计是人类工程学的精髓，通过将这一观念引入现代化的厂房建设中，注重人的各种阶层需求，满足员工在整个工业园区内空间环境中的感受。同时园区内的各企业通过传播自身的企业文化，提高生产和生活场所内人性化设施的投资，表现员工的进取向上精神面貌以及对创新思想的追求。这些人性化设计的需求体现都可以通过厂房建筑的细部设计来塑造。

3. 多样性功能空间设计

多功能的空间设计表现在合理地运用色彩特性，创造良好的室内外视觉环境；设置自然景点，引入工业园区的内部空间，改善空间环境。同时为了方便工人生产与生活的需要，通过空间设计把休息区直接安排在组装流水线上已经成为惯例，这样员工不需要走很远才能得到休息；员工餐厅和产品的陈列室等生活化的功能性空间，它们的位置通常十分接近，甚至在同一建筑内，它们不仅为员工间提供交流沟通，同时也为来访者与员工提供进餐会晤的场所。

4. 空间环境的和谐统一

厂房建筑空间环境，从本质上说，同样是由人—建筑—环境这个大系统所决定，人与空间、环境的关系都是刺激与反映的关系，都是在人为中心进行空间环境的对话。在厂房建筑的空间环境设计上，应考虑周边的环境因素并与当时的生产工艺进行结合，突出自身的功能空间和环境因素的特点，设计统一的空间色彩构成，强调自身的风格，提高识别性和亲和力。

3.1.2 厂房建筑空间类型

从空间的构成方法、空间的形态、空间的服务对象和空间的组合形式等综合方面将厂房建筑空间类型层面进行划分。

（一）外部空间与内部空间

就建筑空间所处的部位来说，由屋顶、地面、墙体围合起来的空间叫作内部建筑空间，在它的外侧则是没有屋盖的敞露空间，叫作外部建筑空间。内部空间与外部空间是以外墙和屋盖作为共同的边界，将二者严格地分开。随着厂房建筑空间使用功能的多样化和空间的自由扩展，位于内部工作的人们已经逐渐地不愿被实体的界面所隔绝，往往崇尚自由自在与亲近自然，大多喜好相互联系贯通与渗透的内伸外延的整体空间效果，从而将内外空间的中界产生模糊化效果，达到内外空间相互转化的效果，最终创造出的空间更加让人感觉舒适。内廊外挑外如图 3-1 所示。

（二）固定空间与动态空间

固定不变的界面可以围合成固定空间，围合的空间限定性比较强，逐渐走向封闭性，它的特点是大多采用向心式、离心式或对称的方式维持静态平衡。在厂房建筑中一般采用颜色和空间形态结构表现出来，通常为空间的水平线、垂直线，避免过多无规律的线条，以免破坏稳定感和平静感；有时候为到访者提供适宜的活动目的空间，从而形成一种安定与祥和安静感的空间效应。

动态空间是指使用建筑中的某些元素或造型形式，创造出人们视觉和听觉上的运动感，从而产生活力效应。一般来说，建筑中的动态空间可以通过两种方式来创造：其一，通过空间中真实运动要素形成动态，例如厂区的水体与灯光等；其二，利用空间中静止物体创造动态空间，例如厂房建筑的形态结构图、各种线条与构件，还有陈设物等，通过空间结构形态给人以明显的运动和流通的交互空间感（图 3-2）。

图 3-1　内廊外挑

资料来源：杨倩．湘中地区工业园区厂房建筑及空间环境的人性化设计研究［D］．长沙：湖南大学，2012

(a) 动态水体

(b) WordPress动态空间

图 3-2　动态空间

资料来源：杨倩．湘中地区工业园区厂房建筑及空间环境的人性化设计研究［D］．长沙：湖南大学，2012

（三）开敞空间与封闭空间

在建筑群的各种组合形式中，经常存在两种开合启闭差别明显的空间形态。第一种是用限制性比较强的材质对空间界面进行围护，对周边环境流动和渗透有着隔绝和封闭的作用，形成向心与内向、收敛的趋势，是隐私性和区域感所体现的空间，这种区域空间一般称为封闭空间；第二种是界面围护的限定性弱小，一般以虚面的方式来形成空间，流动性大，限制性较小，同时与周围空间关联多，从而形成外向性大、活跃程度强的空间，通常称为开敞空间。在封闭的厂房建筑空间中有明确的领域感，其内外界限最为明显，多产生平静感和停留感，并且很少受到外界因素的干扰，这有利于创造宁静祥和的环境氛围，但是容易使人们产生特别闭塞的感觉。为了减弱封闭的沉闷感，通常会大胆采用落地玻璃窗、多面玻璃幕墙等一系列方式来增加空间感和空间层次感（图 3-3a）；大多厂房建筑的开敞式空间比较宽敞明亮，视野宽阔，心胸舒坦，这适于厂房建筑中公共活动较强和流通的空间。比如开敞空间大多注重与周围空间的联系，侧重在处理中利用对景、借景等一系列手法，把室外空间景观引入用玻璃覆盖建筑顶部院落或在建筑物入口处的雨篷下或者外走廊设置具有过渡性开敞性的空间（图 3-3b）。

(a) 幕墙扩大空间层次

(b) 开敞空间（www.lvshedesign.con）

图 3-3　封闭空间与开敞空间

（四）虚拟空间和实体空间

虚拟空间是指不以界面围合为限定要素，大多是为了激发人们的心灵，通常用象征性的、暗示性的、概念性的方法进行处理，并且依靠物体的启示和视觉的联想来划分空间。虚拟空间范围没有清晰的隔离形态和限制程度，只能依靠物体启发、想象与“视觉完整性”来划定空间。一般在厂房建筑的虚拟空间表现为两个方面：一是实际生活中应用层次的，例如在接客大厅里，由于空间功能的需要有许多个不同的区域，如待客区、等待休息区等，这些功能区是既相互联系又可独立使用（图 3-4）；二是心理感受层次，例如由于借助门柱、隔断、围墙、摆置、图案、树木、水体、灯光、颜色、材料及结构件等一系列因素形成的虚拟空间。

图 3-4　大堂空间划分

实体空间则是指范围明确，界面差别清晰肯定，围合面一般由实体材料组合而来，深刻体现了封闭性强的特征，同时和周围封闭空间有着很多关联性，明确了空间范围和区域，从而具有一定的隐秘性和安全感。

（五）单一空间与复合空间

单一空间大多由一些具有规则特征的几何体组成（图 3-5），也就是说是这些有规则的几何体经过加、减、变等一系列方法，最后成为复杂的复合空间。

由单一空间的相互包容、穿插或邻接的关系所构成的空间为复合空间（图 3-6）。首先，复合空间要求应用方便，必须着重和满足形式与精神上的需要，着重空间结构的合理性及道路交通系统、管路系统、功能系统、绿化系统等之间的相互关联。在厂房建筑的空间设计上，通过在立面上水平、垂直方向各个空间面之间的凹凸和交错，消除生硬、呆滞的形象，从而形成空间上纵横活泼生动的画面与场景。区域通过面积的相互穿插，有利于组织在场人员快速疏散。

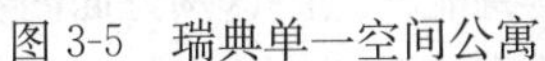

图 3-5　瑞典单一空间公寓

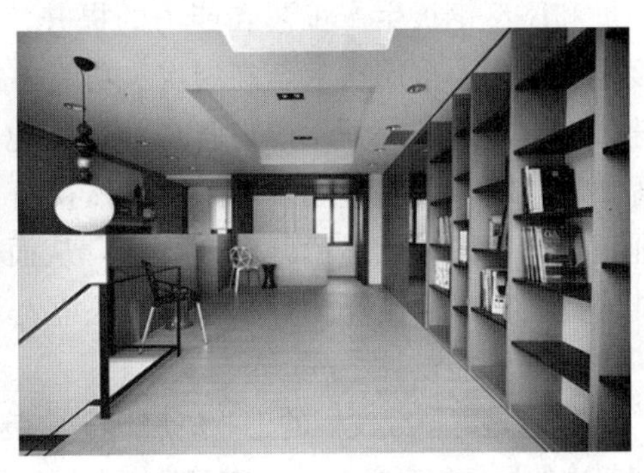

图 3-6　复合空间

3.1.3　现代工业厂房建筑设计的基本要求

在进行厂房建筑设计时，应该满足下列几点要求：

（1）生产工艺和技术要求。这是厂房建筑设计过程的根本目的之一，建造厂区就是为了方便相关生产运行，而产品制造工艺就是企业在生产产品过程中所要求的生产空间和生产作业面积，所以厂房建筑在设计过程中必须满足以上要求。在对厂房建筑进行设计时应该综合考虑建设面积大小、厂区建筑形状、设备体积、放置位置等几个因素，这样才能确保建造出的厂房具有很高的效率。

（2）经济性要求。经济性是当今厂房建筑设计时必须遵守的第二原则，其中最有影响的两点是厂房建筑的使用时间和单位成本造价，在现实设计中应当在确保厂房能够满足各项生产要求的基础上，尽量缩小厂房建筑面积，同时充分利用厂区空间，提高使用效率。也可将多个厂房合并在一起进行设计，这样能够使外墙面积更加明显缩小，从而达到经济性的目的。另外，也可以通过节约材料使用量来实现经济效益的最大化。

（3）安全性要求。无论是民用住宅建筑还是工业生产的厂房建筑，在实际设计过程中都要重视安全第一，这是建筑设计过程中的最起码要求。特别是在厂房的设计过程中更需要充分考虑建筑整体的安全可靠性，所以，在实际设计过程中，要切实做好防火、防灾等设计。

3.2 厂房建筑规划设计

3.2.1 工业厂房设计理念

随着现代工业建筑的发展，工业厂房设计中不仅要注重功能的实用性，更要赋予建筑人性化、科技化、多元化的特性，使工业厂房不仅仅可以满足其使用价值，也能展现出现代工业建筑的艺术设计美，体现当代建筑新颖的艺术设计理念。现代工业建筑高科技导向主要体现在新技术、新材料、新理论的大量应用，材料制造工业的迅速发展和压型钢板生产工艺和能力的提升，也促进工业厂房向高强轻质、结构体系大跨度、大空间、多层次甚至高层次、功能丰富的方向发展；工艺技术及相关设备上的快速发展也更好地保证生产与管理的小型化、自动化、干净化、精密化、绿色无污染化等要求；而计算机应用技术、多媒体视窗技术、现代通信技术、环境监控技术等与工业建筑艺术的设计紧紧融合在一起，从而使工业建筑中出现了智能化的特点，人们也能因此获得提高工作质量和效率的环境。

（1）节能设计

节能是可持续发展的工业厂房建筑中最为明显的特征。它包括两个方面的内容：一是建筑中的运营能耗低，二是在建造工业厂房的过程中本身能耗低。这两方面内容可以从一些工业厂房中利用光能、自然通风、太阳光线采光和节能型绿色产品的大规模使用来展现。

（2）绿色设计

绿色设计是指从建筑中的原材料、工艺、产品、设备到能源的使用，从工业的营运到废物的回收使用等全部环节都不对自然环境产生任何危害，绿色设计不能过度盲目追求高科技，要着重高科技与适宜技术相结合。

（3）洁净设计

洁净设计是指在生产使用全过程中，坚守废弃物的最低排放，设置好废弃物的处理与回收利用系统，以实现零污染。这是工业厂房可持续发展的关键措施，着重倡导对建设用地与建筑材料、采暖空间、资源回收利用。因此有效地利用资源，达到技术的有效性和生态的可持续发展，建造洁净的工业厂房成为必然。

（4）人性化设计

人性化设计是指将人类工程学引入现代工业厂房设计中，人性化设计必将要求设计师将厂房设计的关键点从生产设备转移到以人为本的理念上来，在厂房内部及外部的设计过程中，创造出人们所希望的归属感和亲切感，最终达到提高员工的生活质量及工作效率的目的。

3.2.2 厂房建筑高度与柱网

不同的建筑文化具有不同的空间尺度标准，因此空间的尺度充满着文化底蕴和人性光辉。厂房建筑尺度的表现主要是层高与柱网。

厂房建筑高度指室内地面（相对标高定为±0.000m）到柱顶（倾斜屋盖最低点或下沉式屋架下弦底面）的距离。现代工业厂房建筑中有单层厂房、多层厂房以及混合层数厂房。在单层厂房建筑中，层高取决于厂房内最高的生产设备及安装检测维修所需的净高，同时要着重考虑采光和通风，并符合《厂房建筑模数协调标准》的扩大模数 3m 数列，通常层高不低于 3.9m。多层厂房建筑中层高取决于生产所要求的厂房柱网宽度和生产运输设备、管道敷设所要求的空间以及生产需求上对采光和通风的要求。目前，湖南中部地区的多层厂房常用层高有 4.2m、4.5m、4.8m、5.1m、5.4m、6.0m 等。

多层厂房在满足生产工艺的标准下，要考虑厂房的结构形式、建筑材料、构造做法及经济实用性，厂房柱网通常采用下面几种类型（表 3-1）。

表 3-1　厂房柱网常用形式

名称	平面示意图	适用类型	常用柱网尺寸（m）
内廊式柱网		零件加工和装配车间	(6+2.4+6)×6 (7.5+3+7.5)×6
等跨式柱网		仓库、轻工、仪表、机械等工业厂房	(6+6)×6 (7.5+7.5)×6 (9+9)×6
对称不等跨式柱网		适用范围基本和等跨式柱网相同	(6+7.5+7.5+6)×6 (1.5+6+6+1.5)×6 (9+12+9)×6

续表

名称	平面示意图	适用类型	常用柱网尺寸（m）
大跨度式	15m数列；6m 数列；6m 数列	适用更广，楼层结构的空间可作为技术层，用以布置各种管道及生活辅助用房	跨度一般大于等于12

资料来源：杨倩．湘中地区工业园区厂房建筑及空间环境的人性化设计研究［D］．长沙：湖南大学，2012。

3.2.3　现代工业厂房建筑的设计要点

（一）内部结构设计

一个厂房能否最大限度地利用空间，达到最高的效率，不仅与厂房建设面积有关，还与厂房内部的设计结构、生产工艺要求有很大的关系。通常单层厂房适于工艺流程水平布置、使用大型装备的高大厂房和大面积多跨厂房。多层厂房适合生产上需要垂直运输的企业、不同层高操控的企业、设备及产品质量较小且运输量不大的企业。

具体的厂房内部空间形式有以下几种：

1. 跨间式

就是由不同数量的跨间组成，厂房跨间的纵向具有明显的透视轴线是其特点，向单一方向拓展。对于这种跨间设计要关注端部处理，端部处理就是端墙处理、构件处理等，这样可以确保厂房的整体性及和谐统一。在结构方面最为明显的特点是具有大量的柱子、屋架和梁。这使得空间看起来特别整齐，每个组成都是严格按照要求规律排布。虽然这种结构存在缺陷不足，但是整体上看上去却十分紧缩。

2. 单元空间式

大多是针对方形或者近似方形柱网的一种房屋顶盖形式。这种形式每个单元都有自己相互独立的功能，它们的形式是统一的，并且都是联通的。由于屋顶是曲面的，如果处理适当就能达到很高的艺术效果，充满节奏感和韵律感。

3. 大厅式

厂房之间跨度大，高度大，在平面上和空间上都不需要进行划分，其中每个细节都能很完美地体现。在大厅式厂房之中可以完美生动地体验到现代建筑的美丽。这种结构采用大跨度的拱形结构体系，会做成弧形的横向大窗户，让厂房内部空间看起来很空旷。但是必须注意，其空间尽量不要放置太多的构件，同时要考虑简约。为了达成厂房的统一性和完整性的目标，不仅仅要从空间的形式来保证，同时要从每个组成体的色彩以及装潢修饰等一系列的工作来考虑。

（二）外部结构设计

1. 屋面设计

厂房的防火、防水是最重要的。在防水设计过程中首先要考虑屋面坡度和单坡屋面宽度等因素。依据我国建筑规范规定，屋面坡度最小为 5%，不过在实际的设计施工过程中，很多企业能够达到 3%甚至 2%。但是在国内企业通常将其规范为 5%，特殊情况下可以适当增大。在长度方面，主要取决于当地的温度和降雨量。一般不能高于 70m。

2. 温度伸缩缝的设计

温差会在结构中产生温度力，这种力会使结构构件产生变形，受力发生变化，会产生力集中现象，对结构构件的稳定性、可靠性产生强烈影响。因此必须在厂房的横向和纵向设计适当的温度缝，形成温度区间。实际划分方法则要根据建筑设计要求规范。

3. 外层建筑材料设计

对于建筑物外层材料我们要全面顾及防热、隔火、防腐蚀等诸多问题。在隔热问题上，假如缺少隔热处理会造成器件的寿命降低，也不满足建筑设计的舒适宁静性和设计要求。例如在钢结构厂房中，当隔热效果处理不好时，温度升高对钢结构受力性能有严重的影响。在实际施工时可以在表面上浇筑混凝土，硬质防火板材也可以。

3.2.4　厂房空间平面组织形式

厂房建筑的平面大多受到生产规模、生产性质、工艺流程、生活及辅助房的布置、交通运输及建筑技术等因素影响。厂房的平面类型总结起来通常有普通的矩形平面和特殊的平面形式，通过平面上多种类的布置排列和围合，可以满足多种生产性质企业对平面功能的布置要求，提升厂房建筑的普遍适用性。

（一）矩形平面

作为组成其他平面形式的基本单位，矩形平面就是我们日常表示的“一”字形平面。当生产量较大、厂房面积较多时，一般会采用直线式、垂直式以及往复式的组合平面。在平面空间布置上针对垂直交通和生活间的合适布置，我们一般将矩形平面布置划分为四种：第一种是将楼层、电梯间组成的交通枢纽依次集中在厂房两端，适当排放管道和运输设备。而生活间布置在主要侧墙的外侧，可以使主体结构统一，让日常生活间与主体采用不同的层高、柱网和结构形式，对减小建造成本起到至关重要的作用，也对生产的工艺进行适当安排，为未来的厂房扩建提供方便；第二种是将生活间布置在厂房内部空间的中部，使得其距离厂房两端均匀，便捷使用，也可以将生活间与垂直交通枢纽两者关联在一起，但要注意采光和通风设置以及工艺布置；第三种是将楼、电梯间组全的交通枢纽集中在厂房中部，在厂房两端布置生活间，保证生产面积相对集中，但是对厂房纵向扩建需要进行限制；第四种是在主体山墙外侧布置生活间，同时保持与生产空间并排布置，在厂房主体侧墙的两侧将布置楼、电梯间组合枢纽，将会影响厂房内部服务，对厂房的纵向发展也产生不良影响（图 3-7）。

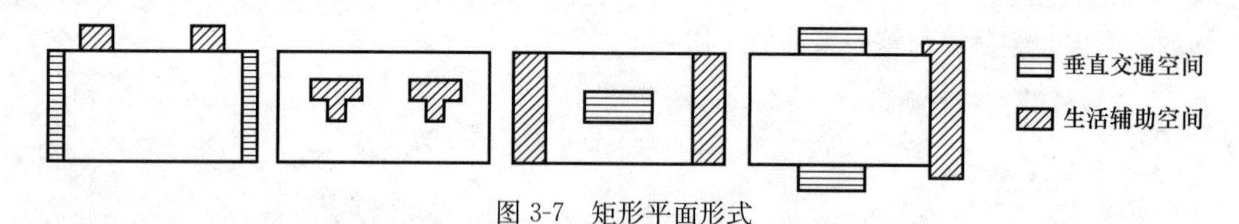

图 3-7　矩形平面形式

资料来源：杨倩．湘中地区工业园区厂房建筑及空间环境的人性化设计研究［D］．长沙：湖南大学，2012

矩形平面厂房存在的问题主要包括建筑结构简单、识别度很低、不利于企业在厂房建筑上表达自身的特色企业文化，并且矩形平面的厂房建筑在工业园区的群体组合通常是序列感较强、整齐性高的行列式总布局，其结构平面单一，空间层次感生硬呆板。

（二）“L”形、“U”形、“工”形、“E”形

厂房的生产特性对厂房的平面种类起着关键作用。为了提高生产效率和生产经营的灵活性，使厂房维持优良的自然通风和自然采光状态，提高厂房建筑内部的生产条件，厂房适合形成“L”形、“U”形、“工”形、“E”形的平面厂房。

1. “L”形

“L”形厂房的布置一般在两个区域进行平面设计，在“L”形的两端布置楼、电梯结合的交通枢纽，衔接部分设置成生活间与垂直交通枢纽的组合，从而使分区分单元方便使用与生产。大多情况下“L”形厂房是布置成同形围合使用，同时也可以和方形平面结合，形成组团式布局（图 3-8）。

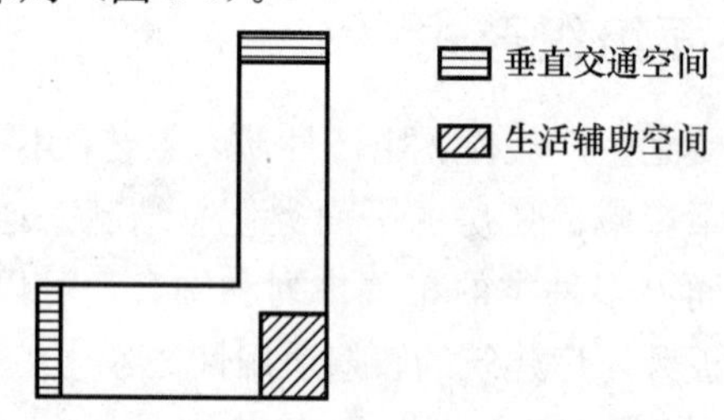

图 3-8　“L”形平面组织形式

资料来源：杨倩．湘中地区工业园区厂房建筑及空间环境的人性化设计研究［D］．长沙：湖南大学，2012

2. “U”形与“E”形

“U”形厂房的平面布局通常有三种方法。第一种是将平面分成两个生产区域，“U”形厂房的长臂通过两组矩形平面平行组合而成，交通枢纽和生活间布置在“U”形平面的连接部。第二种是在整个“U”形平面中间对折并分成两个生产区域，并在端部设置两个垂直交通枢纽。复合的功能空间设置在平面连接部，既布置生产区域，也可布置垂直交通和生活间。对于后期需要扩大厂房规模，则可以不再分割而直接合并成联通的生产单元。第三种是把平面分割成三个矩形生产单元，将交通枢纽和生活间布置在矩形生产单元相互的连接部的一种组合模式。但是这种布置方式占地面积较大，经济性比较低，平时并不常见。

“E”形厂房是上面所说的矩形厂房平面形式上加长横纵两个方向上的尺度而成的，对于平面形式上的布局和划分大致一样（图 3-9）。

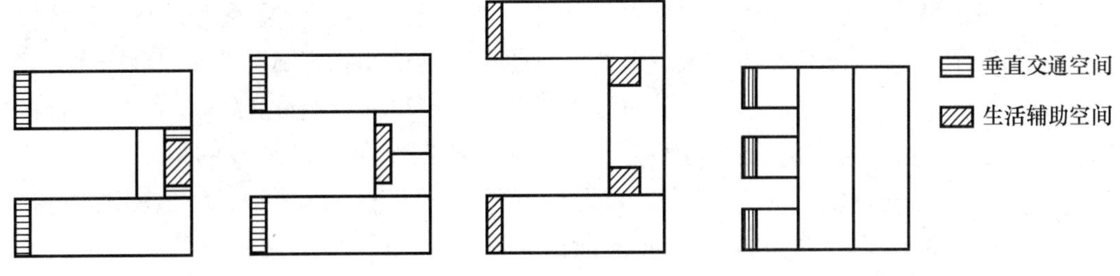

图 3-9　“U”形和“E”形平面形式

资料来源：杨倩．湘中地区工业园区厂房建筑及空间环境的人性化设计研究［D］．长沙：湖南大学，2012

3．“工”形

这种类型的厂房建筑平面一般是通过两个矩形生产平面单元和连接矩形生产单元的平面组合而成。为了满足消防疏散和生产运输的要求，通常将垂直交通与生活布置在连接两矩形生产单元平面的中间，每个矩形生产平面的端部都设置一个垂直交通枢纽。生产功能分区明显是这种平面的特点，可以为不一样功能的生产区提供独立的外部场地，方便企业的车辆停放和货物输送，同时也利于企业自身建筑形象的塑造（图 3-10）。

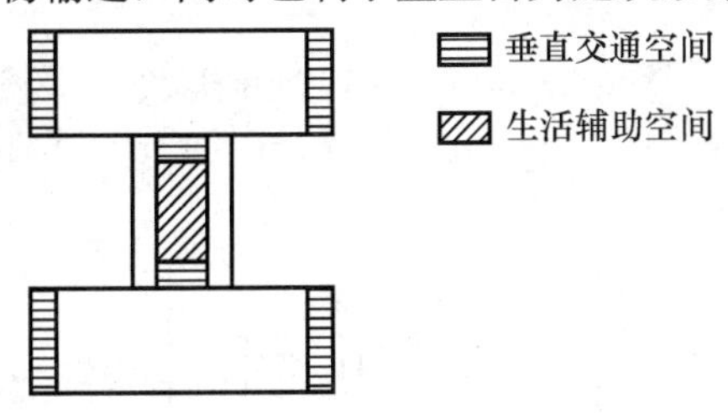

图 3-10　“工”形平面形式

资料来源：杨倩．湘中地区工业园区厂房建筑及空间环境的人性化设计研究［D］．长沙：湖南大学，2012

（三）“＝”形和“口”形

由于对厂房的经济性和通用性的重视程度慢慢提高，在标准厂房的建设过程中“＝”形和“口”形的平面形式用得比较多。

1．“＝”形厂房

“＝”形厂房可以看成是两个矩形平面的厂房并行设置在连接体的组合。将垂直交通和生活间组合枢纽布置在厂房主体结构外墙的连接处，矩形平面划分为两个生产区域，保证生产功能区间的完整性。“＝”形厂房间的内部场地为了方便员工放松休闲，保证舒适的景观性，塑造企业不同文化特色，通常设计成为企业内部绿化庭院。为了防止人货互交叉和干扰，同时出于对安全和疏散的考虑会在矩形平面的两外长边的中部再设置一个交通枢纽，也保证了不同生产单元的货运入口的独立性，改善了生产环境，以及提升了土地的利用率（图 3-11）。

2．“口”形厂房

“口”形厂房一般是由四个矩形平面围合而成，也称为天井式平面，因为外墙面积小，冬季可以减少由于外墙而造成的热量损失，减少能量消耗；夏季可以减少进入室内的太阳辐射，也有利于防暑降温。因此，对比于其他的平面形式，“口”形厂房在经济层面有更大的优势。为了达到生产工艺的交通疏散和完整性的要求，四周围合的“口”形厂房由生活与垂直交通间组合，设置在它的四个顶端而形成的枢纽，给予它相邻的生产区域进行使用，可以减少布置配套设施和运输的空间，增加使用和生产的面积。但一般考虑到对空间和消防疏散的合理性布局，对于天井形的平面形式不做成封闭式，而保留一个收口在某一朝向上，保证一定程度上的私密性和通畅性。平面内部围合而成的场地通常比较方正，一般考虑作为室外活动场地和绿化庭院（图 3-12）。

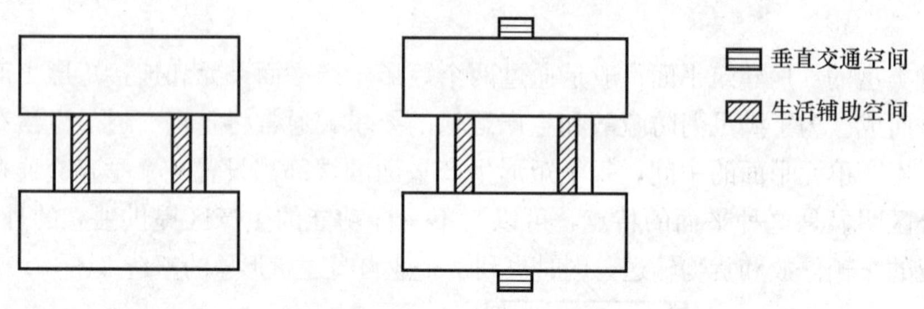

图 3-11　“＝”形平面形式

资料来源：杨倩．湘中地区工业园区厂房建筑及空间环境的人性化设计研究［D］．长沙：湖南大学，2012

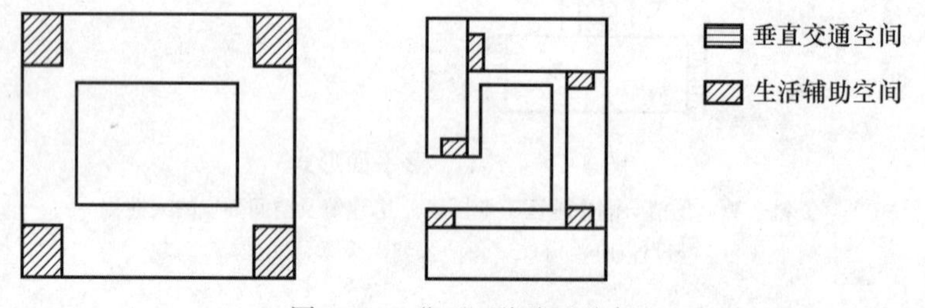

图 3-12　“口”形平面形式

资料来源：杨倩．湘中地区工业园区厂房建筑及空间环境的人性化设计研究［D］．长沙：湖南大学，2012

3.3　厂房建筑群规划布局

3.3.1　影响建筑群布置因素

在对工业园区建筑群布置时，要重点考虑以下几个因素：

（1）生产上的联系和协作，主要由工业企业及其伴生的企业所组成。

（2）建筑规划布局的统一性，工厂（企业）群的组合形式和道路的布置形式。

（3）交通运输流线组织的合理性，短捷、顺畅，少交叉。

（4）发展的灵活性。

3.3.2　建筑群布置方式

在一般情况下，工厂建筑群的组合通常按由长方形或方块状进行，这就方便于工业区道路把它们分割成一些“组合块”或“组合带”。由“组合带”形成的工业区规划结构，则被称之为组合带布置的方式。当工业区平行或垂直于居住区布置时，采用这种布置方式最为恰当。

（1）单列组合带布置

单列组合带布置如图 3-13 所示。

（2）双列组合带布置

双列组合带布置如图 3-14 所示。

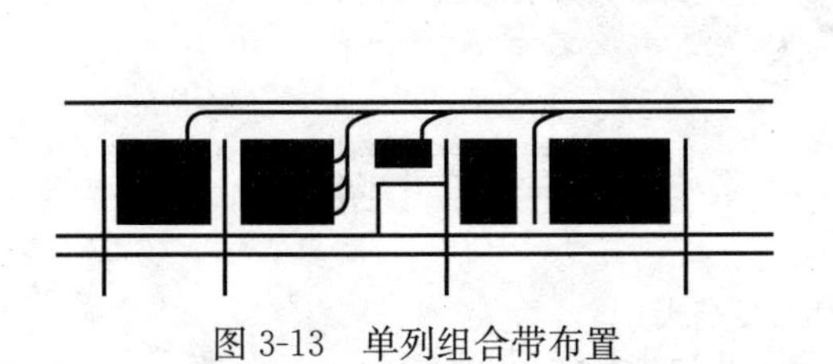

图 3-13　单列组合带布置

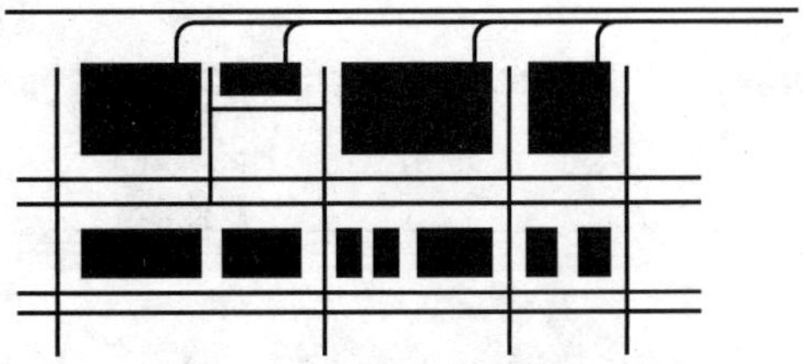

图 3-14　双列组合带布置

（3）多列组合带布置

多列组合带布置如图 3-15 所示。

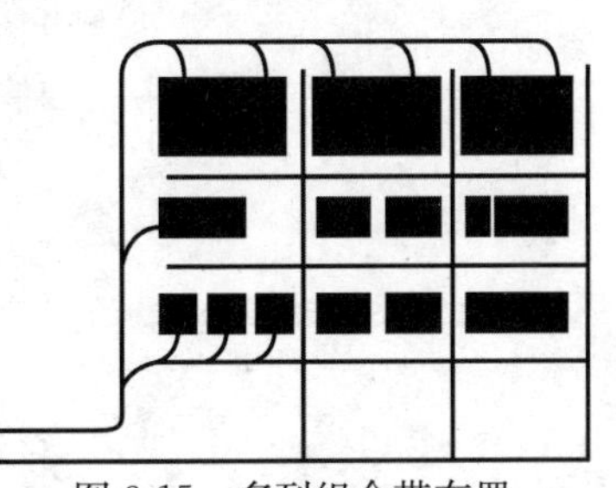

图 3-15　多列组合带布置

3.3.3　厂房建筑的空间布置

工业园区厂房建筑的空间组织一般分成总体空间布置和内部空间布置。在总体空间布置方面，根据工业园区基本设立方式，在总体空间布置的平面组合形式基本可分为尽端式、平行式、中心式、综合式。

（1）尽端式。在空间布置上按带状排列布局，在园区顺序设置过程中选定在园区两头空间内布置生活配套区或产业服务区，并配绿化区域或道路以某种排序方式进行布置。这样的规划布置有利于呈现出十分明显的功能划分，是比较常见的工业园区厂房建筑空间布置方式（图 3-16）。

（2）平行式。产业服务区和生活配套区、产业服务区和生产加工区按照两个区中间的路或者绿化区隔开，产生两区按平行的序列布局。这样的布置方式经过区间的长向平行连接，利于生活配套区为整个工业园区服务，增加了服务区域（图 3-17）。

（3）中心式。工业园区中间地带一般设置产业服务区，以中心产业服务区为中心四周设置生产加工区内的房屋，但生活配套区设置成单独的区域规划（图 3-18）。生产加工区和产业服务区之间的布置优点是有利于提高园区内厂商的工作效率，以及在工业园区中心的产业服务区也有利于起到标识的作用，为树立园区整体布局的建筑形象也大有益处。

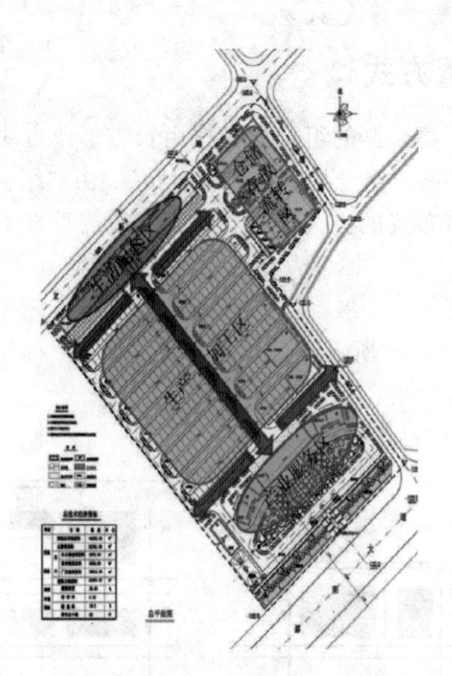

图 3-16　尽端式

资料来源：杨倩．湘中地区工业园区厂房建筑及空间环境的人性化设计研究［D］．长沙：湖南大学，2012

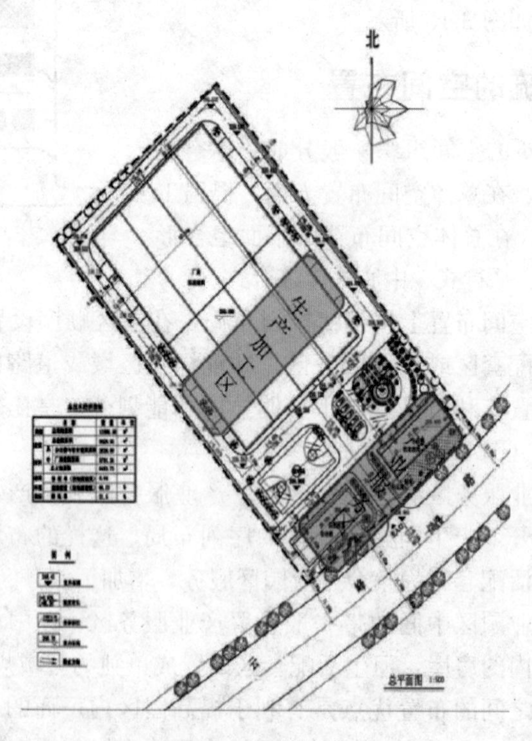

图 3-17　平行式

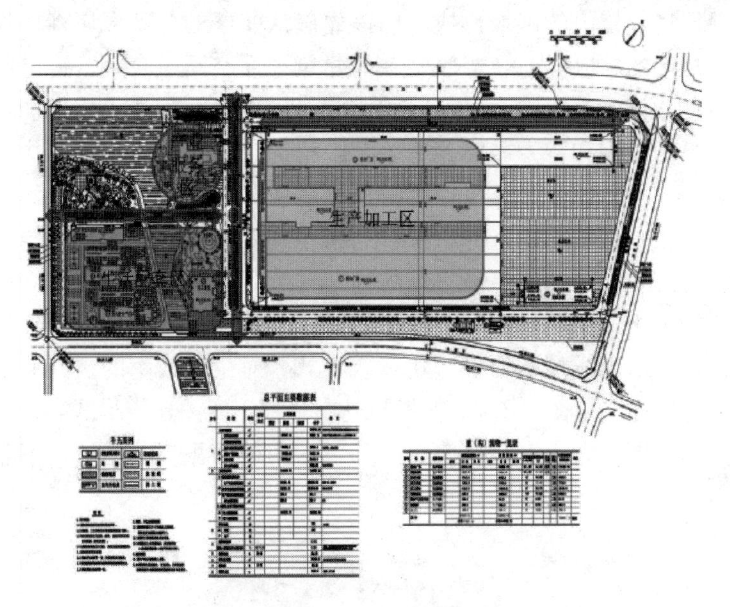

图 3-18　中心式

资料来源：杨倩．湘中地区工业园区厂房建筑及空间环境的人性化设计研究［D］．长沙：湖南大学，2012

(4) 综合式。按照组合两个或两个以上的不同工业园区规划的布置方式。实际上，许多工业园区采取的都是综合模式而不是单一模式，然后由一个主要的空间布局模式对厂房建筑平面进行综合布局。工业园区在规划布置上应满足经济性、合理性、最优化等一般要求，挑选合适的空间排列组合方式，以对整个工业园区的总体规划产生合理最优设置（图 3-19）。

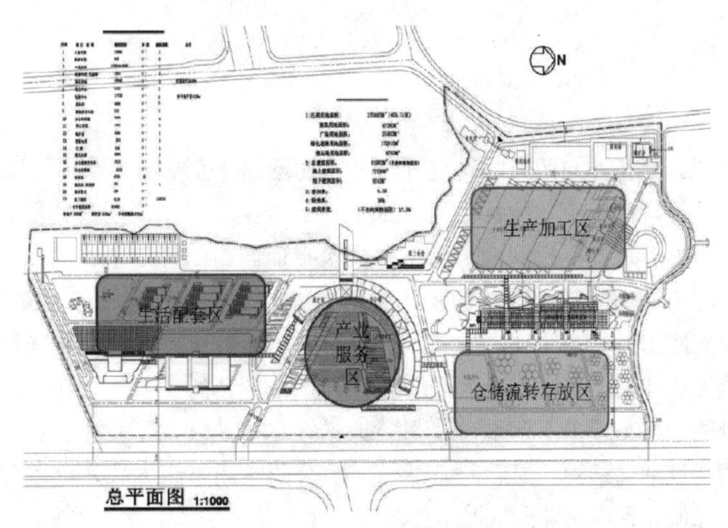

图 3-19　综合式

资料来源：杨倩．湘中地区工业园区厂房建筑及空间环境的人性化设计研究［D］．长沙：湖南大学，2012

工业园区厂房建筑内的区域形成，应该先确认园区的各区域属性，再结合思考功能划分与空间功能的相应联系，按照复杂的建筑平面空间组合，营造空间层次饱满的地方，达到最佳化设置。这样不只可以满足园区内房屋的生产使用性能，也可以满足园区内工作人员的心理和行为需要。工业园区厂房建筑的群体布置方式一般可以分成下面几种：

(1) 行列式。是指按照规整的布置行列来序列工业园区内的厂房与办公房屋。行列式是在设计过程中设立排列感最常见的内部区域组合方式，但在树立区域环境上极易造成形象机械呆板的感受，不便于分清不一样的功能分区的厂房房屋。行列式布局是依照工业园区生产流线配备的统一化建筑模式，对生产效率的提升有很大帮助，也有利于生产设施的布局（图 3-20）。如果都是用一种不变的建筑模式，通常不利于园区企业后期发展范围的扩大，也容易使功能分区的用地面积划分不够，不利于园区内的投入回报。

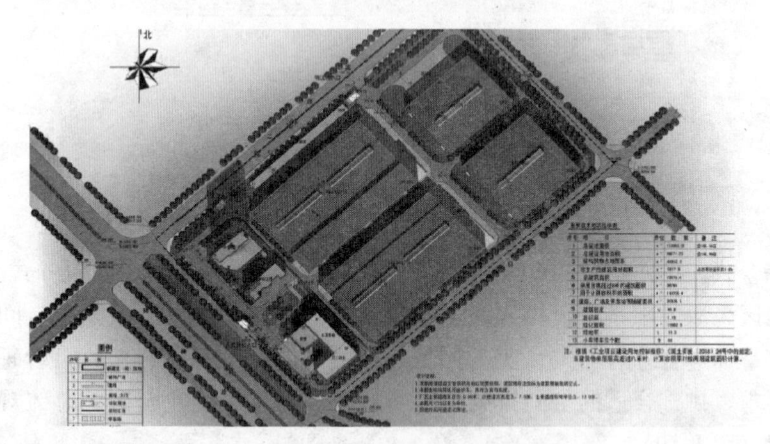

图 3-20　邵阳水能发电工业园区

资料来源：杨倩．湘中地区工业园区厂房建筑及空间环境的人性化设计研究［D］．长沙：湖南大学，2012

(2) 围合式。是指非封闭式的具有开口的厂房建筑平面方式，如“L”形、“U”形等，通过组合设置，产生工业园区总体规划上的建筑群体。它的明显特征是，首先，该组合产生的空间类型是各不相同的，由于各建筑平面的封闭程度不相同，平面上开口朝向和开口位置的不同，能够组合成各种不同的方式，尽可能地增加了建筑的层次结构，设计出不一样的使用感受；并且，结合方法的不同，能够让园区的企业选择符合自身特色的生产建筑方式，保证园区企业生产的独特性。在单独的企业集合建筑群体中，企业能够按照自身的生产布置来对区域环境进行改造，尽可能增加了自主特性，以及创立企业文化特色的建筑细部结构；最后，经过确立适合的空间组织方式，可以降低园区的建筑密集程度，降低花费在工业园区基本设施上的重复投资成本（图 3-21）。

(3) 混合式。具备行列式和围合式空间组合方式的特点。它的优点是树立较多的、具备不同层次感的区域空间，使整个工业园区能够兼容多种模式下生产性质不同的企业（图 3-22）。针对较大的工业园区的生产区块，用组合的模式依次设置行列式和围合式的厂房房屋，来实现不一样大小的企业管理与生产的需求，或者在同一个组合里面，用混合式布局达到现实中的生产需求。

图3-21　宝庆科技产业园核心区

资料来源：杨倩．湘中地区工业园区厂房建筑及空间环境的人性化设计研究［D］．长沙：湖南大学，2012

图3-22　宝庆科技工业园区4S店

资料来源：杨倩．湘中地区工业园区厂房建筑及空间环境的人性化设计研究［D］．长沙：湖南大学，2012

3.4　工业园区建筑设计策略及其趋势

（一）平面布局

从厂房平面图上可以看到，工业园区比传统园区更加合理。柱间距既经济又合理（8.4m/9m）；客梯和货梯的大小、数目以及承重数根据使用要求配置；洁和污分开，人和物路线方便又互相不影响；保安系统发达，通常设置24h门禁（图3-23）。

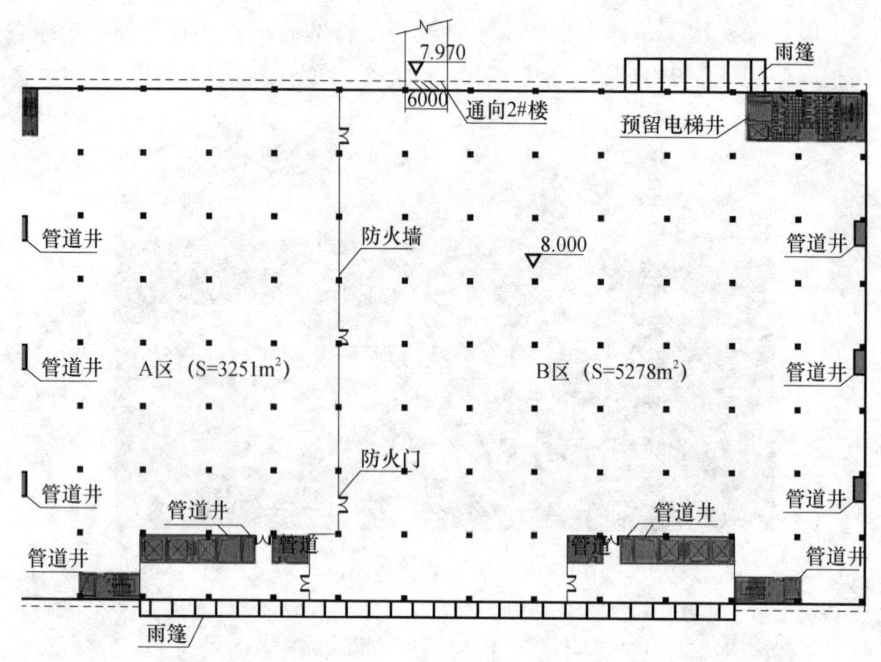

图 3-23 深圳市海普瑞生物医药研发制造基地项目（一期）厂房平面图

（二）垂直交通

工业园区在道路设置方面应增加垂直交通，从功能分区来说，垂直交通更能增加工作效率。电梯适合设置在人与物路线的相交点并不影响车间内的工作流程，能够节省更多时间来提升工作绩效。

（三）空间塑造

工业园区房屋里面的环境要求舒服适合以及灵活多样。通常设置成大面积、跃层、夹层、连廊和空中花园。每层的高度是 6m，这是为以后发展修改的可能实行的预先布置。

（四）造型设计

和传统工业园区厂房单一的立面方式不一样，以后的工业园区厂房立面形式设计会变得各种各样，开窗方式以及百叶、格栅等除达到功能需要以外，还能够满足立面造型好看的需求。未来工业园区厂房在设计上基本都将以现代、时尚、生态为基本理念，或用建筑术语来述说所在地的特点、文化，比如高山、流水等（表 3-2）。

表 3-2 国内主要新兴产业园风格意向分析

图示	风格	立面设计分析
青岛中德生态园	岩石	项目位于海滨城市青岛，基地南侧山脊围拢，东北侧远眺胶州湾，以建筑语汇诠释了青岛的自然风貌，山石平川为主题，8 个街区如同散落的岩石分布于新城区内，地块呈弧线，边缘刻画出街区之间蜿蜒流转的自然走廊

续表

图示	风格	立面设计分析
白马湖生态创意图	山水	园区内一路一景观、一河一公园、一桥一文化，空间自由富有变化且个性灵活，建筑形态追求自然山水面貌
黑龙江现代文化艺术产业园	时尚感	项目地处哈尔滨黄金地段，交通便利，资源丰富。园区从规划、景观、建筑单体都采用现代的设计风格，营造出具有东西文化融汇的独特空间
上海L777新媒体产业园	现代感	项目以“运动办公，健康工作”为核心，挑高6～10m的空间，布置运动设施，充满现代感。为崇尚运动、自由、活力、创意的广大客户提供全新的健康生态办公空间

（五）绿色建构

新产生的工业园区所用的建筑材料大多能达到舒适、美观、实用、安全等要求，通常都使用可以降解的新型建筑材料。不仅使用常规的钢材、混凝土等材料，还使用多孔混凝土、节能材料，以及使用天然能源的功能材料，如风能发电设备等，而其主要的影响因子是造价成本太高。现在，政府倡导建造绿色建筑，主要包括节地和室外空间，节能与能源使用，节水与水资源使用，节材与材料资源使用，室内环境质量和运营管理六方面，采用雨水回收系统、太阳能热水系统、光伏发电等技术措施。

第二部分

工业园区系统规划

第 4 章　工业园区道路交通系统规划

道路是工业园区的主干部分，它也是工业园区与小城镇进行物质信息交换沟通的纽带。工业园区道路系统是其空间布局实现的基础，对工业园区的未来发展有着重要意义。

工业园区道路系统既要满足基本的客货车流、人流的安全畅通，又要反映园区独特的文化和精神风貌，给地上、地下基础工程管线和基础设施提供空间，并满足环境、日照通风、消防、救灾避难等基本要求。在进行工业园区道路系统的规划时，应对上述功能综合考虑，使之协调适应。

工业园区道路系统应功能明确、系统清晰，使各等级道路协调配合，使各种交通工具最大程度发挥其特点和效能。同时，要综合考虑工业园区用地的扩展、交通结构变化，使工业园区道路系统与之相适应。

在布局上，应从全局观念考虑布置园区道路网，尽可能使道路网结构均衡，发挥整体效益。规划道路系统先根据主要交通流向确定主干路走向，再确定次干路走向，形成干道网，随后确定支路走向，最后形成道路网。在干路规划时应重视支路，避免出现主干路过宽，支路过少，横向联系不畅的情况。

工业园区道路规划不同于城市道路和一般的城镇道路，它具有自身的特殊性。城市道路不同于居住区道路，居住区道路也不像城市道路那样四通八达，畅通无阻，而只是居住空间的一部分。工业园区的道路兼有城市道路和居住区道路的共同特点，交通环境不仅关系到工业园区的使用功能，而且与它的产业特点、功能密切相关。因此，要结合社会、心理、环境等因素，分析工业园区的出行规律和交通方式，做好道路的规划设计。

4.1　工业园区道路的规划原则和交通特征分析

4.1.1　工业园区道路交通规划原则

工业园区道路系统的规划不能盲目进行，规划应遵循如下原则：

（一）合理规划道路网布局

道路是工业园区交通的基本载体，路网规划需要适应工业园区的发展，并有利于主干路交通机动化发展，构建层次清晰、功能明确的路网体系。路网布局是指道路节点、线路的空间地理分布。优化路网布局使之贯穿于规划编制的全过程，具有重要意义。对于某一个区域的道路网，路网的结构布局是决定路网功能的关键因素之一。

各级道路间合理的比例关系应按主干路、次干路、支路逐级递增呈正金字塔结构。目前交通堵塞现象出现的重要原因之一在于规划不合理，对于工业园区规划主干道比例相对过大、支路比例不足等问题造成了干道交通难以迅速分流的问题。一旦支路过少，导致连通不畅，难以实现路网的整体效益。在做规划方案时，主干路的走向和纵坡要关注与次干路及支路的衔接，主干路及次干路应力求通畅，支路要做到“通而不畅”，减少断头路，限制车速，从而保证行人安全。在园区路网改造中，增加支路网的密度往往比大拆大建、拓宽干道容易收到事半功倍的效果，同时又可避免陷入“修路、堵塞、再修路、再堵塞”的怪圈。工业园区在小城镇范围内的，应考虑与整个小城镇道路系统协调，并按照园区功能进行适当调整；工业园区在小城镇外的，则应考虑工业园区入口道路与小城镇道路衔接的顺畅、安全等问题。

（二）应保证路面排水通畅

道路纵断面设计要考虑诸多因素，如地形、地理现状、水文地质等情况，使道路两侧建筑与路网协调的同时能保证路面排水通畅。两条道路相交，主要道路的纵坡宜保持不变，次要道路的纵坡服从主要道路。在做干路系统竖向设计时，干路的纵断面设计应配合排水系统的走向，使之通畅地排向江、河、湖、海。由于排水管是重力流，管道也要具有排水纵坡，因此道路纵坡的设计应与排水设计密切配合。道路纵坡过大或过小都将增加工程投资且不利于道路排水：纵坡过大排水管道就需要增加跌水井，而纵坡过小又需要在一定路段上为排水管道设置泵站。

（三）道路网布局应做到因地制宜

配合园区地形地貌，道路网布局可采取不同的组织方式。为了有效利用土地资源，装置区地块外形应尽量避免三角形，最好设置为矩形。这样，可使园区的道路系统由两组互相垂直的平行道路组成方格网。考虑道路两侧建筑的采光问题，则道路应成正南正北布局，可以为道路两侧的建筑创造良好的日照条件。但考虑交通安全的问题，道路网又应该避免正南正北布置，因为在东西向的道路上行车时日光耀眼，极易发生交通事故。所以，园区的道路网布置时最好由东向北偏转一定的角度，同时还应考虑建筑物的通风问题。

随着经济的持续发展，交通运输日益增长，机动车噪声和尾气污染日趋严重。要在工业园区采用先进的物流管理系统，对大宗液体物料采用管道运输，并使用清洁能源的交通工具，减轻交通污染对园区环境的影响。

（四）道路系统规划应坚持以人为本

考虑园区的交通环境容量，对道路等级、交通规模等进行等级划分，有利于园区交通的高效运转。园区路网的选线布置不仅要满足基本的行车要求，而且要结合地形、地质、水文等条件，考虑工厂的出入联系要求。道路网的规划和设计应尽可能平而直，尽可能减少土石方工程量，并为行车、工业厂房布置、排水、路基稳定创造良好条件。园区位于河网地区时，道路宜平行或垂直于河道布置；地形高差较大的园区，宜设置人、车分开的两套道路系统，道路网的密度宜大于平原地区。园区位于低山丘陵地区时，主干路走向宜与等高线接近于平行布置，避免垂直切割等高线，并视地面自然坡度大小对道路横断面组合做出经济、合理的安排。当主、次干路布置与地形有矛盾时，次干路及其他支路都应服从主干路线形平顺的要求。通常情况下，当地面自然坡度达到 6%～10%时，可使主干路与地形等高线交成一个不大的角度，使与主干路交叉的其他道路不至于纵坡过大；当地面自然坡度达 12%以上时，采用“之”字形的线形布置，曲线半径不宜小于 13～20m，且缓和曲线不宜小于 20～25m。为避免行人在“之”字形支路上盘旋行走，一般在垂直等高线的位置修建人行踏步。

4.1.2　交通特征分析

工业园区道路系统规划以园区用地布局为基础，并且以园区道路交通流量、流向为依据。只有在充分调查研究的基础上，充分了解园区人口结构、交通流量以及人、车流动轨迹，才更可能科学、合理地制定道路规划，使园区道路系统具有良好的交通功能。

（一）工业园区人口结构分析

工业园区的人口组成结构与一般城市人口组成结构有较大差异。一般城市人口是以本地户籍常住人口为主，包括各个年龄段、从事各种职业的从业人员，也包括退休人员、上学人员等。

工业园区人口主要由居住在园区的在岗职工、单身职工、因工作暂住在工业园区的职工、第三产业服务人员组成。从职业特征分析，从事生产、运输等劳动强度大的职业的比例很大，出行次数相对较少，出行目的比较单一，出行一般为上班，或是满足基本生活的需要。

一般来说，在工业园区就业与居住的职员，主要由科研、管理、服务和直接从事生产的技术工人等人员所构成，其中也包括国外的投资者，外资独资企业、合资企业和股份制企业的高级职员等。

（二）工业园区交通方式结构分析

工业园区的交通方式结构一方面受出行者个人属性的影响，如出行目的、经济状况等，另一方面又受各种交通方式的服务水平的影响，如交通规划、交通政策等。工业园区交通方式分为步行、自行车出行、摩托车出行和汽车出行。园区内人流量较小，集中在上下班时为流量高峰，人、车流量较大，且园区与外部的横向联系较多，如交流拜访、业务洽谈、参观学习等。因此，小轿车、面包车较多，大部分又停留在园区中心，这就要求合理组织并设置较多的停车场地和设施。

外来人员在工业园内居住，其出行的范围主要在工业园区内，距离较短，通常选择步行或自行车，若要离开工业园区的出行通常选择公交车或自行车。城市道路就大有不同，其主要的交通方式为公共交通。

根据流动人口出行 OD 调查等资料，统计出工业园区中各种交通方式出行所占的比例，以及各种交通方式承担运量的总比例，据此即可对交通方式结构是否合理进行分析。

（三）工业园区产业结构分析

工业园区一般是一些独特产业的聚居地，如中关村以计算机及软件开发进行产业定位。国内对工业园区按照产业类别分为：高新技术园区、传统产业特色园区和综合性园区（如经济技术开发区、生态工业园区）。由于工业园区内部的产业结构不同，各种不同工业园区对道路的要求也不相同，主要体现在道路宽度、绿化等方面。

园区内各产业的布置形式在很大程度上影响工业园区的空间布局。各个工业企业有大量的劳动需要，相应会产生客货运量，对整个园区的主要交通的流向、流量起着决定性作用。新工业的布置和原有工业的调整，都会造成园区交通运输的调整。

（四）工业园区交通流特征分析

道路交通是为人流和货物流服务的。在人口结构组成以及货物组成上，工业园区与城市有明显的区别，因此交通方式也大有不同，所以在道路交通规划时应对工业园区与一般城市有所区别。

1. 交通构成特性

交通构成是指路网交通量中不同交通工具的比例。道路的交通构成反映出该道路的功能，对于某一特定的工业园区，不同的时间、空间，其路段上的交通构成通常是不一样的。

(1) 园区出入口道路交通量构成特性

园区出入口道路是园区与外部道路衔接过渡的路段，公交车、小客车、自行车比例一般高于园区内部道路。在上班早高峰时段和下班晚高峰时段，进出园区的交通量较大。

(2) 园区道路交通量构成特性

道路交通量的构成中一般包括自行车、摩托车、客车、货车、出租车、公交车等。工业园区道路由于等级和功能的差异，交通量的构成也有明显差异。不同于城市生活中的物流种类，工业园区的货物流由特定的工业园区发展定位性质决定，不同的工业园区的原材料、半成品、最终产品等货物流种类都是相对固定和单一的。

2. 运输物料的特点和性质

企业生产过程中所需要运送的物料特点不同、性质各异且数量一般较多。其状态有固体、液体，还有气体；有成件的，还有散状的；有超大尺寸的，还有超大重量的；有高温灼热的，还有易燃、易爆的等，这些不同状态的货物对道路技术标准有不同的要求。

3. 交通时间分布特征分析

工业园区的选址一般都在城市边缘地带或者郊区，通常情况下，员工离家较远，中午下班后会选择留在园区内，因此交通就呈现双峰型，即早、晚高峰。

4. 交通空间分布特征分析

交通量大小与时间空间有关，与园区所在地的社会经济发展速度、人们的文化生活水平、气候、物产等多方面因素也有密切关系，交通量会随空间位置而变化，称为空间分布特性，一般指同一时间或相似条件下，随地域、线路、方向、车道等的差别，相应交通量的变化。

(1) 路段上的分布

路网上各段路的等级、功能、所处的区位不同，在同一时间内，路网上各路段的交通量有显著不同，可以用路网交通量分布图来表示交通量在各路段上的分布，用不同宽度的线条来表示交通量大小，线条越宽，表示某路段交通量越大。从路网交通量分布图上可看出道路交通的主要走向和流量，判断交通量分布的疏密程度。广州主城区现状交通流量分布图如图 4-1 所示。

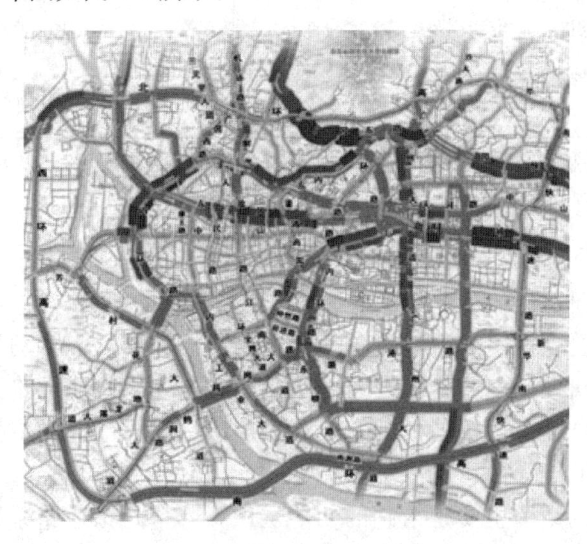

图 4-1　广州主城区现状交通流量分布

资料来源：http：//www.its114.com/html/news/

(2) 交通量的方向分布

一条道路往返两个方向的交通量，在很长的时间内，可能是平衡的，但在某一短期内（如一天中的某几个小时），两方向的交通量可能有显著差异，为了表示这种方向不平衡性，常用方向分布系数 K_D表示，如式（4-1）所示：

$$K_D=\frac{\text{主要行方向交通量}}{\text{向交通量}}\times 100\% \tag{4-1}$$

根据国外的数据，上下班路线 $K_D=70\%$，主要干道 $K_D=60\%$。园区出入口道路的高峰小时进出城交通量有明显不同，早高峰时，进入园区方向的交通量占 70%～80%，晚高峰则相反。

(3) 交通量在车道上的分布

在交通量不大的情况下，一般右侧车道的交通量较大，随着交通量的增大，靠近中心线的左侧车道上交通量比重也增大。

综合考虑上述因素，工业园区与城市道路交通的特征归纳见表 4-1。

表 4-1 工业园区与城市道路交通特征分析表

特征因素	工业园区	城市
人口结构	由居住在园区的在岗职工、单身职工、工作而不居住在园区的职工以及服务人员组成	以本地常住人口为主，包括不同年龄阶段、从事各种职业的从业人员，也包括退休人员、上学人员等
出行目的	出行次数相对较少、出行目的相对单一	出行目的较为复杂
出行方式	主要有步行、自行车、摩托车和汽车	以公共交通为主
用地要求	用地功能性质较为单一，工厂的建设一般要求用地面积较大，容积率和建筑密度较低	用地功能性质较为复杂，容积率和建筑密度都较高，用地地块一般划分较小
交通流特征	货物流种类相对固定、单一，行人交通呈双峰型	货流与人流量都较为复杂

资料来源：孙瑞．工业园区道路交通规划研究［D］．西安：西安建筑科技大学，2008。

5. 道路网布局结构分析

工业园区道路网与城市相比，行人量较少，车流量较多。由于工业企业大多在园区内，使货运量占总运量的比重明显高于其他运输方式的运量。

道路网布局会受到很多因素的影响，但道路网总体布局，特别是干道网布局应和道路交通，尤其是机动车交通分布大体一致，只有这样才会使道路网整体效益达到最佳。道路交通的 OD 分布可根据机动车出行调查等得出，以此为依据，通过分析道路网布局与道路交通 OD 分布是否一致，可以分析出道路网布局是否合理。

园区道路系统的结构主要是指它的功能层次，容量是指道路系统的承载能力。结构和容量之间往往有着密切的关系，在交通规划中应该予以考虑。在过去很长一段时间内，我们往往只注意空间容量，忽视功能结构。在路网规划中的指标如道路密度、用地率等都是反映空间容量尺度的，但在实践中，两个同样规模的路网，由于结构的不同，其容量也大不相同，可见系统功能层次结构对于系统容量的影响是很大的。

道路分级很重要，若道路等级的构成、各级道路的空间位置关系、各级道路与总体规划的关系不协调，就会使道路等级形同虚设。应科学划分工业园区道路等级，按主干路、次干路、支路的等级进行划分，不同等级的道路在交通方面各尽其职。也就是园区主干路主要用于长距离快速交通，满足“通”的需求，园区次干路用于机动车低速交通，园区支路用于各车间之间的道路慢速交通，满足“达”的需求。通过道路系统的有序连接，实现不同距离交通的分离，提高长距离交通的速度与效率；将慢速、短距离交通消化于不同等级的道路上，可以减轻主干道的交通压力。

路网级配是指各层次道路在整个路网中的比例。园区交通问题并不仅仅是路面宽度问题。园区道路网要想具有足够的容量，除了要有足够的道路长度和道路宽度外，在很大程度上还决定于形成园区道路网系统的主干路、次干路和支路之间合理的比例关系以及网络的连通性等条件。主干路、次干路与支路之间按照合理的比例及衔接关系组成一个协调道路网络时，便可发挥道路网的整体效益。反之，各个功能组成部分在数量上比例失调，衔接关系上层次混乱，即使道路面积总和并不少，也会影响路网整体容纳能力。经验表明，从主干路到支路，等级越低的道路其密度越高，其路网合理的级配结构应是“金字塔”形。

道路系统本身运转需要发挥其整体协同作用，这是路网系统客观要求并不依人的主观意志为转移。单纯强调路网空间尺度和容量，而忽视路网系统整体协同效应是工业园区道路交通规划的一个误区。

同时，道路网的连通性也很重要。为了保障交通流逐级有序地由低一级道路向高一级道路汇集，或从高一级道路向低一级道路疏散，应保证路网中各层次道路实行有序连接和交通的效率，确保每一层次的道路服务于更高层次的道路。即要保证同一层次的道路或相邻层次的道路可以相交，不同层次的道路应避免越级相交。地块之间的交通行为应通过服务性道路进入主干道，再经主干道，通过服务性道路到达目的地块。

4.2　工业园区道路系统规划

4.2.1　工业园区厂内道路类别

工业园区道路的多功能通过划分道路等级实现。结合城镇道路等级划分规范，工业园区道路可划分为主干路、次干路及支路三个等级。

（一）主干路

工业园区的主干路承担连接工业园区与城镇，以及工业园区内各功能复合单元的功能。主干路交通以车行为主，要求交通便捷、道路平直，交通组织应实现人车分流。主干路一般采取两块板、三块板的断面形式，以实现对向交通、机动车非机动车分流，保证行车速度和安全；当园区规模较小时，也可采用一块板形式，道路两侧划线设置非机动车道。如图 4-2 所示。

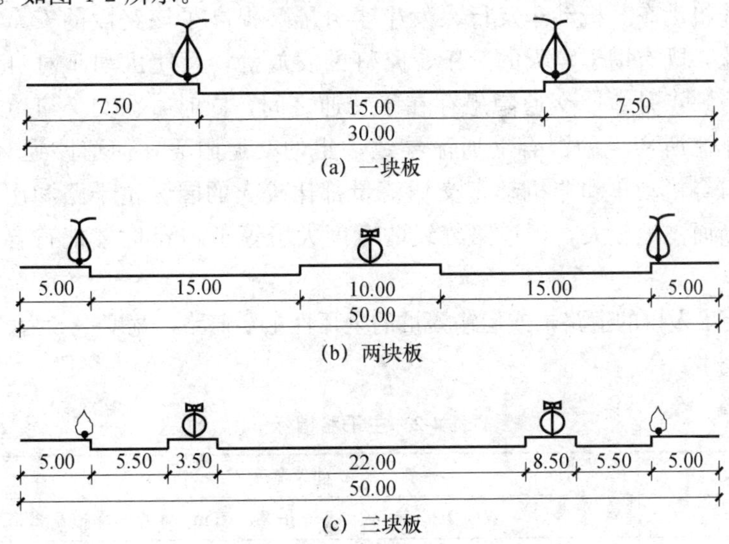

图 4-2　道路横断面形式示意图

资料来源：资料来源：孙瑞．工业园区道路交通规划研究［D］．西安：西安建筑科技大学，2008

（1）一块板道路

一块板道路，多种车辆在同一条车道上混合行驶。在交通组织上有两种方式：一种是在车行道上画出快、慢车行驶的分车线，机动车在中间行驶，非机动车在两侧行驶；另一种是不画分车线，有利于在不影响安全的条件下车道的灵活调整使用。

一块板道路优点是能适应“钟摆式”的交通流（即上班早高峰时某一方向交通量所占比例特别大，下班晚高峰时相反方向交通量所占比例特别大），并可以利用自行车和机动车的高峰时间在不同时间出现的状况，调节横断面的使用宽度，而且具有占地小、投资省、通过交叉口时间短、交叉口通行效率高的优点，是一种很好的横断面类型。其缺点是各种交通流混合在一起，不利于交通安全，尤其是在机动车、非机动车和行人这三种交通流中，人流是比较弱势的群体，且随意移动，造成交通事故的概率较大。所以只适合于交通量小的机动车道，非机动车比较少的支路、次干路以及用地缺乏、旧城改造的、拆迁有难度的园区道路上。

（2）两块板道路

两块板道路，用隔离墩或分隔带在行车道中心将车行道分成两部分，不同方向机动车分向行驶。两者再依据需求来明确是否有必要划分快、慢车道。两块板道路断面使用分隔带将不同方向行驶的车辆分离开，减少不同方向车辆的影响，加快了车的行驶速度，分隔带可以种植绿化、放置照明设备和埋敷管线等。两块板道路横断面形式的优点是不同方向机动车流已分离，相对安全；缺点是相同方向非机动车和机动车中间没有分离，有相对的交通隐患。所以这种形式针对机动车交通量比较大，并且非机动车流量比较小的园区主要道路和次要道路。

（3）三块板道路

三块板道路中间为双向行驶的机动车道，两侧布置分隔带使机动车与非机动车分离，非机动车行车道和人行道的内部是分隔带。三块板道路横断面形式的优点是：使相同方向非机动车、机动车及行人发生了分隔，提高了该路段的安全性，在分隔带上种植绿化，既有助于夏天的遮阳、路灯的安放等，又使机动车对自行车及行人的干扰降低。缺点是：使交通隐患存在于交通之间，同时，在交叉口范围由机动车流和非机动车流所产生的混合交通流导致一定的交通阻碍，使道路通行能力降低。所以该类型符合机动车和非机动车交通流量都比较大的园区主干路和次干路。因为三块板道路断面占地较大，当道路红线的宽度大于等于 40m 时才能符合车道布置的标准。

厂区主要出入口的道路，或运输繁忙的全厂性主要道路，宽度一般为 7m 左右。主干路指标见表 4-2。

表 4-2　主干路指标

红线宽度	建议宽度 25～30m
车行道	双向 4 车道，大型车车道宽 3.75m，小型车车道宽 3.5m
人行道	建议宽度 3～5m，工业区推荐下限，配套生活区推荐上限
道路退绿	不大于 20m

（二）次干路

次干路是功能复合单元内部主要道路，补充了园区主干路。次干路分担主干路交通的车流并且链接功能复合单元内的所有功能用地，以车行的交通方式为主，使人流和车流分开。次干路通常采用一块板的断面形式，一般采用划线设置非机动车道的方法保证安全，人行道宽度设计依据人流量的大小调整。连接厂区次要出入口，或厂内车间、仓库、码头等之间运输繁忙的次干路宽度为 4.5～6m。

园区次干路指标见表 4-3。

表 4-3　次干路指标

红线宽度	建议宽度 12～20m，工业区推荐下限，配套生活区推荐上限
车行道	双向 2 车道，大型车车道宽 3.75m，小型车车道宽 3.5m
人行道	人行道：建议宽度 2～4m
道路退绿	不大于 10m

（三）支路

支路是功能复合单元内各功能用地的内部道路，是实现用地内部联系的道路系统。工业用地内支路的规划设计必须包含企业间的关系和运输的需求，交通主要是车行，通常采用一块板的断面形式，设计人行道来实现人车的分流；配套服务用地和居住用地内人流量较大，支路设计时应实现交通的通达、安全、便利，通常以人车合流的形式组织交通。支路指标见表 4-4。

表 4-4　支路指标

红线宽度	建议宽度 10～15m，工业区推荐下限，配套生活区推荐上限
车行道	双向 2 车道，大型车车道宽 3.75m，小型车车道宽 3.5m
人行道	人行道：建议宽度 1.5～3m
道路退绿	不大于 5m

注意：道路尽头设置回车场。

工业园区道路的等级设计应该满足等级确切、功能正确。园区的道路等级设计必须合理规划，满足正金字塔的分配；主干路及次干路应当通畅，支路要做到“通而不畅”，降低断头路，控制车速，来确保行人安全。

4.2.2　道路网结构及间距设计

（一）道路网结构

工业园区的道路设计应该在符合工业园区交通安全、集约用地、市政管网敷设需求的条件下，合适地进行空间结构组织和道路选线的过程。正确的道路设计有利于促进工业园区用地、功能结构的合理配置、整体协调。

工业园区道路网的设计是符合工业园区的功能、交通需求、用地布局、园区地形地貌特点，使用的不一样的道路空间结构。各地、各类工业园区的发展形态、依托条件不一样，它的道路网的空间组织形态也呈现复杂性，一般为以下三种：

1. 方格网式

方格网式道路网一般在地形平坦、不受地形限制的工业园区中应用较为普遍，它拥有道路布局规整、路网结构明确、有助于工业用地规划、交通组织较多样等特点。采用方格网式道路网结构的工业园区，科学设计道路等级、明确路网间的距离，能够让园区交通有效高速地运转。一旦内部交通量大时，采取建设环线分离过境交通，减轻交通压力。设计时应着重关注园区内外交通的关联和分离、道路的不同等级、适当的道路间距与道路密度。

方格网式道路网设计的优点是道路规划整齐，有助于建筑物的规划；平行道路多，使交通合理，有助于灵活地进行交通安排；通过园区的功能分区，让主、次干路功能明确，干路的密度正确，通常间距以 700～1100m 合适，过分集中交叉口绝大多数在中心区容易导致环形交通；此类型的路网对角线方向的交通联系不紧密，加大了有些车辆的绕行；假如道路的距离小到 200m，就可以组织单项交通来提升通行能力；为了减少园区内部交通的压力，应安置环线让过境交通分离。但是路幅宽度小、密度较大的方格路网，已经无法满足现代交通的需求，所以采用组织单向交通等方法来减轻交通的拥挤。方格网式道路网如图 4-3 所示。

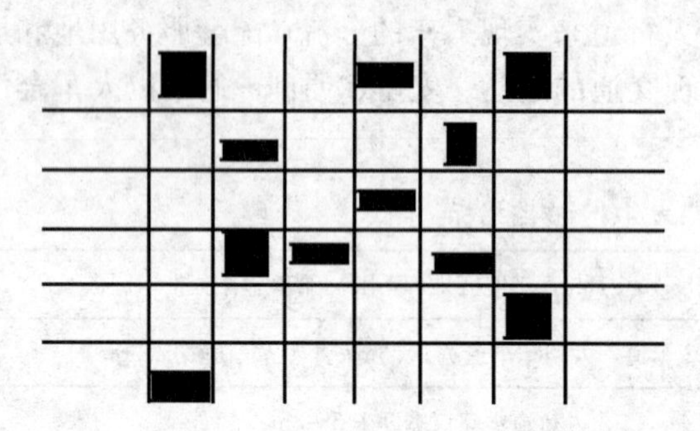

图 4-3　方格网式道路网

资料来源：孙瑞．工业园区道路交通规划研究［D］．西安：西安建筑科技大学，2008

http：//cpdkb. bjchp. gov. cn/tabid/5410/Default. aspx

2. 自由式

自由式道路网是因为地形上下变化较大，道路联系自然地形表现无规律状布置而形成。自由式道路网容易受自然地形的影响，可能会产生很多的不规则空间，使建设用地分散。自由式道路网规划工作主要结合地形的思想。对交通量大、车速高的干路，因为要求路面宽、纵坡小，沿等高线布置可实现工程小、技术指标好的线型。干路与干路之间的联系，可用纵坡较大的支线，或隧道以及高架桥等方式来解决。自由式道路网一般没有固定的格式、多变，假如综合考虑园区用地布局和景观等因素精心规划，不但可实现高效的道路运行系统，并且可形成灵活多样的景观效果。我国山区和丘陵的一些工业园区可采用这类形式，如重庆等城市的工业园区。自由式道路网如图 4-4 所示。

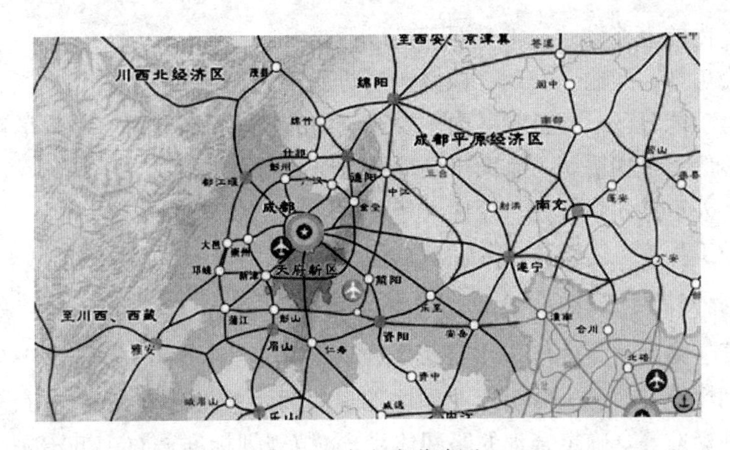

图 4-4　自由式道路网

资料来源：http：//cq. qq. com/a/20170220/017030. htm

3. 混合式

混合式道路网是依据工业园区的产业特点、地形条件、交通需求等，综合以上两种结构的道路网形式，即几种类型的道路网可以存在一个道路网中。混合式道路网能够实现扬长避短，让园区交通组织安全、高效。不同的道路网形态也是工业园区功能复合单元、产业组团划分的标志，形成复杂有趣的园区空间。在改建、扩建的工业园区内，因为规划思想、发展条件的不同，一般形成混合式的道路网形态。如图 4-5 所示。

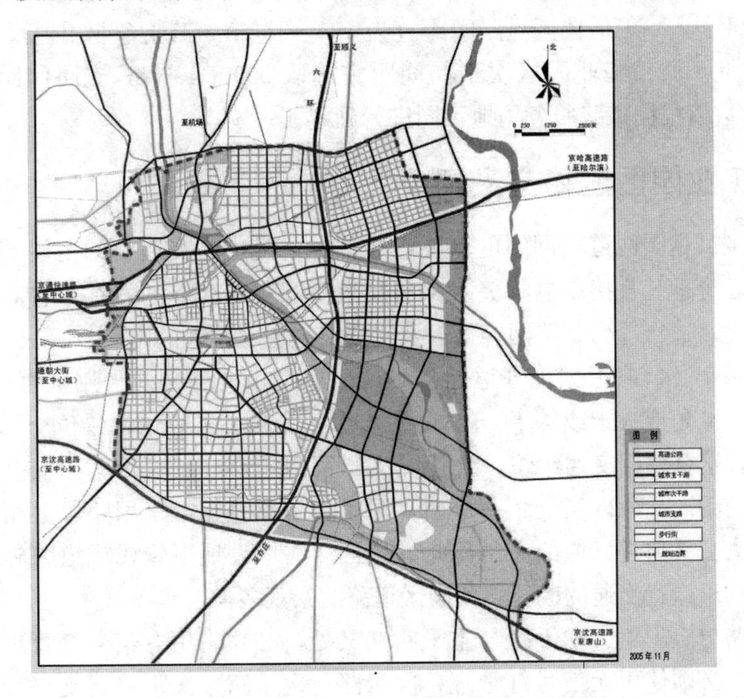

图 4-5　方格为主加局部自由式的混合式路网

http：//jlrbszb. cnjiwang. com/html/

工业园厂内的道路设计通常需要满足以下要求：

（1）符合生产、运输、安装、检修、消防及环境卫生的要求。

（2）设计功能分区，并且和区内主要建筑物的轴线平行或垂直，宜呈环形布置。

（3）和竖向布置相协调，有助于场地及道路的雨水排放。

（4）和厂外道路联系方便、短捷。

（5）建设工程施工道路和永久性道路相结合。

（二）道路网间距设计

工业园区道路网间距的确定主要影响园区的用地经济性、交通组织效率、居住生产活动的便利性等方面。小城镇工业园区的道路间距的设计宜参考城市道路交通设计规范、镇规划标准等，确定合理的路网体系。《镇规划标准》（GB 50188—2007）中规定，小城镇道路间距应符合表4-5。

表4-5　小城镇道路间距指标

道路级别	主干路	次干路	支路	巷路
道路间距（m）	≥500	250～500	120～300	60～150

小城镇工业园区通常只会有一条主干路，当较大规模园区有多条主干路时，主干路之间的距离最好大于500m，平坦地区通常为600～1000m合适；当园区被自然地形分离（河流、山体）需要设计多条主干路时，可合理减小主干路间距。小城镇工业园区次干路、支路之间的距离设计需要考虑工业企业用地尺度及生活居住便利的需求，为实现居住便利，一般居住区道路间距宜为100～150m，工业企业用地尺度最小为60～180m，因此小城镇工业园区次干路间距宜选取300～400m，支路间距宜为120～180m，具体数值根据道路服务用地不同进行确定。

4.2.3　工业园区道路交叉口设计

道路交叉口是园区道路网络的重要组成部分，是道路交通中的主要部位，道路交叉口设置是否合理，直接影响相关线路和整个路网交通功能的发挥，它对于园区道路的行程、车速、通行能力、路网容量以及交通安全有非常大的影响。

园区道路交叉口应根据规划道路网设置。道路相交时最好采用垂直相交的形式，必须斜交时交叉角应大于或等于45°，尽量增大斜交角；不宜采用错位交叉、多路交叉和畸形交叉，这样妨碍交通组织，且让交叉口用地畸形，减少行车的安全视距，影响了行人过街的距离。所以当交角很小时，可以将道路扭正，采用路段上用大的转折角的方法，加大交叉口进口道的夹角，此方法虽然在埋设地下管线或道路施工时加大难度，但可有利于道路交通的改善，使园区道路的景观多样。

在主干路与次干路、主干路与主干路交叉处，必须使用有信号灯管理；支路与支路交叉的地方必须使用无信号灯管理；次干路与次干路、次干路与支路交叉处，可视交通量大小采用有信号灯管理或无信号灯管理。

《城市道路交叉口规划设计规范》中有关工业区的条目有：

全无管制交叉口，适用于住宅区或工业区内部、相交道路地位相当、无安全隐患、高峰小时到达交叉口全部进口道的总交通量不超过800辆/h的支路与支路相交的交叉口。

平面交叉口的形式取决于道路系统的规划、交通量、交通性质和交通组织，以及交叉口用地及其周围建筑的情况。根据交叉口道路的条数，可分为三路交叉、四路交叉和多路交叉；按交叉的形式，还可分成十字交叉、T形交叉、环形交叉等类型。

环形交叉口是一种特殊的平面交叉口形式，在几条交叉口中央设置圆岛或圆弧状岛，使进入交叉口的车辆均以同一方向绕岛环行，可避免车辆直接交叉冲突和大角度碰撞，其优点是车辆可以安全连续行驶，无须管理设施，车辆平均延误时间短，可降低油耗，减少噪声和污染，利于环境保护。缺点是占地面积和绕行距离大，不利于混合交通，当交通量趋近饱和时易出现混乱状态。当交通量接近于环行交叉口通行能力时，车辆行驶的自由度会逐渐降低，一般只能以同一速度列队循序行进，如稍有意外，就会发生降速、拥挤甚至阻塞。因此，可在工业园区交通量较小的交叉口处设置环行交叉口，在交叉口中央设置圆岛进行绿化或设置园区标志性建筑。

4.3　园区货运交通设计

工业园区货运交通规划主要是为了降低货物的转运，避免迂回和重复的运输，降低没必要的货运周转量，加快运营速度，提高车辆的周转，加大运输能力，减少运输成本。所以在做工业园区道路交通规划时必须足够熟悉园区内产业的布局，也就是要知道产生货运的发货点和收货点在园区中的确切位置，还要了解其主要货物的流量和流向，并且依据这些信息来设计工业园区的货运交通系统。《城市道路交通规划设计规范》中规定，大型工业园区的货运道路要大于两条。

货运道路应依据货运交通流的规划、交通流量的方向，联系园区道路的总体布局进行设计。货运道路最好符合货运交通的要求，以及救灾、特殊运输和环境保护的要求。

货运线路的制定是依据园区现状货流图、规划的货流图以及往后园区内货流的趋势。有了园区货运线，就可以对所经过的道路在净空高度、线型、宽度、交叉口、路面质量标准等提出能满足重货物、大运量、超长高的货物运输，同时，可以对道路的现状提出补强措施和改建。

4.3.1　工业园区货运交通规划内容

园区土地利用规划、工业园区货运规划、环境规划三者联系密切。只有充分结合园区货运同园区土地、环境之间的相互影响，才能完全保障工业园区货运发展过程中在提高运输效率的同时，最大限度地减少对园区噪声、交通、空气等的影响，最终满足工业园区货运的可持续发展的要求。工业园区货运规划必须包含园区货运的土地利用规划、货运系统规划、货运交通环境规划三个方面的内容。

（一）工业园区货运土地利用规划

不同的土地利用模式导致货物运输需求不同，所以园区货运交通受土地利用规划的影响很大。如办公区、生产区、服务区等在园区中的合理布局会大量减少园区货运交通的生成。为了减少园区货运对园区环境的影响，可以通过合理的土地利用规划来实现。所以，园区货运长远规划的核心内容是制定科学合理的园区货运土地利用规划。

工业园区货运土地利用规划包括：

(1) 为园区货运系统提供用地。园区土地利用规划为未来工业园区的道路交通发展、车辆停放及装卸区规划用地，为已有的及规划的道路交通设施预留用地。

(2) 优化园区货运需求。通过土地利用规划，可以引导生产区集中，尽量靠近交通干线及货运枢纽，从而整合货运需求，减少货运交通流和运输距离；对预留货运基础设施用地的合理布局引导在园区边缘发展综合运输枢纽，减少进入园区的交通流、方便货物中转、优化园区配送系统货运交通。

(3) 改善园区货运交通的环境影响。通过土地分区规划减少货运交通对居住区、办公区等在交通、噪声、排放物方面的影响。

(二) 货运系统规划

园区货运规划的主体内容是工业园区货运系统规划，包括车辆运行线路、基础设施系统、交通管理系统规划及货运停车装卸等内容，主要是为了建立高效的园区货运系统，符合货运需求的同时，最大限度降低园区货运对环境的不利影响。

(三) 货运交通环境规划

货运交通环境规划考虑园区货运车辆运行时对自身及沿途周边地区所造成的空气污染、噪声、振动、交通安全以及园区内部货物配送在道路两边的装卸、停车活动对园区交通的影响问题。

4.3.2 货运网络规划

根据货运交通流（包括起讫点在城市内部及过境的交通流）的特性，结合园区道路的等级结构、通行能力，并考虑沿线建筑对噪声、废气等环保要求，通过对园区道路网络进行重新划分，为不同区域货流确定不同层次的货运网络。

货运网络规划一般分为以下几种情况：

(1) 引导过境车辆行驶，让园区过境车辆降低对园区交通流产生的影响，设计过境货运的线路。

(2) 为园区综合货运枢纽（航空站点、铁路、公路、港口码头、物流中心等）与园区对外交通干道间的有效衔接，设计对外货运线路。

(3) 为园区综合转运枢纽同园区配送中心间的车辆规划园区快速货运线路。

(4) 为园区到城市主要配送点、装卸点间的车辆规划园区配送货运线路。

(5) 为不同的货物类别（如特殊气味、危险品等），不同车辆的长度、质量、宽度，确定不同的行驶线路，规划卡车使用专用的或特定的线路。

4.3.3 货运装卸停车规划

引起园区交通拥挤及道路事故的主要原因通常是园区货运车辆在园区配送的频繁停车。国外城市货运规划的重要内容是货运停车规划问题。我国现有城市道路规划设计考虑货运车辆的停车及装卸作业较少，所以在工业园区内根据不同区域的货运停车要求，设计不同的设施供货运车辆停放与货物集、配时的装卸作业，如路边停车、路外停车及专业卡车停车设施等。

4.4　对外交通及交通设施设计

4.4.1　园区对外交通

园区的对外门户是园区对外交通，这是连通城市交通与园区交通的桥梁。园区对外交通规划设计必须符合园区对外交通的要求，使园区交通与城市交通有良好的连接。

园区对外交通分为出入境交通和过境交通。过境交通的基本原则是“近园”而不“进园”。依据工业园区位于城市中的位置，可以将它分为三类：位于城市边缘的工业园区、位于城市内部的工业园区、远离城市独立的工业园区。

位于城市内部的工业园区，在设计它的道路时，必须着重考虑园区边缘与城市道路的连接，在确保它满足通畅运行的前提下，对城市道路无干扰影响。在两种道路交界处，保证其断面形式顺利过渡。

位于城市边缘的工业园区，不仅需要考虑园区与过境交通的衔接，一般园区的主干路与过境公路直接相联。为了确保安全，园区各方向必须确保多于两个出入口，道路应实施较高标准，道路两侧不适合设置很多的出入口来保证交通畅通。而且，应该为园区今后的建设留有发展空间。

远离城市独立的工业园区，一方面要考虑过境交通和出入境交通对园区的影响，另一方面要注意建设 1～2 条与城市联系的通道。一定要符合园区对外交通发展的需求，满足园区的发展，确保园区与其周围城市的交通联系。

同时，工业园区对外交通规划还应考虑与其他运输方式如铁路、港口等的衔接。

4.4.2　工业园区道路交通设施规划

与城市相比，在人口方面工业园区的吸引力较弱，而且工业园区的机动车公共停车场若设置过多，建筑密度较低，会导致用地的浪费。应将停车场规划设置在人口相对集中的地方。园区各厂区解决内部机动车停放，不集中设置停车场。此外，还应正确选择道路交叉口形式，逐步完善交通标志、标线、信号灯控制、隔离等交通设施的建设，并且完善相关的交通法规，来保障整体交通系统的高效运行。

（一）公共停车场规划

工业园区道路交通的一个重要问题是车辆的停放。合理处理车辆停放，合理规划设计停车场，对减少园区交通事故、改善道路交通拥挤、提高道路通行能力等方面有很大的意义。

1. 停车场分布

公共停车场是为工业园区社会车辆和内部车辆提供服务的，应该依据其服务对象、性质来规划停车场的位置及分布选择。外来机动车公共停车场应该设计在园区的出入口道路附近位置；园区内公共停车场应该设置在办公区域附近，有利于人们的出行需求。城市公共停车场的服务半径要求小于200～300m，考虑到工业园区的车流量较城市小，所以其公共停车场数量可以根据实际情况确定。

2. 停车场规模与用地面积

公共停车场的建设规模应该考虑规模的经济性和交通需求。对有大量客、货流集散的对外交通出入口，应该按照它通常的高峰日单位时间内的集散量和各种交通工具的比例，确定停车位和相应的用地规模。

规划公共停车场的总面积，可按式（4-2）估算：

$$F=A\times n\times a \tag{4-2}$$

式中，F——园区停车场所需总面积；A——规划的汽车总数；n——使用停车场的汽车百分数；a——每辆汽车所占用的面积。

其中使用停车场的汽车百分数 n 的推荐值，在城市规划中，约为远景汽车总数的5%～8%，对于工业园区，可采用较大的百分数。

城市规划中对停车场用地（包括绿化、出入口通道以及某些附属管理设施的用地）估算时，每辆车的用地可采取如下指标：小汽车为30～50m^2时，大型车辆为70～100m^2，自行车为1.5～1.8 m^2。

我国城市道路交通规划设计规范规定，城市公共停车场的用地总面积按规划城市人口每人0.8～1.0m^2进行计算。其中，机动车停车场的用地为80%～90%，自行车停车场的用地为10%～20%。

（二）公共加油站规划

工业园区公共加油站的设计规模应该能符合交通发展的要求，达到方便合理的需求，组成一个完备的加油服务网。

通常地，城市公共加油站的服务半径宜为0.9～1.2km。应该尽最大可能布置在园区出入口道路等车辆经过或汇集较多的地方、大型公共停车场的附近。

加油站的设计一方面不应该对交通畅通产生影响和妨碍道路交通安全，另一方面又要方便加油。所以，公共加油站的出入口最好设置在次干路上，同时规划等候加油车辆的停车道。此外，要有较好的通视条件。为了保证环境质量和防火安全，加油站必须有非常好的绿化布置和通风条件。加油站的地下构筑比较复杂，不适合搬移，所以，站址的选择必须慎重，应该考虑园区改建和发展时有迁移的可能，并应符合现行国家标准《小型石油库及汽车加油站设计规范》的相关规定。

第5章　工业园区绿地景观系统规划

工业园区景观是指具有相对独立区域内的，拥有一定面积的，可视之并含工业企业的空间环境，它还是一种集游憩、审美形象、文化体验、整体生态环境为一体的多样化空间体系。其规划设计的核心要点是营造出园区与自然一体化的生态环境，打造出既形象又具体的景观审美表现，还能形成一种供游憩和现代文化体验的空间。

5.1　工业园区绿地景观理论概述

5.1.1　相关概念

(一) 景观的概念

景观来源于视觉美学的一个概念性统称，有着观赏性、艺术性的特点。最早在地理学上出现，主要指“风景”和“景色”。最早用以表达壮丽独特的自然景观的时期是前工业时代。随后，在工业革命阶段，在科学水平和材料使用的基础上，结合现代艺术风格的影响，“景观”一词拥有了新的内涵和意义，而人工景观渐渐成为人们日常生活必不可少的点缀，更成为一门集建筑、旅游、园林、艺术等专业知识为一体的学科。小区实景景观如图5-1所示。

图5-1　小区实景景观

资料来源：https：//www.toutiao.com/a6550390522475708931/

(二) 现代工业园区景观的概念

作为城市景观，现代工业园区汇集了城市景观的诸多特点，与居住区景观相比，现代工业园区的生产性质和企业的生产性质均不同，极具针对性和独特性。在建筑方面，现代工业园区多采用新材料、新结构、新技术，并具有合理的、符合效用的功能设计安排，以及独特、适用、精炼的艺术造型，为城市带来生气及新的面貌。另一方面，有关的现代工业园基础设备、设施、管道、植被、公共场所也是园区景观的重要组成部分。工业园区实景景观如图 5-2、图 5-3 所示。

图 5-2　山东泰宝集团工业园区景观

图 5-3　中国动力谷自主创新园内，绿草如茵

资料来源：http：//design. yuanlin. com/HTML/Opus/2015－2/Yuanlin_Design_9166. HTML

http：//www. zhuzhou. gov. cn/articles/628/2017－6/141605. html

工业园区绿地景观系统的规划，要把握以下景观的三个特点：

1. 生态防护性

作为生态防护、生态隔离措施而设置的园区绿地景观，其功能性明确，分为绿地、林带、绿篱等形式。基于工业企业依靠的大背景前提下，园区的景观环境为工业园区带来净化后的空气和水体等自然资源，同时起到了保持水土资源和生态防护等作用，而在生态防护上则是其最大、最根本的特点。图 5-4 为株洲云龙新城云龙大道生态防护带。

图 5-4　株洲云龙新城云龙大道生态防护带

资料来源：http：//www. zznews. gov. cn/news/2011/0912/article_40787. html

2. 工业审美性

在景观规划设计方面，有必要联系工业园区的功能、成本以及固有特色，让工业审美性通过自身的形象作用予以表达，伴随绿色低碳、新技术、新政策等因素介入，建设成果越趋优化，大众的审美、艺术修养的不断上升和丰富，使得审美性这一属性

特点越来越明显和重要。然而，工业美学和机械美学还是工业园区审美性的重点表达对象。相比小尺度的居住庭院和精致的布景，在工业园区的景观常常运用大尺度和规则的设计方式、方法，结合地景设计的原则，强调规整、有秩序的景观总体感受以及理性、高科技的景观氛围。如图 5-5、图 5-6 所示。

图 5-5　工业园区景观效果图

http：//www.nipic.com/show/13091028.html

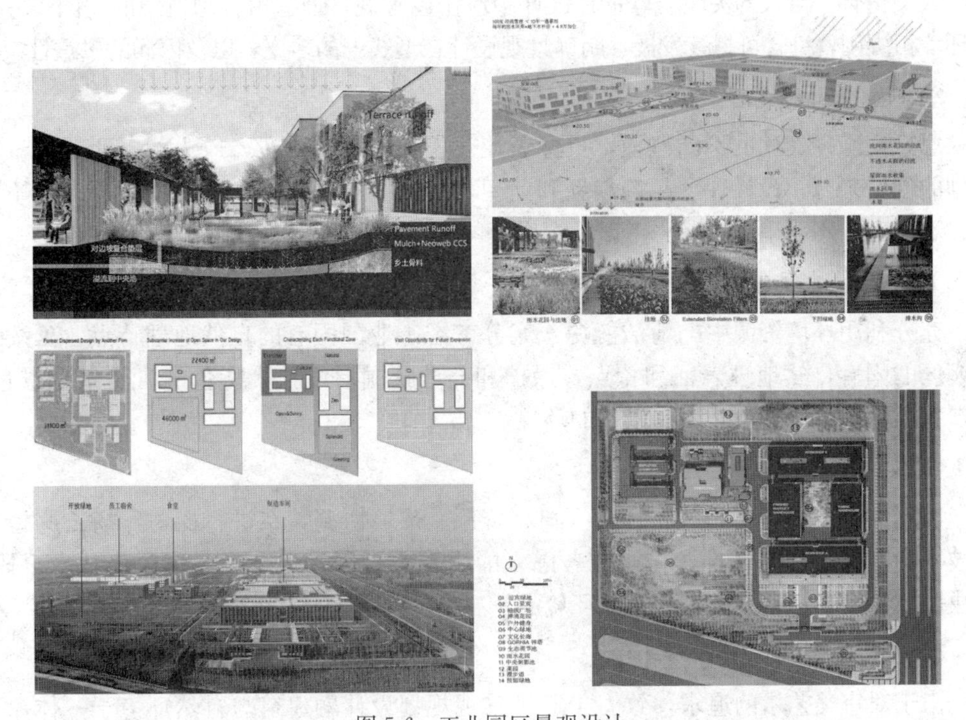

图 5-6　工业园区景观设计

资料来源：http：//www.landscape.cn/works/photo/industry/2017/0519/181519.html

3. 闲暇游憩性

不仅具有生态防护性和工业审美性作用特点，工业园区景观环境还给园区内部人员带来更好的休憩游玩体验，特别是给予了工作人员更为舒适的环境，更加人性化的设计。长沙国家级经济技术开发区生态公园如图 5-7 所示。

图 5-7 长沙国家级经济技术开发区生态公园

资料来源：http：//www.cetz.gov.cn/cxcy/cyfw/201708/t20170821_2006391.html

5.1.2 绿地景观规划的理念和设计原则

（一）规划理念

1. 人性化设计理念

人文情怀，对人的关注与尊重在设计中应予以体现，创造出合理适用的空间，并且与环境相协调，符合可持续发展，明确景观设计在形式上的多变，以及内涵的多重性。

2. 创新设计理念

思想交融，文化的不断碰撞，贯穿工业化发展的各个阶段，成为了工业园区景观规划的创新来源，设计理念越趋创新和前卫，突破固有的陈旧法则，带有更多的不稳定、不确定、不明确的设计思考以及多样化的创意想法。

3. 生态设计理念

充分利用环境资源中的清洁能源，充分考虑工业园固有的自然地理特点，延续工业园区的固有自然地理表征和特点，保护和充分挖掘形成独具特色的自然景观景色，营造符合保护生态和自然固有景色的环境。

4. 技术理念

以理性的技术作为指导，针对人口、资源、环境协调关系进行探讨，扬长避短发挥技术的优越性和基础性，在充分考虑人的生理心理因素之余，通过现代技术手段，解决园区景观环境存在的人与自然环境的矛盾。

5. 艺术理念

出于对审美艺术的追求，致力于通过景观规划设计融建筑与自然环境于一体，形成统一的整体空间。将时代特点和环境、建筑艺术予以表达和体现，构建别具一格的景观艺术效果。

（二）设计原则

1. 整体协调、有机的景观格局

从局部的建筑到整体的环境上，联系社会人类的需求，当今景观规划设计要求其更需要具有整体性和统一性，需要符合当今设计可持续发展的议题和要求。有必要在工业园区规划设计中贯彻落实可持续发展的基本方针和法则，致力于以经济发展为中心，社会、环境协调可持续发展，让园区在设计的每个阶段、过程始终围绕初始的目标和要求，在协调可持续的前提下不断深化、前进。

工业园区景观综合了多种要素，呈现出一种集多样化要素为一体的状态，并形成一种有一定的模式、秩序以及结构关系，通过抽象的审美形象和历史发展路径，触发人们心理的认同感和归属感。

2. 人工美与自然美有机结合

人工美可以在雕塑、桥梁、建筑、道路得以体现；而自然美可以从江、河、湖、海、花草、树木自然之景物观察到。论及自然美，其自然性，是一种集自然属性和社会属性为一体的特性，可视为是“人化”了的自然。再者，从此诞生出具有社会属性的人工美。工业园区景观是一种人工美与自然美联系和交融的表现，是一种有机的结合，依托固有的自然地理特征和区域文化脉络，经人工修饰造就出的一种城市设计景观效果。自然景观如水体、山石等，与人造的建筑、道路和谐依存，表现出更为丰富的美的含义和价值。

在观赏方面，无论是静态或是动态，常常相互联系，穿插关联。静态的观赏，多指人们在某一固定地，对某一景观要素的观赏；而动态观赏，更多的是指在步行、乘车中观赏。静态观赏更多的是慢慢地、细细地品味观赏的过程，而动态观赏常在瞬息转换过程中，表现为瞬间的心理感受和刺激。结合工业园区，在景观观赏方面常表现为静态与动态相互关联，协调作用的一种过程。

3. 人工环境与自然环境相和谐

对自然环境进行人为改造，修整后成为人工环境，而这种人为环境的改造必然会对本来的地理面貌和自然生态环境带来破坏。在考虑人类生存发展下，更需要考虑自然环境这个大前提，拥有保护生态、维护自然环境的意识，明确人与自然相互依存、良性共生、共同协调发展的原则。始终牢记自然环境是人类文明发展不可或缺的要素，经济的发展始终要依靠环境，脱离和破坏现有的自然环境资源必然会对人类发展带来巨大的障碍。

工业发展建设伴随的自然破坏常常贯穿工业园区发展的全过程，但它有利有弊，绝不是单一的对立关系。运用合理有效的园区设计、规划布局，可在基于生产要求、经济效益下，做到景观设计与工业建筑协调统一，让生态环境与生产发展有机联系。在这个过程中，因地制宜、资源效用最大化就显得尤为重要，也是取得环境与经济效益统一的关键和必要考虑。

4. 历史环境与未来环境相和谐

在一定的规模面积下，工业园区常以分期建设进行项目的规划建设，为此，有必要拟定建设近、远期建设目标和规划要求，已达到建设的阶段目标，确保整体建设有序进行和可控。在近期目标，一期工程建设工程任务上，多为园区主体建筑的建立，如职工宿舍、车间、仓库等。待完成一期工程，紧接着需展开环境景观的建设，而景观的设计规划上，需率先考虑与建筑主题的整体关联和统一，风格一致，衬托彼此。同时还需要结合建筑生产功能与景观的布局，做到适用、合用、有效利用，符合实际使用需求。

在景观的规划上，考虑近期与远期的视觉效果、心理感受，对各景观要素进行明确的组织和安排。如：不同季节的阶段性视觉效果，不同天气状况下的发展态势和生长趋势，考虑植被的生长远近时期呈现的特点特色，表达园区的历史特点和现代艺术性，以具象表达抽象的寓意。在遵循树种生长规律的前提下，结合园区的地理地貌特征，选择合乎景观要求的树种，让工业园区的历史特点和独特性得到最大程度的体现。

5.1.3 绿地景观规划的布置方法

工业园区绿地景观规划，在大体上应遵循以下要求：

(1) 整体规划、全面考虑，有组织、有条理地布局和安排进行。

(2) 绿地的设置应尽可能减少或消除有害物（如气体、烟尘等）对环境的破坏，增加设置园区的绿化，营造良好的绿色环保的生态环境。

(3) 选取合适的树种，因地制宜，符合生长规律。在初期苗木选择上，更多关注土质、地形、污染状况，并且尽可能采用经济树种进行种植。

(4) 合理的景观规划设计，安全的、有效的生产安排。确保地表绿化植被不对地下预埋的管线、设施、设备的正常使用和维护造成不利影响，也不对建筑生产和内部人员活动的必要资源和生存条件产生妨碍。

5.1.4 绿地景观规划策略

在工业园区绿化布置中，遵循由“点”到“线”再到“面”，层层递进的原则。以“面”状绿化为核心，以“线”状绿化为廊道，以“点”状绿化为细胞，构成完整的绿地景观网络，提升工业园区的整体生态环境和景观品质。

(一)“点”状绿化

“点”状绿化主要是指工业园区规模相对较小、分布位置较广、与生产生活联系较密切的公共绿化。如管理区绿地、工业组团中车间及仓库周边绿化等。此类绿地是局部空间绿化的主要形式，要考虑其可达性、分布均衡性，从而达到空间质量的均好性。如图 5-8 所示。

图 5-8 组团点状绿化

资料来源：http://news.sina.com.cn/c/2009－04－08/104715434668s.shtml

1. 管理区绿化

管理区一般区位良好，对空间质量要求较高，绿化条件较好。重点建筑附近绿地通常采用整体统一的规则布局形式，多以雕塑、花坛、亭榭配合；针对非重点建筑，依地形、地貌特征运用自然式布局，常以树丛、草坪、低矮植被等予以搭配。

2. 车间及仓库周围的绿化

工业园区绿化最具功能意义的重点区域，进行设计时应充分考虑植物对污染的净化作用和对噪声、辐射等的防护作用，根据车间产品和生产流程、周边环境污染的实际情况，有针对性地选择植被和树种：

（1）选择有吸附粉尘和优良抗毒气的树种进行栽种。

（2）产生废液废渣对土壤有污染的，树种应可抵抗及改善污染状况。

（3）对容易产生震动、噪声、电磁、辐射物理层面影响的，尽量选取隔声、防护优良的树种。

（4）在废气排放较多的化工车间，不宜采用和设置茂密的成片树林，应以低矮的植被和树种为主，以实现气体的快速交换，利于有毒气体的扩散和通风，降低有毒气体的滞留。

（5）对于有较高的防火要求的车间、仓库附近，优先选择含不可燃、难燃且含水量丰富的树种。

（6）在车间周围种植成片树木时还要考虑车间的采光情况，不能造成严重的遮挡。

（二）"线"状绿化

在工业园区内，沿主要道路、高压走廊、水系等设置的、呈现为线状形式或布局的公共、防护绿地称为"线"状绿化，同时作为绿地廊道供工业园区使用。在主干路旁，行道植被以行列式布局居多，形成林荫小道；在相对宽阔的主干路上，可采用分车绿化隔离带，起到对行车安全的一重保障，也实现了道路干路绿地率的提升，形成园区中的景观大道。工业园区的一般道路、人行道可顺应季节、建筑样式、周边环境栽种适宜的灌木、乔木等植被；同时起到降低噪声、吸收粉尘、净化空气等作用。并以灵活设置草坪、植草砖等与人行道建设结合，形成工业园区不同层次的网络状线形绿化空间。如图5-9所示。

图5-9　连接点状绿化成带的工业园区城市公园

资料来源：http：//news. sina. com. cn/c/2009－04－08/104715434668s. shtml

（三）"面"状绿化

"面"状绿化是指工业园区中规模较大的集中绿地。面积一般都较大，使用对象主要是在园区内工作生活的员工与居民。工业园区小游园可展示工业园区形象，同时还是供内部人员游憩、娱乐的活动场所。如图5-10、图5-11所示。

1. 掌握自然现状为前提，做到因地制宜，合理栽种。相对小的游园则更需要巧妙地借用原有基地，利用原有的地形变化、山体水体、景观植被，从而营造工业园区的特色和标志性景观。

2. 将工业园区的生活服务区与游园路线、规划统一考虑，贴合实际用户和需求，提供适当的休闲、体育设施（如桌椅等休息设施，球桌等体育活动场地），使小游园具有良好的可达性与实用性，充分发挥其生态效益和实际使用功能。

3. 工业园区小游园可适当设置观赏价值较高的园林植物，或设置具有特色的景观雕塑小品、展示设施等，增强小游园的文化、教育功能。

图 5-10　株洲金山新城配套规划建设的日月湖公园效果图

资料来源：http：//www.zhuzhouwang.com/2017/0411/345041.shtml

图 5-11　云龙新城已开工建设的磐龙湖公园

资料来源：http：//bbs.rednet.cn

5.2　景观空间类型

生态工业园区景观空间是城市空间不可缺少的一部分，生态工业园区同样具有城市景观空间所具有的空间体特征。因此，对于生态工业园区景观空间的分析，我们可以参照城市空间理论体系对其进行研究。美国著名学者凯文·林奇通过大量的研究总结归纳出城市意象的五要素，这五要素延伸到生态工业园区的景观空间设计中就构成了生态工业园区五大空间类型（图 5-12）。

（1）道路空间

生态工业园区道路是园区生产者和游览者遵循的路线，如生产运输路线、运输铁路线和游园步道等，对于进入园区的人来说，生产者和游览者正是在使用道路的同时观察和欣赏不同的园区景观，园区不同的景观空间分布也是依据道路网络进行分布构成，因此，道路是了解整个生态工业园区景观的骨架。道路空间示意图如图 5-13 所示。

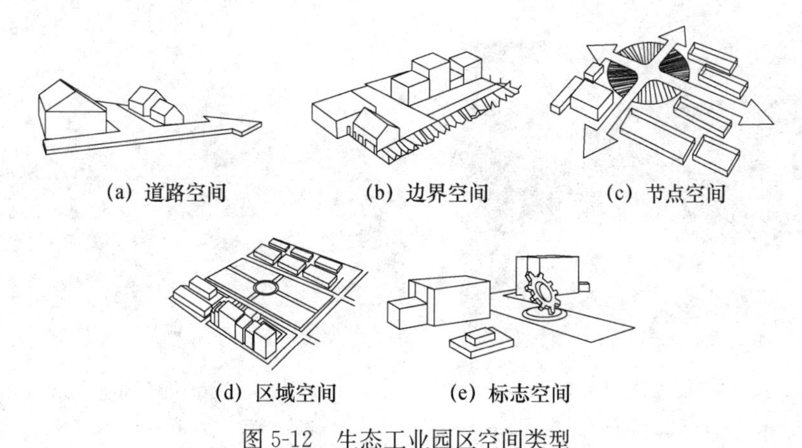

图 5-12　生态工业园区空间类型

资料来源：张光学．生态工业园区景观空间设计研究［D］．大连：大连工业大学，2013

图 5-13　道路空间示意图

资料来源：http：//roll. sohu. com/20140624/n401274522. shtml

http：//ms. newssc. org/system/20160817/001993777. html

（2）边界空间

生态工业园区的边界是利用线性手法把园区同外界分割出来的界线，对于生态工业园区来说，边界的作用至关重要，它是园区景观形象的体现。园区边界的形式多种多样，传统的边界形式有围墙、栅栏等，可以将园区与周边环境区分开来；也可以利用草坪和绿篱植物进行连接，把园区与环境相互关联，衔接在一起，并巧妙地将园区内部进行功能分区，理性划分，使得整体工业园环境协调统一。

（3）节点空间

节点是在生态工业园区景观空间中，人们能够从此进入的有景可观的焦点，是在园区生产运输和步行途中的视觉焦点。这些节点形式可能是道路连接点，运输或游览线路中的休憩地，也可能是两条道路的交叉点、人流枢纽集散点，大多都是出于生产和生活上的某些功能而必然产生的，比如入口广场、交通广场等。园区中的重要节点往往成为一个区域的核心，由此衔接整个区域景观，这些节点成为所在区域的标志象征，从而成为区域的视觉中心。如图 5-14、图 5-15、图 5-16 所示。

图 5-14 住宅节点空间示意图

资料来源：http：//news. km. fang. com/open/28338425. html

图 5-15 城市交通广场全景鸟瞰图

资料来源：http：//tech. hexun. com/2013－03－27/152517139. html

图 5-16 入口广场效果图

资料来源：http：//hb. qq. com/a/20180427/025906. htm

（4）区域空间

区域是构成生态工业园区景观空间的重要元素之一，对于生态工业园区整体景观的认识离不开对于局部空间的认识。我们将生态工业园区景观空间设计作为独立个体进行分析，其中复杂的结构呈现出明显的区域特征，在不同尺度和层次上构成局部环境形象。区域对于生态工业园区来说是一个相对较大的空间范畴，包含了诸如标志、节点、边界、道路等空间要素。可以说，生态工业园区是利用区域组织景观空间的。如图 5-17 所示。

图 5-17 区域空间示意图

资料来源：http：//news. zh51home. com/artical/208745. html

http：//sh. qihoo. com/pc/95d618580fd598f5b？sign＝360 _ e39369d1

（5）标志空间

标志景观是生态工业园区点状的视觉形象，人们对于生态工业园区的印象，并不只限于身临其间。园区标志物通常是一个园区的象征，特色的园区雕塑、极具创意的园区建筑、引人入胜的景观小品等，甚至是景观座椅、树池坐凳这些景观细部设计，能够给人们留下深刻的视觉印象，就可成为园区的特色地标。如图 5-18 所示。

图 5-18　烟台 CBD 标志建筑创业大厦与南宁高新区火炬大厦

资料来源：http：//www. ytcutv. com/html/twnews/rd/2017－10－24/786315. html

http：//news. sina. com. cn/o/2003－10－10/0629888970s. shtml

五种空间类型，在生态工业示范园区景观环境空间设计运用中是相互依存、共同联系的，各种空间类型合理组合搭配。道路、边界、区域、节点、标志构成了生态工业园区的景观空间，通过这种分类更好地理解生态工业园区的不同空间形态，更清晰地对其进行分析研究。通过对生态工业园区景观空间分类能更好地了解不同要素的特性，更能分析促成这些特性的各种因素，从而营造出更为美观的园区环境。

5. 3　道路景观空间详细设计

5. 3. 1　整体设计原则

工业园区景观空间设计始终以保护生态环境为前提，园区景观建设高度重视对生态环境的保护。工业园区景观设计将彻底改变传统工业园区脏乱差的景观环境，营造高质量的绿色生态环境。工业园区景观在完善功能和塑造视觉美感的基础上，更应该注重对于生态环境保护以及城市地域文化的展现，为园区职工塑造优美工作环境的同时，更应满足他们的精神文化需求。工业园区的道路景观空间设计要遵循功能优先、保障生态、突出特色三项基本原则。

（1）生产功能优先原则

由于工业用地的特殊性以及运输量大等原因，园区周边大都设有高速路、铁路等，围绕园区的道路系统会比较复杂，工业园区内部道路也根据产业区域的不同，而对景观空间设计的要求也不尽相同。基于此，在工业园区景观空间设计中，必须依据道路的使用特点来进行空间塑造。工业园区的道路交通主要以运输货物为主，因此在园区的道路景观空间设计中着重于动态流动性景观效果，重点塑造缓解视觉疲劳的道路景观。园区道路景观空间设计，要依据不同道路功能来决定景观空间的设计手法。

（2）构建生态景观原则

道路景观空间设计塑造是在为工业园区建设一条绿色通道，这条绿色通道对员工的行走、货物运输、能源消耗发挥了积极保护作用。道路景观空间设计，不仅可以融合道路周围的生态环境，而且良好的景观效果可以缓解驾驶疲劳，有利于行车安全，这样的绿色景观通道在生态学中可以起到隔离、阻隔过滤和效应连接的作用。

道路作为园区景观空间设计的骨骼框架，应把对生态自然环境的影响降到最小。道路景观空间设计应该依据生态学原理、不同道路的规格、绿地的面积、景观绿化的规定来满足它的生态效应。

（3）体现文化特色原则

工业园区不应该只是一个园区，更应该代表一种文化，更应该成为一个城市的标志。把园区的文化、企业的理念融入园区道路景观空间设计中，营造充满文化气息的道路景观环境，使员工在富有文化底蕴的景观环境中获得美好的精神享受。

园区道路是重要的人流活动场所，充满文化特色的道路景观、富有地域特点的建筑造型、特色风格的标识指示系统，都可以提升道路景观的文化格调。园区道路景观空间设计在保证工业生产便捷性的基础上，更应该突出变化，融合城市文化特色、历史文化底蕴，营建形式多样的文化类景观空间。

提倡人文思想，鼓励人性化设计。生态工业园区道路景观空间设计中，倡导充满人文思想的人性化设计。道路景观空间设计中，特别是生产区道路周边也应该设置休憩空间，提供配套的便利设施，充分体现对员工的关爱。

5.3.2 道路景观空间组织方式

道路在园区景观空间设计中不仅具有引导人流、组织交通的基本实用功能，同时也是联系融合工业园区各景观要素的重要手段。因此，园区道路的设计不仅要重视使用功能，并且应该对道路组织形式、铺装材质以及融合的背景植物等景观功能予以重视。道路景观空间设计的合理化程度，将对园区景观空间效果造成极大的影响。

工业园区道路是组织车流人流、组织生产运输的重要渠道。传统的工业园区道路组织一直围绕园区生产运输的便捷性、消防安全要求展开的。现行的传统工业园区道路景观空间相对单调呆板，对园区道路没有进行系统的组织设计，缺乏必要的道路景观空间设计。由于工业园区的用地性质和道路特殊的功能需求，园区道路组织一般采用方格网的布局形式，这样的布局形式可以充分满足工业生产便捷性要求，促进生产效率。

从景观空间设计方面考虑，严谨的道路组织方式导致园区景观趋于单调、缺乏变化。现行工业园区对道路景观空间设计提出了更高的要求，园区要完善道路系统的组织规划，依据不同区域内企业厂区的性质和功能，以便捷性为前提统筹安排园区道路系统。

主干路的设计应该遵循简洁方便的原则，路距尽量短捷，能够满足人流车流快速进入和通过。主干路一般为货运通道，噪声灰尘污染严重，道路布置应该避开安静的商务办公区和生活区。主干路景观空间设计以开敞式景观为主，景观效果保持规整统一以减少对行车的视觉干扰，确保交通安全。

次干路和支路往往是连接生态工业园各景观区域或节点的主要道路。次干路和支路的景观空间设计要力图景观效果的丰富变化，打破园区单调的景观空间形式，充分满足人们对于环境的娱乐休憩需求。依据园区的自然地形条件，结合地形坡度设计组织道路空间，引导人流方向。

游园步道多数是在园区环境景观中组织设计的游览小径。这种游览小径按照景观空间形式灵活设计，可以是草坪里的条石步道，也可以是林荫小道，整体上的尺度需要体现人文关怀，既有亲近感，又不失自然风光的纯朴性。如图 5-19、图 5-20 所示。

图 5-19　长株高速公路株洲北连接线（迎宾大道）绿化提质改造效果图

资料来源：http：//www.chinahighway.com/news/2016/1036304.php

图 5-20　株洲云龙大道打造“十里画廊”旅游景观带及“绿荫行动”提质改造效果图

资料来源：http：//www.zznews.gov.cn/news/2017/0112/241845.shtml；
http：//www.zznews.gov.cn/news/2017/0112/241845.shtml

5.3.3　道路景观空间塑造方法

（一）利用组织分隔的手法，营造多层次景观空间

工业园区道路景观空间设计要在满足生产运输和园区安全的基础之上突出景观效果。生产货物的集结运输、员工上下班的人流运动方向，使园区道路呈现一种周而复始的功能秩序，要淡化这种单一的程序化的道路功能，就必须充分利用道路景观节奏

变化来重塑道路景观空间。因此，生态工业园区道路景观设计在满足引导车流、人流的基本功能的同时，景观空间设计需要按照员工的心理需求和行动特点，利用组织分隔的手法，巧妙利用空间元素，造就独树一帜、别具一格的景观空间。如图 5-21 所示。

图 5-21　湖南省长沙县榔梨工业园道路景观设计

资料来源：http：//gc. zbj. com/20150825/n10819. shtml

工业园区景观空间的组织分隔手法是通过分段布景、景点突出、地形阻隔等手段打破道路景观的单调呆板。首先，通过景物分隔或建筑布置将整体道路景观空间划分成几个景观区段，使景观空间层次分明；其次，景观区段设置特色突出的景点效果，可以是特色鲜明的工业设施、充满文化底蕴的景观小品、造型独特的植物绿化等，也可以适当布置坐凳、垃圾桶、电话亭等人性化设施丰富景观空间的视觉效果；最后，利用原有基础地形形成的空间导向，并运用垂直纵向的阻挡效应，让景观空间变化丰富，具有导向性和遮蔽效果。

（二）趋“同”存“异”，打造流畅的动态景观空间

工业园区道路功能以生产运输为主，车流量大，人在园区道路空间中大多体验的是动态景观空间。道路空间距离较长，视觉景观空间布局应该具有连续性，同时为缓解视觉疲劳，要避免景观单调，所以在保证空间完整的基础上，利用不同形式的植物栽植、标志物以及边界的铺装材料增强景观的可辨性，还可以在道路的交叉口、变道弯路等地方设置特色景观，所有的景观变化都应该建立在连续流畅景观空间的基础之上，营造连续流畅的动态景观空间。完整合理的植物种植模式可以丰富道路景观空间，美化园区环境，实现园区与道路的完美融合。

（三）利用地形，丰富线形景观空间

工业园区道路景观本身具有格局僵化、景观单一的特点，我们可以利用地形起伏来阻隔和引导空间走向，以丰富线形景观空间。在道路空间设计中一马平川的地形，给人一种开阔的感觉，但对于景观空间塑造来说缺乏私密性和封闭感，通过地形的塑造，结合植物可以消除开敞暴露的视觉效果（图 5-22）。

道路景观空间设置不同高度的起伏地形还能起到阻挡和引导视线的作用。景观空间视觉方向始终是面向开阔场地，因此营造不同高度的起伏地形，景观空间视觉可以面向开阔的一方，使开阔一方的景观效果更加突出。利用地形产生遮挡的景观效果，诱导人们对遮挡部分的好奇促使人们继续游览。景观空间塑造时，利用视线引导，调动空间的动态方向，充分利用原有基础地形的自然起伏，创建具有导向性的视觉效果，形成诱导式的景观效果从而达到丰富线形景观空间的目的。

(a) 不平道路景观剖面

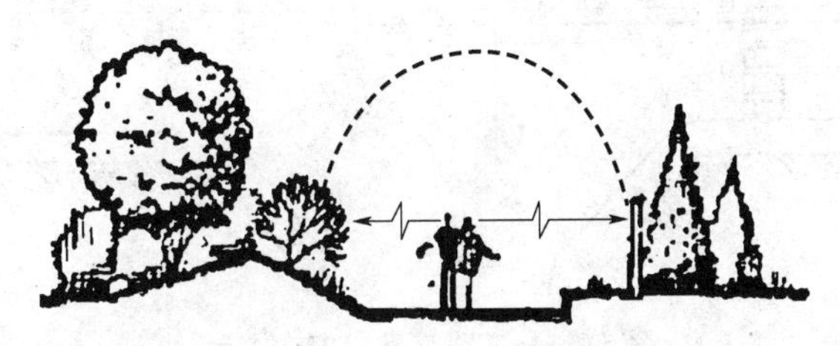

(b) 起伏地形道路景观剖面

图 5-22　地形设计在道路中的运用

资料来源：张光学．生态工业园区景观空间设计研究［D］．大连：大连工业大学，2013

5.3.4　道路景观空间植物设计

工业园区植物景观设计在满足美化功能的同时，也要考虑植物景观对园区功能的影响。所以在进行园区植物景观设计时要注意以下几点要求：

(一) 确保生产运输的安全畅通

工业园区道路景观植物栽植首先要确保工业生产运输的安全，利用植物在生态工业园区道路中作交通的分隔带的功能是景观设计中常见的手法。但是，植被的尺度偏差和错误，不仅会使生产运输困难，更有可能造成交通事故。如：在有转弯的交叉路口上栽种茂密的植被，会遮挡驾驶员的视线，以致产生交通隐患，极易发生交通事故。对于生态工业园区来说，道路大部分时间是以生产运输为主，为此，需确保植被不会遮挡驾驶员在安全行驶距离范围内的视线。因此，生态工业园区道路植物设计要保持交叉口的视觉畅通，10m 内禁止栽植乔木（图 5-23）。园区道路绿化要在基础设施建设完备的基础上进行，植物种植要充分考虑地下基础管线的布置，要按照规定距离进行种植设计，为方便解决今后生产安全与绿化树木的矛盾，树种可以选择易修剪的乡土树种。生产区的植物种植要充分考虑生产需求，植物设计不能影响生产车间的采光和通风。

(二) 生态防护为主，营建绿色通道

生态工业园区道路植物景观设计应该以生态防护为主，创造绿色生态的道路景观，生态工业园区道路植物设计首先应该体现净化环境的功能，吸收尘土、阻碍有害气体、遮阳降温、改变微观环境等，对于工业生产用地占绝对比例的生态工业园区来说，植物所固有的生态特性功能，是道路设计重要的一部分，也是其他材料所无法做到和取代的。如图 5-24 所示。

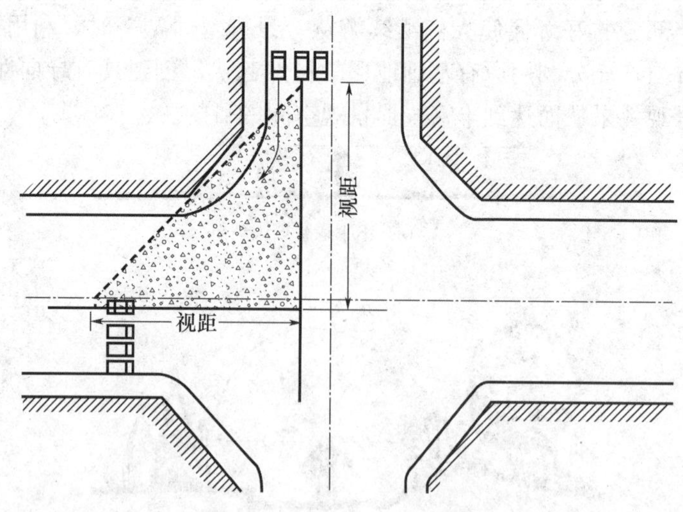

图 5-23　道路交叉口安全图示

资料来源：张光学．生态工业园区景观空间设计研究［D］．大连：大连工业大学，2013

图 5-24　重庆嘉华大桥隧道口立体绿化

资料来源：http：//www.cqla.cn/chinese/news/news _ view.asp？id＝28862

（三）丰富空间形式，多样景观效果

在生态工业园区道路景观空间设计中，植物景观设计是非常重要的一方面，道路景观环境设计要重视植物景观的设计，进行道路植物选择时，必须考虑景观空间形式和服务的对象，之后选择与空间相搭配的植物树种。常见的空间设计形式图5-25所示。

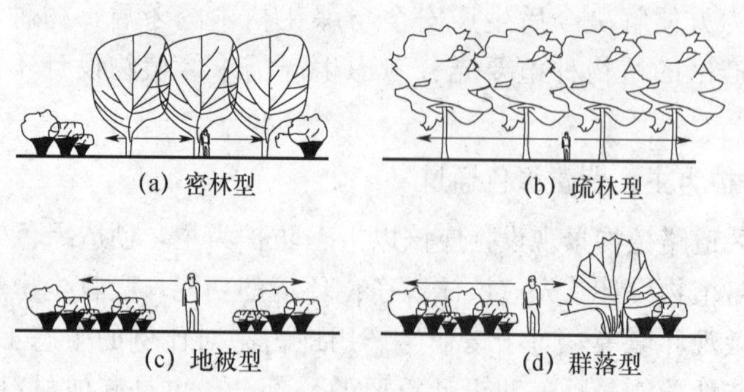

图 5-25　道路不同的空间类型

资料来源：张光学．生态工业园区景观空间设计研究［D］．大连：大连工业大学，2013

（1）密林型空间

此种类型的道路空间以高大的乔木为主，顶层空间树冠相连接覆盖，底层空间由亚乔木和灌木作为底衬，具有较强的私密性，且常用作园区行道空间上的防护林设置。

（2）疏林型空间

这种空间类型以乔木的疏散排列为主，树冠相接形成封闭的顶层空间，底部配以地被植物形成相对开放的空间。这类空间可以构成开敞的树下空间，可以供人们行走休憩。这类空间多用于园区道路两旁的人行空间（图 5-26）。

图 5-26　疏林草地

资料来源：http：//news. chengdu. cn/2016/1115/1832046 _ 2. shtml

（3）地被型空间

此类空间在道路两旁仅设置地被层，搭配低矮的灌木，这种空间类型开放性强，私密性差。这种空间多用于厂前区的模纹塑型（图 5-27）。

图 5-27　工厂景观鸟瞰图

资料来源：http：//finance. sina. com. cn/roll/20130626/171715926421. shtml

（4）群落型空间

这种道路空间类型以乔木、灌木的搭配形成群落空间，通过乔木、灌木的合理搭配，这种空间通常能保证空间的私密性。

在工业园区道路景观空间设计中，以上各种空间类型都不会是单独存在的，应该通过不同的景观手法，把这些不同类型的景观空间进行有效的组合运用，构成联系紧密的景观空间序列。打破生态工业园区道路景观单调呆板的布局形式，以组团群落型空间为主要设计特点，乔木、灌木合理地混合搭配进行立体植物设计，营造层次感丰富和多样化的道路景观效果（图 5-28）。

图 5-28　道路群落性空间植物设计效果图

资料来源：down6. zhulong. com

5.4　园区边界景观空间设计

5.4.1　边界景观的作用

（1）阻隔不良因素

工业园区周边多为城市快速干道或主要铁路干线，许多园区更是直接与城市快速干道相连，各种道路使用过程中所产生的各种有害气体以及货运车辆行驶过程中产生的尾气、噪声等，都对园区的工作人员产生了极为不利的影响。鉴于此，为了打造生态自然、环境优美的园区景观空间，要充分利用各种景观塑造手法，设计不同的隔离屏障以阻隔园区外的不良因素。

（2）美化园区环境

边界是工业园区整体形象的体现，凸显特色的边界景观设计可以为园区塑造独特的景观环境。边界景观限定了园区的用地范围，它除了有隔离不良因素、防止尾气污染、消减噪声等生态功能外，还为园区围合一个舒适的景观空间，也是园区与外界融合的媒介，是园区向城市开放的窗口。边界空间塑造要立足于园区的地域文脉、产业经营类型，要与自然生态环境相融合，从而形成一个自然完整的边界景观。

（3）衔接周边环境

边界效果理论特别指出，林地、海岸、广场、公园等景观空间的边界区域都是人们热衷停驻交流的区域，与之相反，开敞的海滩、辽阔的广场则很少有人停留，边界往往更能成为人们关注的焦点。边界景观在景观空间塑造中历来受到重视，关键是边界处在空间的边缘位置为观察各景观空间提供了良好条件。在工业园区景观空间设计中加强对边界景观空间的塑造，必定会使园区环境更具吸引力。

工业园区作为城市公共空间的一部分，它一定要和整个城市公共空间环境相融合，鉴于此，工业园区边界景观空间的设计，最重要的还是如何将工业园区的景观空间与其周边的景观环境相融合。因此，边界景观空间与城市环境的衔接过渡成为边界景观空间设计的重点。

5.4.2　硬质边界景观空间设计

（1）墙体围合和特色栅栏

墙体、栅栏的围合形成建筑垂直立面（图5-29）。这是边界景观空间设计中比较常用的一种隔离手法。这种边界处理方式可以明确表明所属空间的界线，可以有效地阻隔园区外的各种不良因素。在此，当设计墙体和栅栏时，在围合高度上要注意墙体顶部不可与人的视线平行，导致人们为了获取完整的景观信息而不停地上下移动视线，对人们观察园区景观造成视觉上的干扰。墙体、栅栏高度大于2m时，在阻隔不良因素、分隔景观空间、阻挡视线等方面具有良好的效果。

图5-29　墙体围合和特色栅栏

资料来源：https：//www.toutiao.com/a6490694746225246734/

http：//news.ifeng.com/a/20180326/57059362_0.shtml#p=2

（2）不同形式的铺装

工业园区景观空间设计中，特别是在园区的一些开放性边界，为了使园区与周边环境保持融合，往往使园区与周边环境的边界在景观立面上得以弱化，利用不同形式的铺装来区分不同的空间，使园区空间与周边的自然环境相互融合统一，使园区景观空间的开放性更强，视觉感受更加畅通（图5-30）。

（3）利用高差过渡空间

在空间的高低起伏、退台变化的边界轮廓上，加之景物衬托和空间环境呼应，高低变化丰富的台阶形成纵深连贯的视觉效果，可以形成多种围合过渡空间。它既是组织空间的边界，又可与空间平面形式巧妙地结合（图5-31），使景观空间变得和谐。

图 5-30　立面铺装效果图

资料来源：http：//news. ncnews. com. cn/ncxw/bwzg _ rd/201712/t20171212 _ 1120687. html

图 5-31　折线形台阶空间

资料来源：张光学．生态工业园区景观空间设计研究［D］．大连：大连工业大学，2013

5.4.3　植物边界景观空间设计

（1）绿色生态边界

生态工业园区的绿色边界通常是运用植物绿篱围合。绿篱植物边界是园区边界空间塑造较好的方式，不同边界景观空间的塑造，可应用不一样的绿篱予以表现（图 5-32）。

图 5-32　植物绿篱效果图

资料来源：https：//www. toutiao. com/i6504063390455972366/

https：//www. toutiao. com/i6516271119731786254/

（2）自然群落式边界

自然群落式的边界是依据植物自然组合生长的形态，通过人为的艺术处理手法达到的一种自然式栽种方式。这种群落式的布局形式，一般适用于建筑周边景观设计。

(3) 立体景观边界

工业园区的建筑墙体是园区外环境的实体部分，这些建筑墙体只要与外部环境相连，势必将形成工业园区景观空间的硬质立面边界。边界立体景观，由于建筑墙面与外界环境的关系，为此就要充分合理地打造立面边界景观，选择攀附能力较强的藤本植被，借用该类植物的特性对边界墙面进行装饰，塑造绿色生态的园区边界景观空间（图5-33）。

图5-33 建筑立面高攀藤本植物景观营造效果图

资料来源：http：//sh.qihoo.com/pc/989620a267e50994f? sign=360 _ e39369d1

https：//www.toutiao.com/a6535325269245297165/

5.4.4 生态工业园区节点景观空间设计

类似点状形式的景观空间表达就是工业园区节点。其节点是行人群众活动的中心，视线交流最密集的地方，也是园区规划轴线上亮点景观的有序排列和重点表达，以此吸引周边人群，成为视觉焦点，更突出作为节点的景观空间感。工业园区景观空间中存在许多重要的节点空间，这些景观节点往往是园区景观设计的中心和视线焦点。节点景观空间塑造，突出各个景观部分特色的同时，也把整个园区景观空间序列串联起来，更好地展现园区的整体景观效果。节点空间是在生态工业园区景观中最令人印象深刻、最能够聚焦视线和汇集人群的景观空间形式，工业园区主要包括的节点空间形式有广场景观空间和水景景观空间。

（一）广场景观空间设计

1. 广场景观空间设计原则

(1) 产业特色原则

工业园区景观空间设计应立足于园区的资源优势，在景观规划设计中，要结合当地工业基础，重点体现产业固有特色，加强工业特色景观空间的塑造。借用巧妙的设施、设备与交通体块，在垂直竖向突出广场，形成园区核心的产业精神。园区广场景观空间设计以产业特色为主导，体现园区别具一格的特点，带来更多的人文和生活气息。

(2) 地方特色原则

借文化背景、城市文脉来呈现城市的历史发展历程，是表达城市文化肌理的一种方式，也是决定城市进步发展的文化动力。工业园区景观承载蕴含着城市文化的精髓。因此，工业园区广场景观空间设计应该强调地方自然文化特色，适应当地的地形特点和气候特点等。尽量采用具有地方特色的建筑艺术形式和景观材料，体现地方景观特色，以适应当地气候条件。

(3) 兼顾效益原则

工业园区广场功能具有综合性。因此，园区广场景观空间设计不仅要求设计理念的创新，还应体现出绿色生态工业与社会、生态环境协调发展的特点。广场是园区中重要的空间形式和景观枢纽，广场是园区中最具公共特性、最能反映生态工业园区景观魅力的开放空间。因此，在进行园区广场景观空间设计中还应体现生态、园区产业、社会评价效益统一，并需视之为同等考虑地位。

2. 广场性质分类

(1) 入口广场

入口区不仅是生态工业园区景观空间的门户和视觉焦点，而且是员工进出和运输货物的集散之地，是整个园区景观形象的体现。因此，入口广场景观空间的设计是完善厂区景观空间序列设计的重点之一。

(2) 生产区休憩广场

此类休憩广场主要是在生产区内创造一种供员工在工作之余放松身心、休闲娱乐的景观空间，是整个园区景观空间中最能体现人文关怀的场所。因此，生产区广场景观空间的设计可以根据生产工艺、员工兴趣爱好的不同设计塑造别具特色的广场景观。

(3) 生活区休闲广场

生活区广场是生态工业园区景观空间的重要组成部分，对于园区职工来讲，广场是集休闲、交流、娱乐于一体的公共空间，还是影响居民生活的重要一环。生活区游园广场作为一种社会活动场所，也是其作为园区景观的公共、自由开放空间的存在。

3. 入口广场景观空间设计

(1) 平面型布局

这种布局是园区最常见的布局形式（图 5-34）。平面型广场布局与其他形式相比没有竖向地形变化，因此它可以根据广场面积和使用功能，以及员工的行为活动特点，设计成不同的空间形式。此类布局形式适合入口区广场布局，入口广场是生态工业园区与城市环境紧密联系的联动空间，所以，园区前面的广场空间布局模式应该运用平面型布局。

图 5-34　中马钦州产业园区海浪广场及行政综合大楼

资料来源：http://www.bbw.gov.cn/Article_Show.asp?ArticleID=57981

（2）空间围合形式

工业园区的入口广场空间多以三面围合形式居多。这种三面围合的形式，能达到较强的封闭空间效果，具有较强的空间感（图5-35）。这种空间围合形式领域感强，形成一种形象空间，带来更加独特的形式效果。在生态工业园区上，广场的景观空间表达多依靠柱廊、树木以及固有的地形高差组成和体现（图5-36）。

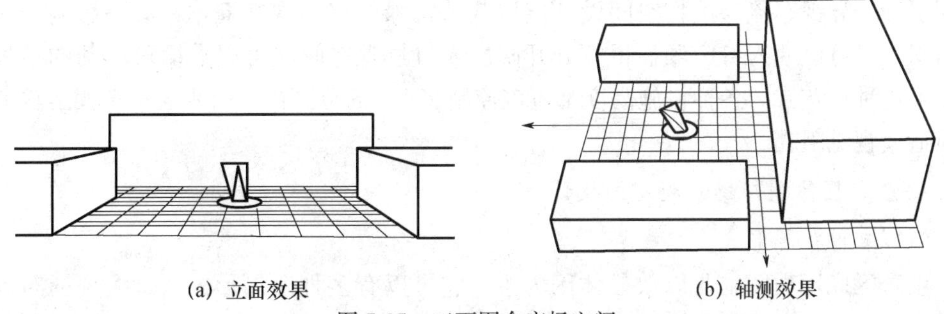

(a) 立面效果　　(b) 轴测效果

图5-35　三面围合广场空间

资料来源：张光学．生态工业园区景观空间设计研究［D］．大连：大连工业大学，2013

图5-36　三面围合徐州高铁站西广场

资料来源：http：//epaper.cnxz.com.cn/pcwb/html/2010－12/02/content_487935.htm

（3）硬质景观空间设计

园区入口空间主要是车流聚散的重要场所，这一空间塑造形式要充分体现生态园区的景观特点，避免整体布局形式的呆板单一。在广场景观的空间创造上，多以各式样的铺装为主、以植被绿化为辅，林荫树下空间布局模式，景观设计应充分体现园区文化、彰显园区特色。广场景观设施以及核心标志景观的位置都应该与广场景观设计相协调，广场景观空间设计要与园区整体建筑环境相融合，突出园区工业特色，形成一个美观大方的广场空间（图5-37）。

图5-37　苏州工业园区广场入口

资料来源：张光学．生态工业园区景观空间设计研究［D］．大连：大连工业大学，2013

园区入口广场硬质场地是人流集散的重要场所，材料首先应选取粗糙、防滑的耐磨面砖，适度考虑环保材料运用，除了一般的平面拼组、铺贴，还可以设置一些独具特色的铺装景观，可以有效地烘托生态工业园区的文化氛围，通过色彩的合理搭配融合在周围的环境中，这是构成良好广场景观空间环境的重要组成部分。

（4）植物景观空间设计

入口广场植物绿化形式应注意不得妨碍人流集散、车流的交通运输，园区入口空间两侧景观塑造充分考虑交通组织形式，入口空间中的主干路两侧可以运用植物进行交通引导，导视车流。植物空间设计应该栽植常绿的整形观赏灌木，既不影响交通功能组织，又可以使入口广场显得整齐开阔。入口景观空间内可以点缀可移动的植物栽植设施，种植花卉，各种设施高度都应该控制在1m的范围内，否则会给车辆运输的驾驶员造成视觉阻挡。

4. 生产区休憩广场景观空间设计

（1）多种布局形式

生产区广场功能主要以放松休闲为主，它可以有多种布局形式，最主要的布局形式有平面型和抬高型。平面型广场以规则布局为主，可以充分利用空间，这种类型比较常见。抬高型广场的竖向地形一般比周围高，因此，人们的视线会特别开阔，具有丰富的景观延展性，空间布局呈发射状。这种布局形式的广场不仅具有突出景观特点，随地表基地的抬高，让广场上的标志景物更为突出，使视觉效果集中和坐落在标志景物上。这种广场的布局形式适合生态工业园区内适应地形设计的生产区游园广场。

（2）空间围合形式

生产区休憩广场一般是以道路街头广场形式，空间围合形式主要是两面围合，平面形态一般呈现“L”形、“T”形等，带来更强的流动性空间表达（图 5-38）。广场的景观空间表达多依靠柱廊、树木以及固有的地形高差组成和体现（图 5-39）。

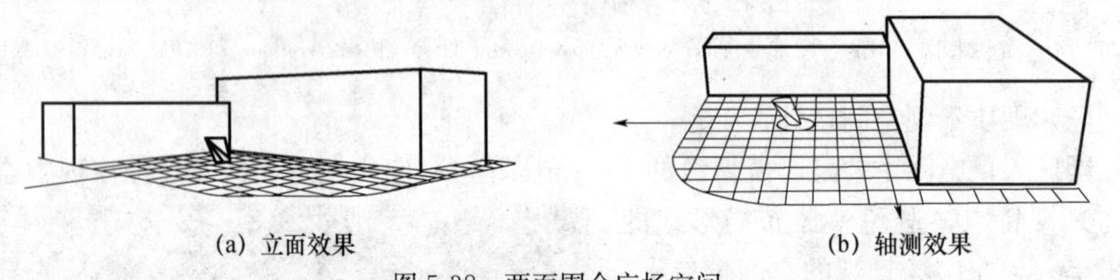

(a) 立面效果　　(b) 轴测效果

图 5-38　两面围合广场空间

资料来源：张光学．生态工业园区景观空间设计研究［D］．大连：大连工业大学，2013

图 5-39　休憩性广场效果图

资料来源：http：//www.dujiangyan.gov.cn/xwzx/gzdt/shxw/201801/t20180111_117623.html

5. 生活区休闲广场景观空间设计

(1) 布局形式多样

生活区的休闲广场主要塑造宁静优雅的环境景观空间，广场的布局形式也是多种多样的。除了最为常见的平面布局以外，下沉式布局也是应用比较多的广场形式，这种空间形式在生态园区居住景观空间中，更容易塑造一个环境优雅、围合有序、归属感强的广场景观空间（图5-40）。

图5-40　下沉式广场景观效果图

资料来源：http：//news.winshang.com/html/013/5589.html

http：//hb.qq.com/a/20171102/006468.htm

(2) 空间围合形式

生活区广场空间多以围合形式居多，而围合形式上又以三面或四面围合最为常见，围合后具有较强的空间感和导向性，更形成一种有内聚力的向心性（图5-41）。

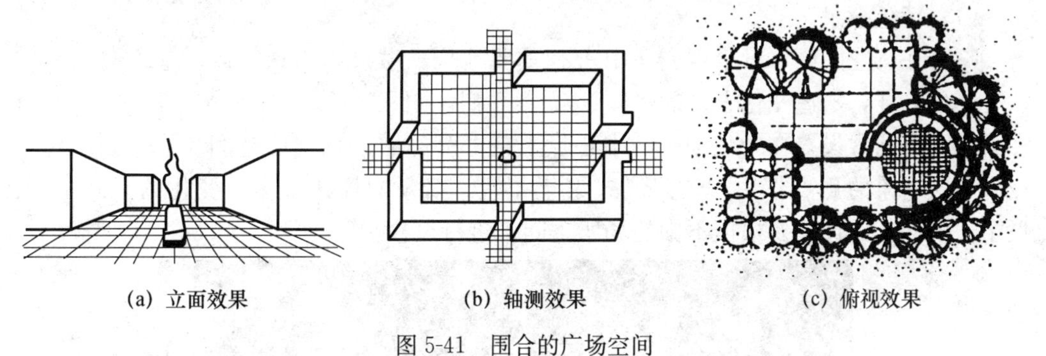

(a) 立面效果　(b) 轴测效果　(c) 俯视效果

图5-41　围合的广场空间

资料来源：张光学．生态工业园区景观空间设计研究［D］．大连：大连工业大学，2013

(二) 水景景观空间设计

水景景观在工业园区绿地景观空间中占有重要地位。它影响园区景观整体空间的布局形式，决定了园区节点的景观空间特征，也是给人印象深刻的节点景观。在工业园区的景观空间中，水景景观空间一般多采用以下几种设计类型：

1. 静态水景

生态工业园区静态水景空间包括中小型景观水面和静态水池两类。中小型景观水面可以分为园区主体水景和自然区域水景；静态水池可以分成旱喷式水景和规则水池两类。园区景观空间设计中具体适用于何种形式，一般根据水景所在位置和景观空间

图 5-42　苏州工业园区水景效果

设计类型来决定。景观空间设计中，我们可以利用静态水池中形成景观倒影来造景。这种方法不仅可以拓宽和整合景观空间，还可以使景观空间形式更加和谐完整（图 5-42）。

园区中主景水池深度可以设定在 60～80cm，这样可以充分保证水景景观空间效果，但这样的水深实际上存在着较大的安全隐患。园区绿地景观水池通常具有亲水功能，亲水水池的水深不得超过 35cm，水池内部装饰材料应该选择平滑、规整且防水效果好的材质，水池底部应该设有防滑措施。水池压顶应设计成可供员工驻足休憩的坐凳形式，壁顶离地面高度在 30～45cm 范围。从人与自然协调、适度的联系来看，一般选取的高度差为壁顶离水面 0.2m。

2. 动态水景

生态工业园区动态水景效果可以分为流水、跌水两种形式。园区动态流水景观是模仿自然式的带状水面，通常用来塑造流动性强、指向性明确和活泼生动的水景景观。突出曲折变化的水体形态，塑造高低起伏的水体高差变化，运用园林植物、景观山石的合理搭配，营造生态自然的景观空间，在生态工业园区景观中打造田野生态的动态水景，营造深远的景观意境（图 5-43）。

图 5-43　山石水景效果

（1）特色喷泉

喷泉在工业园区水景景观空间中占有重要地位。喷泉作为独特的动态水体，水体动态变化多样，塑造变化丰富的水体景观空间氛围（图 5-44）。工业园区景观空间设计中喷泉水景通常设置在景观轴线的中心点上或办公庭院广场向心空间焦点以及视觉焦点，突出水景的焦点作用，空间形式聚集布置。喷泉的样式很多，变化的形式多样。喷泉规模样式的选择要根据不同的场所空间来进行设置。

图 5-44　苏州工业园区：金鸡湖喷泉

资料来源：http：//tour.jschina.com.cn/lyzx/201802/t20180204_1395393.shtml

（2）水景景观空间作用

①基地景观作用。工业园区内宽阔的水面，让视野得以拓展，让水与景相互关系紧密。静态水面在整个景观空间中具有基面衬托的效果，自然植被与水体的相互映衬，深化了景色画面，扩大空间进深。

②景观纽带作用。园区水景可以将不同的节点景观空间串联起来，形成完整的景观空间体系。

③水景限定空间控制视线。用水景景观限定空间、区分空间，可以形成自然天成的感觉，可以控制人们的行为和视觉在一种比较亲切的氛围中，水面对于景观空间的划分只限制于平面上，因此，水景限定空间要比单纯地运用墙体、绿篱等手段更具景观效应。

④突出视觉焦点。动态形式的水景以及特色喷泉往往会成为景观空间的视觉焦点，最能吸引人们的视线。在景观空间设计中要充分考虑水景与周边环境的尺度关系，排布、定位准确。设计中以水景为核心的生态工业园区规划一般采用让水景坐落于轴线上，并成为视觉交流频繁和集中的区域，借以达到景观空间的延伸。

5.4.5　生态工业园区标志景观空间设计

在工业园区中为突出园区的景观特色，增强园区景观的可识别性，必须在整体景观空间中建立一套完整标志系统，例如突出园区整体特色的中心雕塑、展现不同生产工艺的园林小品和工业特色鲜明的景观座椅等。

代表工业园区整体形象的主题雕塑，不仅可以拓展美化景观空间，而且可以使园区文化得到升华，充分表达园区的主题，展现园区的整体形象，体现工业精神和时代审美需求。

主题雕塑设计应满足以下要求：

1. 与整体环境相协调

主题雕塑的设计布置必须融合于整体的景观空间环境中。在生态工业园区中根据不同的主题空间的设置需求，依据景观空间的尺度大小、地形特点、植物空间形式以及景观建筑的特点，确定雕塑的设计主题、构造形式、应用材质等，满足景观空间的整体设计要求。

2. 结合景观元素构成整体景观

园区雕塑不可能孤立存在于景观空间之中，雕塑的设置一定要注意与景观空间中其他元素的相互融合，从而完善标志景观空间。雕塑依托植物得以强化其表现力；水景作为雕塑的融合元素，以使雕塑变得更加充满生动趣味；灯光的配合，为雕塑带来更强的视觉冲击力（图5-45）。

图5-45　苏州新加坡工业园标志性雕塑

资料来源：https：//www.toutiao.com/a6452546936091181581/

第三部分

工业园区规划案例分析

第 6 章　高新技术产业园案例分析

高新技术产业开发区，是以智力密集和开放环境条件为依托，主要依靠国内的科技和经济实力，充分吸收和借鉴国外先进科技资源、资金和管理手段，通过实施高新技术产业的优惠政策和各项改革措施，把科技成果转化为现实生产力而建立起来的集中区域。

高科技园区在不同地区有不同的称谓，北美地区称之为“大学研究园区”，部分英语国家称之为“科学园”，日本称“科学城”，我国称之为高新技术产业开发区。20 世纪中叶美国的硅谷，是最早的高科技园区，凭借其独特的发展模式、旺盛的生命力和创新型的发展模式，受到世界各地的关注与学习。至今世界已有一千多个高科技园区。

美国硅谷、中国台湾新竹、印度班加罗尔、英国剑桥、法国索菲亚・安蒂波利斯、韩国大德、爱尔兰、以色列等八个园区被公认为世界一流高科技园区的代表。它们共同的特点就是发展迅速，拥有在全球处于领先地位的产业领域，关注技术创新和产业升级，同时建立了一套适合园区自身发展的模式（表 6-1）。

表 6-1　八个世界一流高科技园区发展模式

园区名称	经验模式
美国硅谷	全球最有“创造力”的地区，是现代风险投资的发源地，是世界上最大的风险投资中心，成为了硅谷成长的“发动机”。硅谷是跨国公司诞生的摇篮，创造出十余家世界性的跨国企业，如甲骨文、苹果电脑等年销售收入均超过或接近百亿美元。
中国台湾新竹	政策引导的电子信息制造产业，在全球电子信息制造业中，拥有全球 80%的电脑主板、全球 80%的图形芯片、全球 70%的笔记本电脑、全球 65%的微芯片、全球 95%的扫描仪。新竹是政府规划下建立的高科技园区，在政府的大力支持下，制定了产业、税收、资金等整套政策促进园区发展
印度班加罗尔	拥有蓝领优势的软件外包中心，抓住全球产业转移趋势，利用本土资源优势，集中发展软件外包这一新的产业业态，成为全球重要的软件外包中心。印度政府给予出口导向型软件公司五年的特别免税优惠，实施政府采购和促进消费政策，强制性的政府购置国产 IT 产品。为适应软件外包业务发展需求，培养了大量软件蓝领工人
英国剑桥地区	以大学催生的产业集群，是催生剑桥地区高新技术产业集群的源头，不断创造了大量的技术和企业，催生了以研发为主的产业。剑桥地区新高技术产业集群最早始于 1960 年，剑桥大学毕业生创立了第一家企业剑桥咨询公司，此后该公司又衍生出了一系列“技术提供者”，并最终形成目前的高新技术产业集群

续表

园区名称	经验模式
法国索菲亚·安蒂波利斯	政府主导驱动型产业基地，信息通信类产业占据重要地位，企业数占园区高新技术企业总数的80%，有三百多家著名IT公司的地区总部设在这里，聚集了五十多个国家的1.6万多名工程师，成为法国电子信息产业发展的基地。园区的设立来自于政府主导意志，并非市场自然形成；政府对园区发展给予资金、政策等方面的支持；政府官员及其他知名人士对园区进行推广和宣传
韩国大德	八所大学环绕的高端人才聚集地，以大德科研区为中心，包括大田第3、第4工业区，科学博览会公园，儒城地区，屯山新都市区等周边地区；生产半导体、汽车副件而兴起的忠清南道天安、牙山精密机械制造圈和以传统制造业为优势的忠清北道清原、清州产业圈，组成范围更大的大德谷，成为推动韩国经济增长的加速器。大德科技园区附近聚集着70个研究机构和八所著名大学，是韩国"人才源泉地"。韩国政府提供资金、人才政策、税收优惠政策、专业服务体系等整体配套措施，为园区发展提动重要支撑
爱尔兰	世界第一大软件出口国，20世纪90年代，软件产品中80%用于出口。软件出口额从1991年的20亿欧元上升到2004年的160亿欧元。早在2000年，爱尔兰就已超越了美国和印度成为软件出口第一大国。吸引了一批大型跨国公司进驻，成为IBM、INTER等公司欧盟总部所在地，全球十大软件公司有七个在爱尔兰办厂。外国软件企业占总数的16%，创造出的软件出口额占到93.7%
以色列	以出口为主的产业集群，全球通信设备的15%来自以色列，拥有5%的全球数据通信市场。以出口为发展的主要方向，销售收入主要来自国外市场，2004年以色列IT出口额134亿美元，出口比重高达80%以上。拥有的风险投资总量在世界上仅次于美国，2004年，以色列风险投资总额14.7亿美元，2002年～2004年累计36亿美元，现有登记的风险资本基金和投资公司101家，运营资金共354亿美元

6.1 美国硅谷

美国硅谷是世界上第一个高新技术产业区，也是当今世界上最具创新能力和活力的高科技园区。硅谷位于美国西海岸加利福尼亚州北部旧金山南郊，圣克拉拉县和圣胡安两城之间一条长48km、宽16km的狭长地带（图6-1）。20世纪50年代初，美国斯坦福大学建立了"斯坦福工业园区"，吸引了大批公司，如通用电器、柯达、旗舰、惠普、沃金斯·庄臣、IBM等入驻。硅谷最早是研究和生产以硅为基础的半导体芯片的地方，因此得名。

硅谷在当今世界的电子工业和计算机业领域处于领先地位，尽管美国和世界其他高新技术区都在不断发展壮大，但硅谷仍然在高科技技术创新和发展领域内具有不可撼动的地位，该地区的风险投资占全美风险投资总额的三分之一，择址硅谷的计算机公司如今已发展到约1500家。短短一个世纪，硅谷从一片葡萄园发展成为了一座繁华的市镇，培育了无数的科技富翁。

硅谷的主要区位特点是以附近一些具有雄厚科研力量的美国顶尖大学为依托，主要包括斯坦福大学（Stanford University）和加州大学伯克利分校（UC Berkeley），同时还包括加州大学其他的几所校区和圣塔克拉拉大学等。硅谷以高新技术的中小公司群为基础，同时也拥有谷歌、惠普、英特尔、苹果公司等大公司（图 6-2），依托斯坦福大学和加州大学伯克利分校等美国科技力量雄厚的顶尖大学，将科学、技术、生产融为一体。

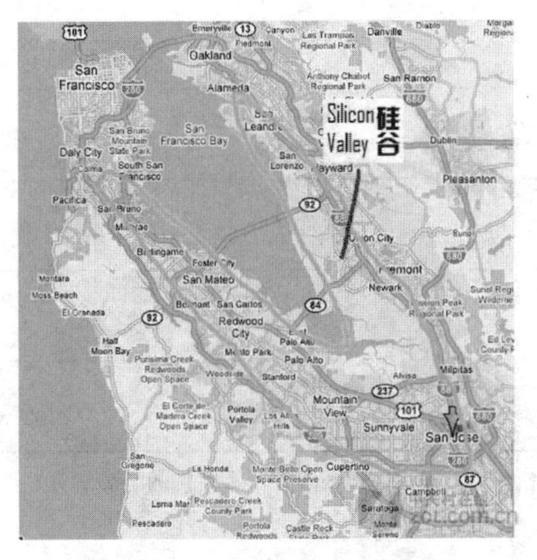

图 6-1　硅谷区位示意图

资料来源：http：//www. cnwnews. com/plus/view. php？ aid＝153568

图 6-2　硅谷标志

资料来源：https：//baike. so. com/doc/3333734－3510913. html

6. 1. 1　发展阶段

硅谷高科技园区从斯坦福工业园的建立起步，经历了以下六个不同的发展阶段，见表 6-2。

表 6-2 硅谷发展阶段

发展阶段	主要产业	代表企业
第一阶段：20 世纪 50 年代	国防工业、军事技术	Lockheed，HP，GTE
第二阶段：20 世纪 60 年代	半导体产业	Fairchild、Intel、AMD、National Semiconductor 等
第三阶段：20 世纪 70 年代	PC 及局域网络（LAN）产业	Apple、Sun、Microsystems、Silicon Graphics 等
第四阶段：20 世纪 80 年代	软件产业	Cisco
第五阶段：20 世纪 90 年代	因特网产业	3Com、Cisco、Netscape、Yahoo、eBay、Google 等
第六阶段：2000 年至今	移动通讯、生物科技与纳米科技、清洁技术等	Salesforce、Nanostellar 等

资料来源：产业园区规划思路及方法——基于国内外典型案例的经验研究

在硅谷发展历史上也有 5 个重要时期：

（1）早期无线电和军事技术的基础

旧金山湾区在很早就是美国海军的研发基地。1909 年，美国第一个固定节目时间的广播电台在圣何塞诞生。1933 年，森尼维尔空军基地（后来改名为墨菲飞机场）成为美国海军飞艇的基地。在基地周围开始出现一些为海军服务的技术公司。二战后，海军将西海岸的业务移往加州南部的圣迭戈，国家航天委员会（美国航天局 NASA 的前身）将墨菲飞机场的一部分用于航天方面的研究。为航天服务的公司开始出现，包括后来著名的洛克希德公司。

（2）斯坦福工业园

二战结束后，斯坦福大学为了给美国回流骤增的大学生提供就业机会，同时也为满足财务需求，采纳 Frederick Terman 的建议开辟了工业园，允许高新技术公司租用其土地作为办公用地。斯坦福毕业生创办的瓦里安公司，是 1930 年最早入驻的公司。Terman 同时为民用技术的初创企业提供风险资本。惠普公司是最成功的例子之一。在 1990 年代中期，柯达公司和通用电气公司也在工业园驻有研究机构，斯坦福工业园逐步成为技术中心。

（3）硅晶体管

1956 年，在斯坦福大学南边的山景城，晶体管的发明人威廉·肖克利创立了肖克利半导体实验室。1957 年，肖克利停止对硅晶体管的研究，以致八位公司的工程师出走并合伙成立了仙童半导体公司，称为“八叛逆”。其中“八叛逆”里的诺伊斯和摩尔后来创办了英特尔（Intel）公司。在仙童工作过的创业者中，斯波克成为国民半导体公司的 CEO，另一位桑德斯则创办了 AMD 公司。

（4）风险资本

1972 年，第一家风险资本在斯坦福的风沙路落户，风险资本极大促进了硅谷的成长。1980 年苹果公司的上市吸引了更多风险资本来到硅谷。Sand Hill 在硅谷成为风险资本的代名词。

（5）软件产业兴起

硅谷除了半导体工业发展迅猛，同时软件产业和互联网服务产业也很出众。施乐公司在OOP（面向对象的编程）、GUI（图形界面）、以太网和激光打印机等领域都有卓越的贡献。许多著名企业从施乐公司的研究中受益，例如苹果和微软先后将GUI用于各自的操作系统。

6.1.2　发展现状分析

作为创新创业的开拓区，虽然现阶段硅谷的发展速度放缓，但仍是世界上最具有生命力的经济区域，并且依然有很好的长远前景。要从历史的角度分析硅谷发展现状。从最新发布的《硅谷指数》报告可以看出，在2008年年底，由美国次贷危机，以及由此引起的金融危机对硅谷产生冲击和震荡，2008年12月份，硅谷地区就业岗位同比下降1.3%；4年来第四季度商业办公场所面积也出现第一次下降；2003年以来人均收入也出现首次下滑。从该报告可以看出，在硅谷的发展历史当中，高科技产业的发展从来就不是一帆风顺的，经济衰退等问题也多次在硅谷的发展中出现，硅谷也曾多次经历经济衰退的考验，如20世纪90年代美国精简国防工业、本世纪初互联网泡沫破碎等，几乎每个10年间，都会遇到一次危机，但每次硅谷都采取措施渡过危机。

经济学家约瑟夫·熊彼特总结了不平衡的经济发展过程：新技术引发创新，然而创新并不是按照时间均衡分布的，它有群集现象。企业家通过信贷投资新技术，如果这些创新投资成功，效仿者将跟进，经济就开始腾飞，呈现出一派繁荣景象。而后大量商品投放市场，物价暴跌，成本上升挤压利润率，导致经济收缩衰退。衰退是适应前一段繁荣时期群集创新的正常过程。

硅谷在本次繁荣—衰退周期中，其作为商业和技术的全球创造中心的地位得到进一步巩固，硅谷在孵化新企业、创造新产品和服务以及引进全新的商业模式方面具有很强的作用。硅谷的发展经历表明，硅谷最重要的竞争力就是它的创造性。

依据创新浪潮的生命周期特征，可以看出，硅谷的未来依然有可观的发展前景，信息和通讯技术、生物技术和信息技术的融合、纳米技术和微型机器的商业化三个部分依然是主要的发展方向。这三个部分已经有了先前的基础准备，未来发展主要着力于商品化和技术的新应用。在这些领域内，作为创新基地的硅谷，在现在或者将来都有不可比拟的优势。

6.1.3　发展现状的成因分析

（1）依托世界一流的富有创新创业精神的大学

硅谷有斯坦福大学、加州（伯克利）大学等四所大学和其他几十所专业院校为其提供智力和人才支撑，知识和技术的密集度居美国之首。这些高校着重于研究与开发新理论、新工艺、新结构，不仅积极与企业组成各种专业化的新型联合体，共同研究新技术、开发新产品，使得学校和企业共同受益，形成“双赢”局面；而且还为小企业提供重要的技术成果、高科技人才，并且帮助其培养和培训人才，以应付快速变化的技术环境（图6-3）。

教育资源丰富 与名校为邻

- 斯坦福大学
- 加州大学伯克利分校
- 旧金山大学
- 加州大学圣塔在拉拉分校
- 圣塔克拉拉大学
- 硅谷大学

图 6-3　硅谷所能依托的教育资源

（2）丰富的人力资源要素

人才是硅谷的核心竞争力。硅谷汇集来自世界各地的人才，有四十多位诺贝尔奖金获得者，上千名科学院和工程院院士，二十多万来自世界各地的优秀工程师，七千多名博士。美国积极吸纳高学历、高科技人才，为硅谷不断输入新的活力和血液，逐步形成世界人才、技术洼地。同时，游走于硅谷的企业家也在不断挖掘出色的科技成果，并将其运用于产品当中，投放市场，形成完整的科技投入与产出的产业链。

（3）独特的创业文化

在高新技术产业的特殊环境中，硅谷逐步形成了一种独具特色的地区文化，为硅谷企业注入强大的文化活力。硅谷文化激励员工从失败中吸取经验，不断在失败中尝试，以此激发员工的创新和探索热情，打造了硅谷的发展传奇；在严酷的市场竞争条件下，硅谷员工在不断提升自身能力的同时，尊重对手，不断从对手当中吸取成功经验与优秀品质；另外，硅谷文化十分注意团队意识的培养，依靠协同、合作和群体的力量，形成双向知识交流氛围；适度的人才跳槽不仅不会受到谴责，而且还会得到支持与鼓励，硅谷文化认为这将有益于技术扩散和有效培养经验丰富的企业家。

（4）庞大的风险资金支持和成熟的风险投资机制

硅谷内衍生新技术企业的能力之所以如此强大，关键是成功的风险投资为区域内创造了一个崭新的金融环境。探究硅谷风险投资成功的原因，其一，有敢冒风险的创业精神，容忍失败的创业环境，更重要的是集中了一批既懂业务又富经验的风险投资家；其二，成熟的高新技术股票和证券市场也是不可缺少的条件，著名的纳斯达克就是美国为风险投资所量身定做的证券交易市场；其三，有赖于成熟的风险投资机制，不仅为高科技企业提供资金支持，还帮助企业进行流动资金的融资运作，向企业推荐人才，帮助组织和改造企业的管理团队和治理结构，为企业的经营进行咨询服务和指导，这些可能比资金支持更有价值。

（5）灵活而富有弹性的组织结构

硅谷的工作组织结构灵活、可渗透、易流动。硅谷企业秉承适者生存的企业组织理念，没有固定的组织机构，而是根据不同的工作确定不同的工作组织机构，以迎接不同的挑战，这种模式相较于传统的工作组织机构来说，更加机动灵活，并且具有很高的效率。

(6) 完善的孵化功能和专业化服务体系

硅谷成功的重要因素也包括一系列有效的非技术性制度。硅谷在高科技产品市场化的一系列过程中，围绕各种各样的专业化服务企业，构成了硅谷的“孵化器区域”。硅谷数量庞大、门类齐全的服务型企业大致可以分为以下四类：金融服务类行业、中介服务类行业、商业服务类行业、生活服务类行业。在这种完善的行业分类下，硅谷人的新概念、新设计可以迅速投入商品化过程中而不需要自己研究商品化过程，服务型企业也可以在很短的时间内做出商品化的样机，并且提供全套的生产工艺、质量检测和成本核算资料，大大缩短了创新投入生产的时间。

(7) 恰当、有效的政府政策和法律体系

政府在硅谷的成功过程中发挥了很大的作用。政府通过制定恰当、有效的政策和法律来保证和推进硅谷的发展。这些政策和法律主要包括：建立知识产权保护和专利制度；制定法律允许大学、研究机构、非营利机构和小企业拥有利用联邦资助发明的知识产权，推进产学合作；随时根据产业发展和科学研究的需要不断修改移民法案，以吸引移植各类高科技人才；通过税收制度推进风险投资增长，激励企业创新；通过建立庞大的技术转让机构网络，使科研成果尽快进入市场等。比较而言，硅谷在扶持高科技产业的政策方面的优势更加明显，即加州的法律环境更为宽松。

6.1.4　空间布局

(1) 细胞式生长

随着硅谷产业的不断发展，吸引了大量人口居住，空间用地向外不断扩张，使由硅谷分散独立的小镇连接成城市群。例如硅谷的核心区，因为斯坦福大学的创办，强化了其作为帕罗奥图老城区核心的地位，为此地注入了新的商业活力，学校的教职工也在此安家。随着斯坦福科研园的设立，帕罗奥图的城市中心向南发展，与南面的山景城连成一片。

每个城市都有相对完整的结构与功能，核心区向外依次为商业服务业区、科研办公区、居住区以及产业区等功能片区，就像“细胞”,“细胞”之间由生态廊道相隔，生态廊道是城市用地增长的弹性化边界，主要交通干线以 TOD 模式将各“细胞”串联起来（图 6-4)。

(2) 圈层式布局

硅谷空间布局以旧金山湾为核心，逐层展开功能圈层。围绕旧金山湾的滨水地区为休闲游憩带，在此可以体验冲浪、帆船等各类水上运动以及高尔夫，是高端的商务休闲场所。休闲游憩带周边间断分布着科研产业区和企业总部，布局松散，规模不一，各自之间留有空白地块。产业研发区的外层则分布着居住用地，为本地居民和外来居民提供居住空间。居住用地外层为绿化用地，包含了数个国家公园，为硅谷打造了良好的自然生态环境，也为居民提供必要的户外活动场所。学校位于城市居住圈层和绿化圈层之间，既得益于城市优质的生活服务，又享受优美的自然风光，还为户外科考提供条件。

硅谷的各大生产服务商包括律师事务所、风投公司、会计事务所、企业孵化器、

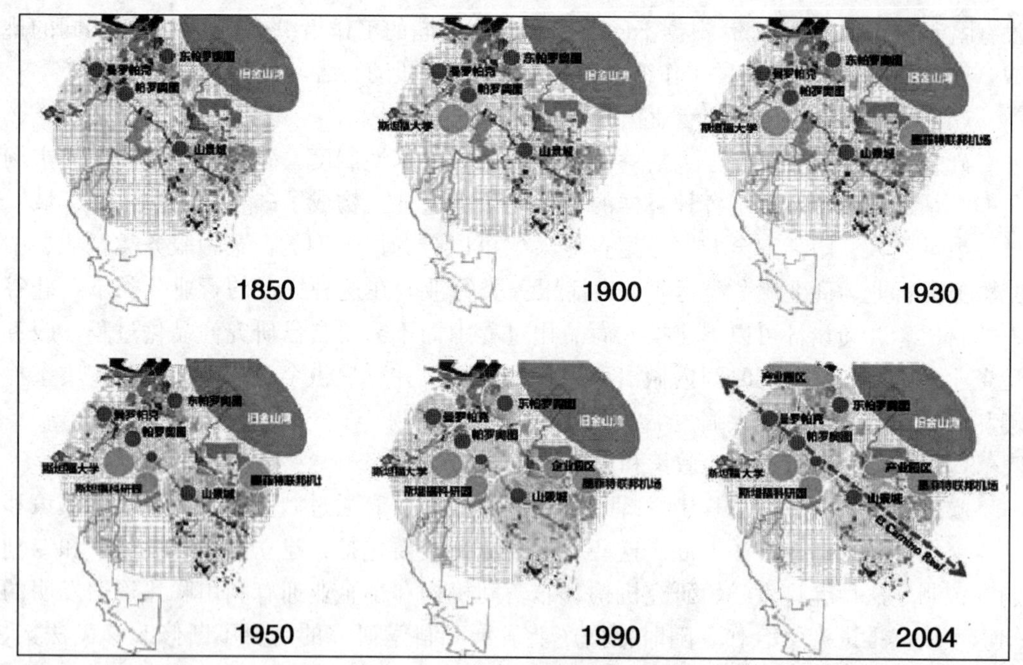

图 6-4 硅谷核心空间演变历程

资料来源：陈鑫，沈高洁，杜凤姣．基于科技创新视角的美国硅谷地区空间布局与规划管控研究［J］．上海城市规划，2015，02：21－27.

猎头公司等，都在斯坦福大学周围选定办公地点，通过一条公共交际走廊将各服务公司串联起来，建立了一个紧密合作的服务网络。这里汇集了各色咖啡馆、餐厅、酒吧，是各社会阶层频繁出入的地方，也是人们社会交往、商务洽谈、头脑风暴的主要场所。

各功能组团与旧金山湾平行布局，由 3 条主要交通走廊串联，形成一体。生活性干道位于纵向三条干道的中央，穿过各城市中心，与交际走廊相交处设有公交站点，沿线布局商业服务业区以及科研办公区，周边配套居住区，外围设置产业用地，空间结构合理有序（图 6-5）。

（3）产、学、城紧密结合

斯坦福校园与商业区关系紧密，北侧是以大学街和沙丘街为核心的老城，东部紧邻具有小镇商业街特色的加州大街。沙丘路则是很多风险投资公司办公室云集的地方，所以也被称为“VC 一条街”。

斯坦福科研园依托加州大街的商业服务和斯坦福大学的科研设施，周边居住配套齐全，与城市关系紧密。快速路 Foothill Express 和主干道 EI Camino Real 经过园区，使其与周边城市有便捷的交通联系。尽管交通便利，生活服务设施齐全，还是有许多创业公司不去创业园区，而是选择待在咖啡馆和人流密集的地方，下班后可以随意讨论创意，一旦有了灵感，就回到办公室把它做出来，与此同时，宽松的氛围和方便的网络服务，为人们在家办公提供了条件。

（4）优良生态为城市供氧

高科技人才和企业都对良好的生态环境有很高的要求。帕罗奥图的旧城区保留了老式的郊区生活，环境优美，生活宁静安逸。山景城主要产业用地布局在东部与北部

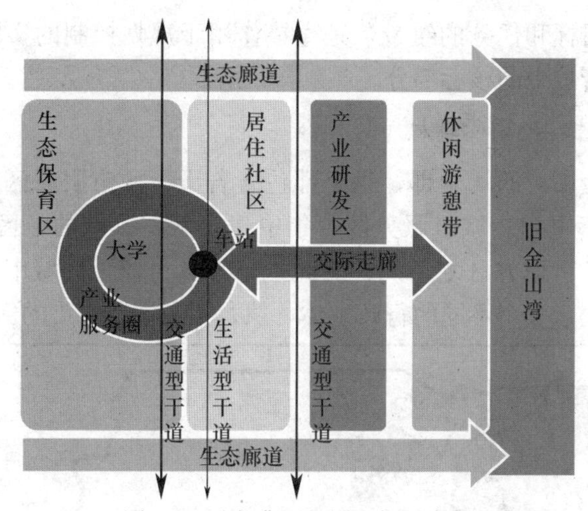

图 6-5　硅谷典型组团空间示意图

资料来源：陈鑫，沈高洁，杜凤姣．基于科技创新视角的美国硅谷地区空间布局与规划管控研究［J］．上海城市规划，2015，02：21—27.

的山地，那里景色优美，吸引很多企业驻足办公。旧金山湾腹地分有大片的农场和大量的耕地。全年开放的农夫市场超过 26 家，绿色食品运动促进本地绿色食品生产消费，倡导了一种健康的生活方式。

6.1.5　面向科技创新的规划管控措施

（一）硅谷规划体系与管控分区

1. 地方政府主导的硅谷规划体系

区划法是美国城市规划的主干法，1926 年美国最高法院确立了其保护公众的健康、安全和福利的地位与作用。美国的分权制度使得联邦政府有规划职能，美国是高度分权制的国家，联邦政府不具有规划职能，州政府拥有立法职能，并通过州政府授予地方政府城市规划职能。地方政府需编制区划法，执行州政府赋予的相应城市规划职能（表 6-3）。

表 6-3　美国规划行政体系

联邦政府	不具有立法权与法定规划职能 借助财政手段（如联邦补助金）发挥间接影响
州政府	拥有立法（区划法）职能 授权地方政府的城市规划职能，各州之间差异较大
地方政府	拥有立法（区划法）职能 拥有城市规划行政管理职能，依州政府立法而定

资料来源：陈鑫，沈高洁，杜凤姣．基于科技创新视角的美国硅谷地区空间布局与规划管控研究［J］．上海城市规划，2015，02：21—27.

硅谷所处的加利福尼亚州的加州法典第 65300 条规定：在制定区划法的同时，为了各个城市和郡的物质发展，每一个城市和郡包括与之相关的区域，都必须制定城市总体规划。但是城市总体规划作为城市长远发展的宪法，对私有土地难以产生作用，更多的是对城市经济、社会发展各功能的协调及对发展方向的引导。所以区划法作为承接城市总体规划目标和任务的纽带，是直接作用于规划控制的实践及科技创新产业布局，是硅谷规划管控中的核心部分。

2. 跨行政区的硅谷规划管辖权

硅谷涉及环旧金山湾的 4 个郡，每个郡包含若干个城市服务区，其划分主要依据城市行政边界，但不重合。城市服务区（集中建设区）以外的地区适用郡区划条例，城市服务区内适用各市地方区划条例。因此，硅谷虽为连绵的城市建成区域，其土地利用及规划管理分属于多个不同的行政主体，执行不同郡及城市的区划条例（图 6-6）。

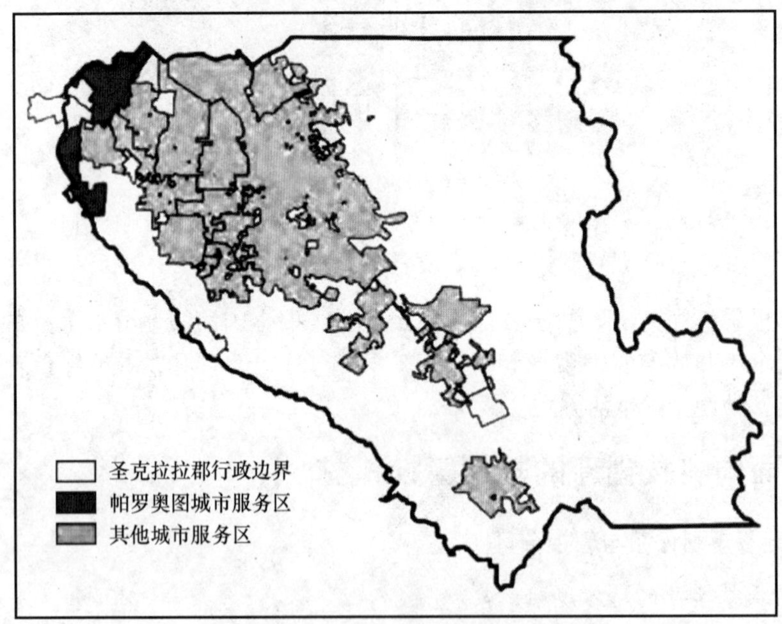

图 6-6　圣克拉拉郡行政边界与帕罗奥图城市服务区示意图

资料来源：陈鑫，沈高洁，杜凤姣．基于科技创新视角的美国硅谷地区空间布局与规划管控研究［J］．上海城市规划，2015，02：21—27.

（二）与创新相关的土地利用分区

1979 年起，旧金山最早将形态控制引入区划条例。与传统区划相比较，基于形态控制的区划对用地功能的确定更有弹性，采用规范化的设计标准，对建筑、道路、景观的设计要求更加严格，同时也在设计规划中留有弹性的标准和空间。

硅谷各地方政府区划条例虽各不相同，但其主体结构基本一致，区划多采用“基底区叠加”方法或“组合区划”法，此种区划模式的规划管控主要体现在 3 个方面，即土地利用分区、土地用途分类与许可、基地要素与建筑要素的控制。

1. 刚性与弹性相结合的分区构成

美国区划对土地进行分区控制，将刚性的规划基底与弹性的混合叠加区相结合，其中规划基底区对土地进行全覆盖，而混合叠加区仅覆盖特定区域，不同地方政府对于规划基底区与混合叠加区的设置有所不同。

混合叠加区并没有独立的开发管理规则，是在基底区规划的基础上提出额外的放开规则或限制规则。混合叠加区会根据情况进行调整，并且规划部门也会定期对重要地段进行评估，以降低空置率，适应市场需求。设立混合叠加区对大学街周边以及斯坦福科研园周边活力的提升具有重要作用，使之成为最活跃的地区之一。部分被划定为中心商业区（CD-C）的地块，叠加人行商业混合区（P）以限制机动交通进入，使大学街成为步行街，激发街道空间的公共活动功能（图 6-7）。

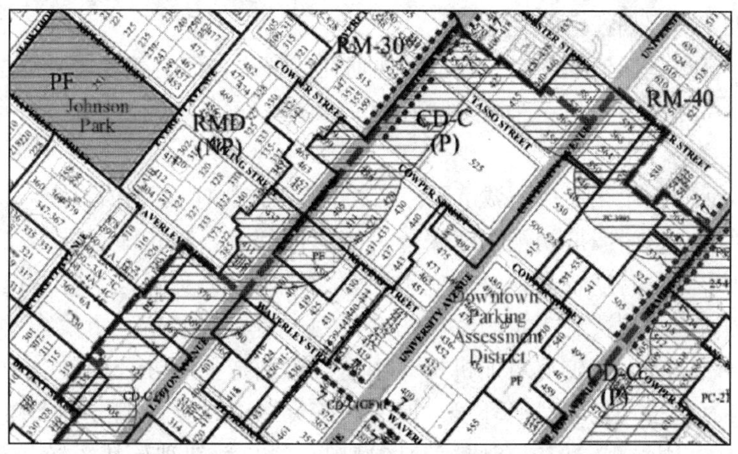

图 6-7　帕罗奥图中心区区划示意图

资料来源：陈鑫，沈高洁，杜凤姣．基于科技创新视角的美国硅谷地区空间布局与规划管控研究［J］．上海城市规划，2015，02：21—27.

规划基底区中有一种特殊的基底区，区别于以功能划分的基底区，通常是一类特殊基底不受其他基本用途分区规划的限制，根据实际情况进行规划管控。如斯坦福大学在圣克拉拉郡管辖范围内的大部分区域被划分为一般用途区（A1）和开放空间与野外考察区（OS/F）。其中一般用途区（A1）用地兼容性较高，可根据需求设置教育、研发办公、公共设施等多种功能，为科技创新提供机会。开放空间与野外考察区（OS/F）主要为大学科研提供户外场地，以排除创新研发与乡村基底区的互相干扰（表 6-4）。

表 6-4　圣克拉拉郡规划基底区划分

乡村基底区	城市居住基底区	商业与工业基底区	特殊用途基底区
A 专属农业 AR 农业农场 HS 丘陵坡地 RR 农村居住	R1 独栋住宅 R1E 独栋住宅基地 RHS 城市坡地住宅区 R1S 低密度校园住宅区 R3S 中密度校园住宅区 R2 双栋住宅 R3 多家庭住宅区	CN 社区商业 CG 一般商业 OA 行政/专业办公 ML 轻工业区 MH 重工业区	A1 一般用途 RS 公路服务 OS/F 开放空间与野外考察

资料来源：陈鑫，沈高洁，杜凤姣．基于科技创新视角的美国硅谷地区空间布局与规划管控研究［J］．上海城市规划，2015，02：21—27。

2．预留弹性的创新规划基底区

各地方政府在保证基本区划框架和控制要素的条件下，也设置了一些与创新相关的弹性分区，放宽该区域的准入机制，为科研、创新及新功能的发展提供一定程度的弹性空间。

以帕罗奥图市为例，为了满足用地的过渡性和灵活性，设立了桂花社区，该社区内可布置几乎所有用地类型，尤其是各类新型用途。规划社区的弹性使之可成为良好的过渡基底区，为城市中心地区创新产业的发展留有足够的空间。当原有用地分区弹性不足，可将其变更为规划社区，便于各种土地用途的混合，促进创新产业的发展；当对用地有了具体的规划与设想后，同样可对该区域进行变更。

因此，自2007年区划审定后，至2010年帕罗奥图市共进行了29次区划变更，其中包括由规划社区向有限制造区的变更，由办公研发区向公共设施区的变更，以及更多由其他各区域向规划社区的变更等。

城市中心区规划用地的弹性问题可由规划社区解决，而对于郊区独立的科技园区，帕罗奥图区划中则采用了另一种规划基底区的类型——研究园区来进行产业集群及相关服务功能的布局。

斯坦福科研园位于帕罗奥图城市服务区的管辖范围内，土地所有权归斯坦福大学，由学校统一管理。科研园最初被快速路分为东西两部分，建筑随意散落在风景优美的园区，地块大小划分跨度较大，可适应不同企业需求。为更好地满足斯坦福科研园科技创新产业的研究与制造用途，帕罗奥图在区划中将有限制造区更改为研究园区。分区内可设置金融服务、高校与培训机构等用途，对制造业和办公用途有一定的限制以保证研究园良好生态环境和科研环境。同时，该分区的设立与帕罗奥图总体规划中的"研发办公园区"用地相对应。在研究园区域内，禁止新建独栋住宅区与双拼别墅区，现存的可进行保留与维护。相应地，在该分区内可设置多家庭居住功能，以满足创新产业对居住及家庭办公等用途的需求（图6-8）。

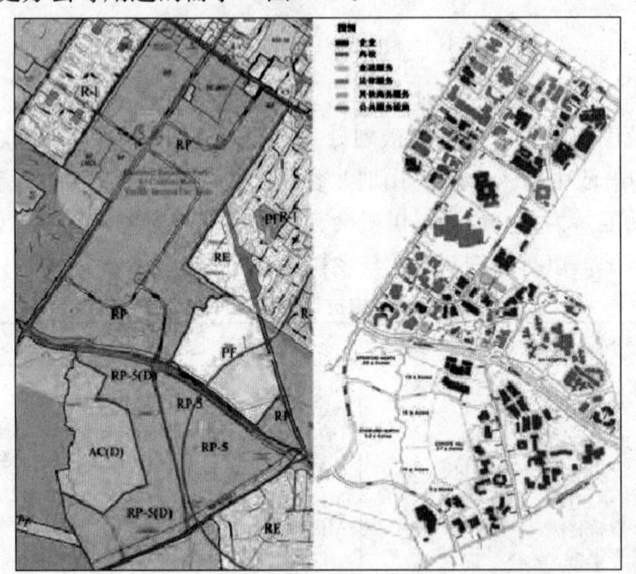

图6-8 斯坦福科研园区划与建筑功能示意图

资料来源：陈鑫，沈高洁，杜凤姣．基于科技创新视角的美国硅谷地区空间布局与规划管控研究［J］．上海城市规划，2015，02：21—27.

（三）与创新相关的土地用途分类与许可

硅谷各地方政府对规划管控的基本思路，是将各类用途通过不同程度的许可后布局在各土地利用分区内，一般来说，包含以下几种许可模式：（1）需要经过一定的评审程序或获得相应许可证；（2）明确规定不需要经过规划自由裁量；（3）明确规定不给予许可。由此可见，硅谷区划在一些特定的土地利用分区中给予了相对较大的用地兼容性，如研究园区等，从而加强地区产业与服务协作，激发创新活力。

圣克拉拉郡区划用途分为居住和非居住两种，其中居住区根据使用功能可分为 10 个中类；非居住区包括商业、工业、娱乐、基础设施、机构、资源开采、农业等类型，可分为 91 个中类，部分中类下设小类。帕罗奥图区划用途分为办公用途、教育用途、服务用途等 12 个大类，下设 72 个小类。不同区划对土地用途设立具有较高的共性，围绕教育、科研、办公及生产性服务业设置创新的土地用途，满足细分的土地利用需求，促进科技创新产业的发展，为科技创新产业提供全方位的便利（表 6-5）。

表 6-5　圣克拉拉郡区划中与创新产业相关的用地分类表

<table>
<tr><th>大类</th><th>中类</th><th>小类</th></tr>
<tr><td rowspan="2">居住</td><td rowspan="2">家庭办公</td><td>一般仅限家庭成员在住所办公</td></tr>
<tr><td>扩展：允许一名雇员和部分户外仓储</td></tr>
<tr><td rowspan="5">商业</td><td>办公</td><td>—</td></tr>
<tr><td>实验室及测试</td><td>—</td></tr>
<tr><td>机械与装备服务</td><td>—</td></tr>
<tr><td>艺术与工艺品工作室</td><td>—</td></tr>
<tr><td>商务服务</td><td>—</td></tr>
<tr><td rowspan="4">工业</td><td rowspan="4">生产制造</td><td>小规模郊区</td></tr>
<tr><td>限制型：包括规模较大的实验室</td></tr>
<tr><td>一般型：不易燃易爆，有环境影响</td></tr>
<tr><td>密集型：易燃易爆，环境影响较大</td></tr>
<tr><td rowspan="2">机构</td><td>高校与语言学校</td><td>—</td></tr>
<tr><td>户外科研场地</td><td>—</td></tr>
<tr><td>农业</td><td>农业研发</td><td>—</td></tr>
</table>

资料来源：陈鑫，沈高洁，杜凤姣．基于科技创新视角的美国硅谷地区空间布局与规划管控研究［J］．上海城市规划，2015，02：21—27．

1．孵化小微企业的家庭办公

硅谷区划对家庭办公进行适量控制，保证居住区环境质量的同时，也可以帮助小型企业缩减运营成本，同时也为追求自由时间的工作者提供机会。帕罗奥图、圣克拉拉郡、圣马刁郡等硅谷所涉及的城市中均有该项土地用途。

2．配套精细的创新相关用途

硅谷区划中除了考虑常规的办公、制造等用途，还设置了多种为创新产业服务的用途。例如，在帕罗奥图区划中商务服务用途专为商业活动提供服务，不仅包括会计、税务、文档与图片处理、打印等服务，还包括在线股票发售及其他相关服务。机械与装备服务用途用于机械与装备的租赁、储存与打折出售。艺术与工艺品工作室是专门为艺术家、摄影师等提供艺术展示与实践的区域。上述用途经过许可都可以在特殊基底区中的一般用途区（A1）设置，即斯坦福大学校园区域，在校园中形成教育、研究、实践一体化的格局，充分挖掘高校科技创新的潜力。

在重视室内科研的同时，也关注户外科研的发展需要。帕罗奥图基于斯坦福大学所在的基底区，在区划中设置了户外科研场地，为开展开放自然基地的研究活动、野外学习与教育活动提供充足空间。为满足实验温室与农业景观植被培养的需求，设立了农业研发用途功能用地，在充分保护农田的条件下实现研发与生产的结合，该用途填补了农业研究领域的空白，促进农产品与耕作方式的改良与创新，大幅提升农业产能。

6.1.6 规划层面的成功经验

硅谷在规划层面的优势和经验是极为丰富的。硅谷毗邻斯坦福大学及其研究机构；市场、厂房及设备等基础结构好；人才素质高，管理能力强；生活环境好。硅谷在园区规划层面上的经验可以总结为以下几点。

第一，硅谷的主导产业始终定位于高精尖产业，一直引领高新技术产业的时代潮流。从最初的尖端的国防工业到半导体，从PC及局域网络产业到软件产业，从因特网到移动通讯及生物技术等产业，硅谷始终保持敏锐的嗅觉，一直瞄准高新技术产业发展的前端，在该领域创造了无数的奇迹，给科技世界的发展提供了源源不断的支持。

第二，硅谷具有良好的区位优势和人才优势，它非常注重产、学、研的结合，大学紧密结合产业发展和企业需求进行技术创新和人才培养，这极大促进了高新技术产业的发展。

硅谷除了拥有斯坦福大学，伯克利分校等胡志明大学之外，还有很多其他高等院校，这些高校通常与企业之间建立互惠合作关系的研究所，共同研究新理论、新结构、新工艺，彼此之间关系紧密。企业与学校的合作，不仅可以促进科技成果的迅速转化，也有利于企业培养、吸收高科技人才。甚至学校或老师直接投资创办企业，将新理论、新创意直接产品化，据统计，硅谷之中由斯坦福的教师和学生创办的公司达1200家，占硅谷企业的60%～70%。硅谷目前一半的销售收入来自斯坦福大学的衍生公司。此外，斯坦福大学为了进一步发挥大学在地区发展中的作用，通过制定产业联盟计划，来促进研究人员、院系之间以及大学与外部企业的合作，硅谷长期坚持大学、科研机构与企业之间紧密联系、高度结合，是其开发高新技术与发展高新技术产业的重要途径。

第三，硅谷的企业大多集中资源于单一产业领域，进行专精经营，企业生产结构是开放型的，企业不追求“大而全”，而是追求专业化生产及核心竞争力。

硅谷内的企业大多是中小型企业，没有传统企业结构中的等级结构和链条式的管理层，企业结构相对单一，容易水平或垂直地分工协作，具有很强的市场适应性和灵活性，增加了企业活力与竞争力，更能适应市场化的竞争条件和环境。

第四，硅谷的企业之间为实现合作与信息共享，构建了广泛的社会关系网络，使技术创新的知识和信息在整个区域内迅速传播，使企业更好地适应快速变化的技术和市场。为了占据更大的市场份额和更高的市场地位，各企业都竞相努力将新技术、新产品推向市场，所以，社会关系网络下的企业并没有消除竞争，反而刺激企业努力提升自身的竞争力，适应激烈的市场环境，同时也促进企业向竞争对手或竞争企业学习。这种既竞争又合作的模式成为促进硅谷企业发展的新动力。

第五，硅谷不仅道路、通讯、城市建设等基础设施完善，其软件设施如人才、信息网络、技术支持、风险投资等也很完善，为区内企业的发展和新企业的创立提供了较好的孵化环境和外部支持。

硅谷成熟的风险资本市场在科技成果的转化、技术创新的实现、新经济增长点的培育方面都发挥了不可替代的作用，同时也为失败者重新创业提供了技术支持和资金支持。以二板市场（纳斯达克股票市场）为特征的多层次的资本市场制度又为风险资金成功退出提供了保障。硅谷中一些制度同样也为企业提供保障，如以无形资产参与分配的股票期权制度、成熟的中介服务机构、开放的劳动力市场等。

第六，美国政府对硅谷的宽松政策刺激了硅谷的发展壮大。在没有政府干预、事先规划和政府财政投资及行政管理的宽松条件下，硅谷兴旺发展。政府仅通过构建创新制度、营造轻松的文化和创新氛围、调动创造者的积极性等途径，间接干预和协调硅谷的发展。例如美国政府放宽创业政策、明确产权、允许技术入股等政策，创造一个开放的、公平竞争的市场环境和完善的公共服务，为创新企业的出生、成长和茁壮提供适宜的产业发展环境，为硅谷的发展提供了适宜的外部环境。

6.1.7　发展启示

（1）明确政府适当的职能定位

在高新技术产业发展过程中，政府不直接组织高新技术产业和介入其管理过程，而是致力于为创业人员提供规范、公平的创业环境和必要的制度法律支撑，打破行政性垄断，制定鼓励创业创新，创造公平竞争的环境，吸引人才、鼓励人才合理流动，依法保护知识产权等，充分发挥人力资源的创造性。

（2）重视生产要素市场的培育

重视培育资本、技术、人才等市场生产要素，完善短期资金和长期资本市场的建设，形成完善的风险资金支持和风险投资机制。建立完善的人才资本市场，刺激人才资源合理流动，建立健全的劳动就业保障机制。建立企业家市场评价机制，对企业家进行客观公正的评判，保持市场的公平与活力。完善交易价格体系建立技术经纪人队伍，实现资源的最优配置，促进贸易的繁荣和市场的发展。

（3）着眼于高科技园区的建设

大力培育和发展高科技园区，应充分发挥企业的集群优势，刺激内部的竞争与合作，努力提升高科技企业的生产效率和创新能力，同时建立各科技园区内产业网络体系，完善内部基础设施建设和服务体系，培育园区创新文化氛围，提高园区生产效率和企业活力。

（4）培养和提升企业的创新能力

高新技术企业应注重对自身创新能力的培养，完善创新制度保障，用技术创新推动制度创新，制度创新保障技术创新的实现，促进园区成长与发展。

6.2 台湾新竹科学工业园区

6.2.1 园区概况

(1) 产生背景

20世纪70年代初，世界性的金融危机、粮食危机、石油危机相继爆发，国际经济形势发生巨变，工业国家出现经济停滞现象。台湾的出口导向型经济受到了很大冲击，亟须调整产业结构，稳定省内经济发展。台湾当局选择了建立科技园区的方式来促进产业升级，开始建立新竹科学工业园区（图6-9）。

图6-9 台湾新竹科学工业园

资料来源：http：//www.archcy.com/focus/techpark/57e1b2d63759495a

(2) 基本情况

新竹科学工业园区于1980年12月15日正式成立，地处台湾西北平原，地理位置优越，海、陆、空等交通都极为便利。园区规划面积21km^2，目前已经开发6.32km^2，是台湾高新技术产业和智囊团最集中的地区。新竹科学工业园区主要由科研区、工业区、商业区、住宅区、风景区和农业区组成。

(3) 产业定位

全球最大的电子信息制造中心之一，世界最大笔记本电脑和PC机部件生产基地，半导体和集成电路的生产能力与美国、日本三足鼎立，已经形成涵盖IC设计、IC制造、IC材料、IC封装调试和制造设备等上、中、下游完整的产业链体系（图6-10）。

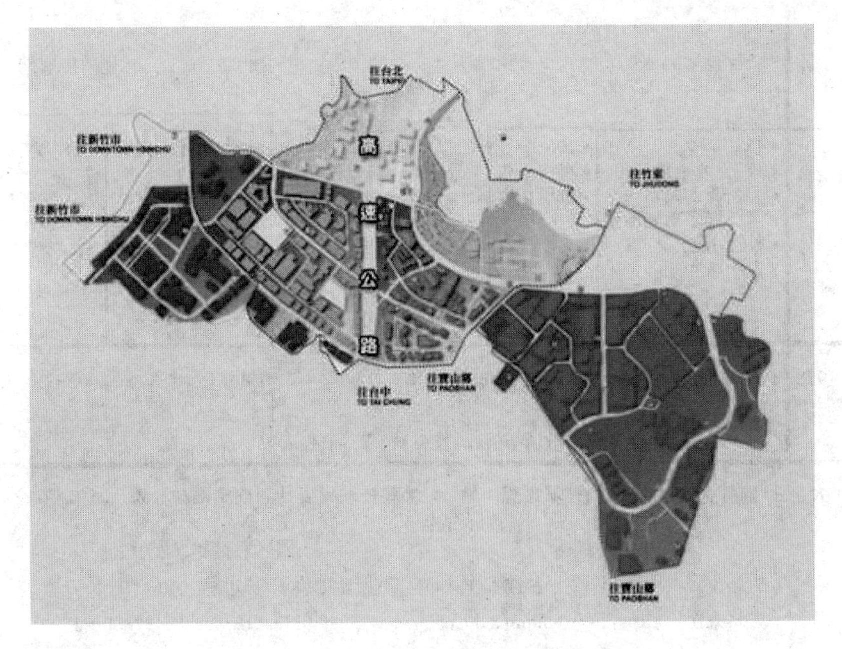

图 6-10　台湾新竹科学工业园区规划图

资料来源：http：//www. archcy. com/focus/techpark/57e1b2d63759495a

（4）发展历程

新竹科学工业园区的发展大致经历了早期筹划、早期开发与建设、快速扩张与建设三个时期。具体见表 6-6。

表 6-6　新竹科技园区的发展历程

发展阶段	主要成就
早期筹划阶段（1976—1980 年底）	1976 年 5 月，台湾当局决定在新竹创立科技园区，1979 年 7 月 27 日，台湾当局颁布了《科学工业园区设置管理条例》，并于 1980 年成立了科学工业园区管理局，该阶段主要以引进技术密集型工业所需成套技术、科技人员和管理经验为主
早期开发与建设阶段（1981—1990 年）	新竹科学工业园区模仿硅谷，形成了园区建设的主体框架，该阶段以扩展在国际市场的竞争力为目标
快速扩张与建设阶段（1991 年至今）	园区开始进入以扩张求调整、以调整求升级、以升级求发展的快速发展时期，该阶段以带动、促进企业家踊跃投资高新技术产业为目标

资料来源：产业园区规划思路及方法——基于国内外典型案例的经验研究。

经过近 30 年的建设，新竹科学工业园区逐步走向成熟，园区 GDP 约占台湾地区的 10％左右，网络卡、影像扫描器、终端机、电脑等电子产品产值均占全岛 50％以上，IC 产业在台湾地区处于垄断地位。高速发展的新竹带动了台湾高新技术产业整体发展，成为台湾经济快速增长的重要推动力量，促使台湾从低成本的制造中心成功转变为全球创新经济的高附加值制造中心（图 6-11）。

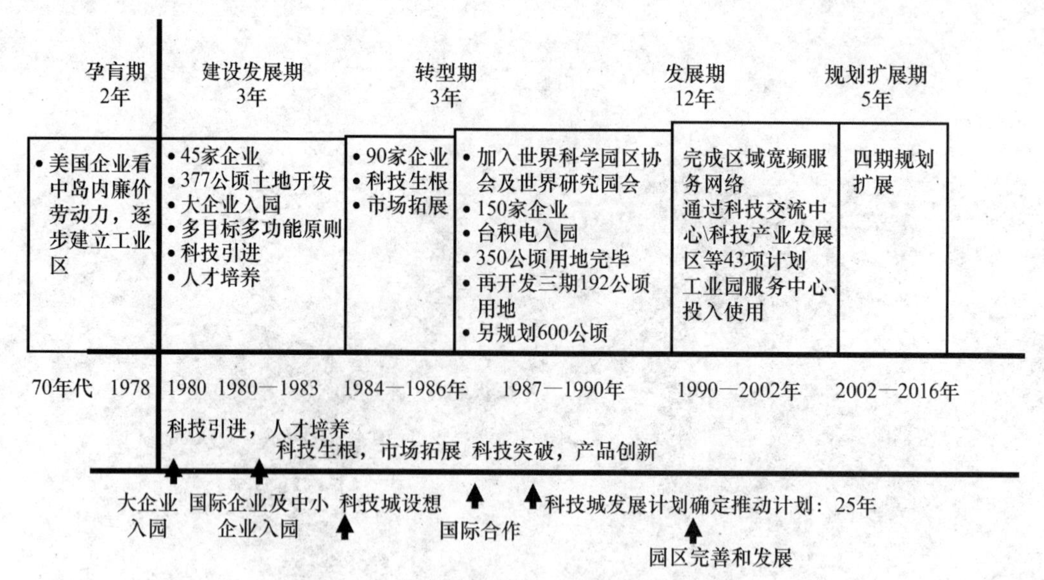

图 6-11　台湾新竹科学工业园建设开发进程

资料来源：https：//wenku. baidu. com/view/6a9f53f208a1284ac8504378. html

进入新世纪以来，园区 GDP 始终占到岛内总量的 10%左右，2010 年园区的产值达到 1. 35 万亿新台币（图 6-12）。新竹科工园区以自己的创新理念走出了具有自身特色的科技创新之路，它的成功经验也成为亚欧一些国家和地区争相效仿的对象。

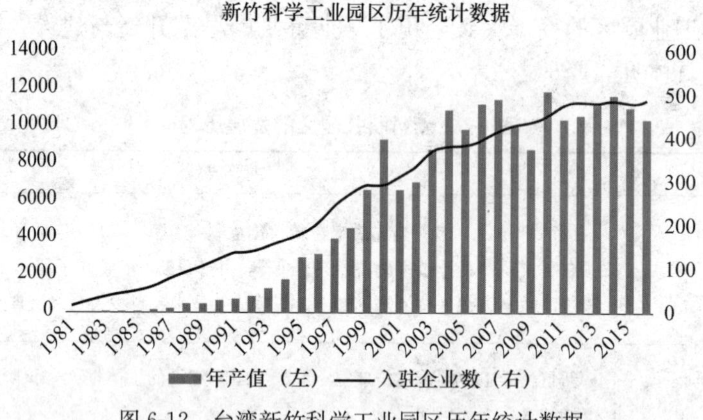

图 6-12　台湾新竹科学工业园区历年统计数据

资料来源：http：//www. myzaker. com/article/592388851bc8e0ff4a000011/

截至 2016 年，新竹科学工业园区部分入驻企业达 487 家，就业员工达 15 万人，仅新竹单一园区就创造了超过一万亿元新台币产值（约 2300 亿人民币）。这不能不说是此类产业园区的一个成功范本（图 6-13）。

6. 2. 2　建设发展阶段

按照园区创新能力的强弱和功能的完善程度，可将新竹科学工业园区的发展历程划分为基础设施建设阶段、高新技术产品标准化生产主导阶段、研发与标准化生产齐头并进阶段、研发创新主导阶段四个阶段。

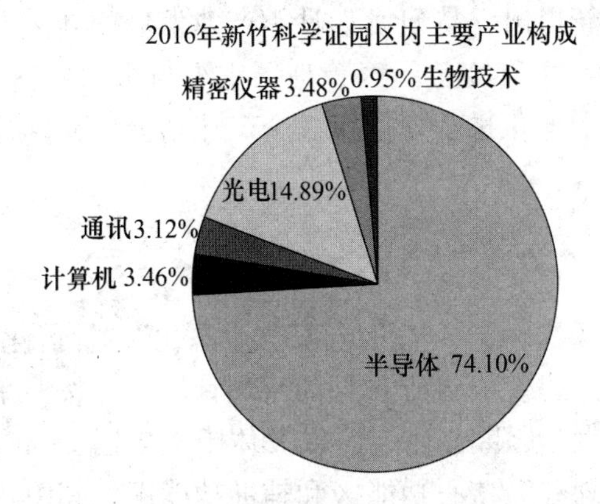

图 6-13　2016 年新竹科学工业园区内主要产业构成

资料来源：http：//www. myzaker. com/article/592388851bc8e0ff4a000011/

（1）基础设施建设阶段（1978—1985 年）

这一时期，仅有少数企业或科研机构入驻园区，政府起主导作用。政府一方面加大对园区公共基础设施建设的财政投入，另一方面通过研究制定了一系列相关优惠政策，并通过设立“单一窗口”大大提高行政服务效率，试图打造一个以优惠和便利著称的高新技术企业特区，以此吸引更多的高新技术企业入驻园区。1980—1985 年，新竹科学工业园区顺利完成 377 公顷（二期）的土地开发，大批标准厂房、实验中学、员工宿舍、绿地、公园等设施得以建成，企业入驻数量呈现出缓慢增长态势。

（2）高新技术产品标准化生产主导阶段（1986—1990 年）

重点是加强对引进技术的消化和创新，大力发展材料与零件的供应，选定了一批具有战略意义和市场发展潜力较大的高新科技产业，同时还与美国硅谷建立了多元互动关系，从美国大量地引进人才、技术、项目。园区基础设施已经较为完善，民间资本开始大量涌入园区，企业入驻数量呈现出迅猛增长态势，但企业生产活动主要以高新技术产品的标准化生产为主，园区的科研活动由政府所支持的科研院所承担。

（3）研发与标准化生产齐头并进阶段（1991—1999 年）

园区创新创业环境得到了极大的改善，园区内由政府支持的部分研发项目取得了显著成效。这一时期，民间资本大量涌入园区，在园区中的地位与作用日益提升，政府已不再是唯一的先进技术代理者与资本主导者。同时，跨国公司的地位也逐渐削弱，园区内的资金和成熟的技术也开始输送到国外，各种跨国联盟已成为“走出去”战略实施的重要手段。

（4）研发创新主导阶段（2000 年至今）

经过几十年的快速发展，园区企业所需的土地、水电已出现供需不平衡的局面，加上劳动力成本大幅提高，环保、交通等方面也面临着巨大压力，园区企业的生产成本不断提高，促使园区企业纷纷调整产业方向，转而发展高附加值的产业。1999 年，新竹科学工业园着手第四期土地开发，同时管理部门反思过去以“制造”导向的高新技术产业发展战略，重新提出支持研发设计类产业发展的新战略，推动了园区由标准化生产为主向科技研发为主转变。园区管理局重视与全球发达地区的技术交流合作，进一步加速了科技研发本地化进程，使得多个产业功能区快速成长起来，形成具有发展潜力的产业聚集带。

6.2.3 空间结构

早在建立之初，园区就确定了“科技化”“生态化”“社区化”“学院化”“国际化”的建设方针，试图将园区建设成自给自足的小型社区，并按照承载功能的不同，将整个园区划分为工业区、大学园区、住宅区以及休闲娱乐区。同时，按照所承载功能的重要性，整个园区又可划分为核心功能区和辅助功能区，其中核心功能区主要是工业园区和大学园区，辅助功能区则包括住宅区及休闲娱乐区等。

1. 核心功能区

(1) 工业园区：包括科学工业园和工业研究院的科技发展中心，重点发展的产业主要为集成电路（IC)、光电、计算机及外围、通讯精密机械、生物技术这六大高科技产业领域，主要承担园区生产功能。工业园区主要包括新竹园区、竹南园区、铜锣园区、龙潭园区、宜兰园区与新竹生医园区六个基地，是台湾高科技工业的摇篮（表6-7)。目前新竹、竹南、龙潭及新竹生医4个园区，厂商已陆续进驻营运。

表6-7 新竹科学工业园六大基地基本情况

功能区	建设时间	面积（公顷）	主导产业	厂商数量（家）	员工数量（人）
新竹园区	1980年12月15日设立	653	半导体和光电产业	422	131168
竹南园区	1999年7月开始动工	123	光电和生物技术产业	44	10949
龙潭园区	于2004年1月28日“行政院”核定纳入科学园区	107	光电产业	6	3383
铜锣园区	—	350	集成电路、精密仪器和生物技术产业	5（已配租土地）	尚未投产
宜兰园区	2005年1月“行政院”原则同意宜兰园区筹设计划案	71	科技服务	4（有人驻意向）	尚未投产
生医园区	2005年年底开始动土施工	38	生物技术产业	5	37

(2) 大学城：主要包括台湾清华大学、交通大学和工业研究院3所著名大学（表6-8)，以及国家毫微米组件实验室、行政院同步辐射研究中心、精密仪器发展中心、国家高速计算机中心、芯片设计制作中心、国家太空计划室等6个国家实验室（表6-9)，主要承担教育培训、科研创新、成果产业化等功能。

表6-8　新竹科学工业园三所重点院校机构的比较

院校名称	学术侧重	研究领域	主要功能	经费来源	重要贡献
清华大学	科学理论研究	工业化学、核子、材料、分子生物、应用物理、应用化学、资讯、原子科学、电机工程、工程管理	理论研究；人才培育；自强基金会；IC产品检测；委托审查入园条件	政府、厂商	直接衍生16家公司；校友创办多家公司；人才与技术保证
交通大学	工程技术研究	半导体、电子、机械、材料、控制工程、电信电子、计算机、生物、光电、环境工程、土木、资讯	技术研究；人才培育；毫微米实验室（IC）	政府、厂商	
工业研究院	应用技术研究院	电子、电脑与通讯、机械、光电、能源、化学、航天、生物医学、材料、量测	研发成果转化；IC产业研发转化；工业服务技术升级；创新育成中心	政府、厂商	帮助树立台湾在世界IC产业的重要地位；衍生多家公司，如台积电、联华

资料来源：https：//wenku. baidu. com/view/6a9f53f208a1284ac8504378. html

表6-9　新竹科学工业园六个国家实验室

成立日期	实验室名称	主要功能
1974年	精密仪器发展中心	与大学、研究机构及产业界合作，提供设备及人力资源与研发工作。
1986年	行政院同步辐射研究中心	
1988年	国家毫微米组件实验室	
1991年	国家高速计算机中国心	
1991年	国家太空计划室	
1993年	芯片设计制作中心	

资料来源：https：//wenku. baidu. com/view/6a9f53f208a1284ac8504378. html

2. 辅助功能区

（1）香山山城：地处新竹青草湖附近，占地共计500公顷，规划为可供1.5万人居住的大社区，为本园区及附近区域的民众提供居住，主要承担居住、商业、公共服务等多种功能。

（2）历史古迹城：将历史古迹完善保存，并以人行道将诸多古迹连接起来，形成新竹的观光资源，主要承担休闲娱乐功能。

6.2.4　发展成就

（一）产业规模化、集群化、高端化发展

1. 产业规模及收入持续扩大

园区营业收入持续扩大。自园区开始运营一直到2000年，园区营业收入年平均增长率稳定在30%以上，1985年园区营业收入突破百亿新台币，1993年突破千亿新台币，2000年超过9000亿新台币，高达9293亿新台币，分别占中国台湾生产总值与资讯电子

产业产值的10.7%与32.5%，2011年新竹科学工业园区营业额达10346亿新台币。

园区企业及从业人员数量持续增加。企业方面，园区刚建立时仅有联电、大王、全友等7家厂商，1985年发展到50家，1989年超过百家，1996年继续增长并超过200家，2007突破400家，截至2011年底已有477家企业。其中产生了许多知名的包括联电、鸿海、联友光电、联发科技、扬智科技等在内的科技企业。从业人员方面，1991年园区从业人员23297人，1995年42257人，2000年96642人，2000—2011年园区从业人员数量增加48895人。

2. 形成六大特色产业集群

新竹科学工业园区形成了集成电路、光电、计算机及外围、通讯、精密仪器、生物技术等六大产业。其中集成电路自1993年起超越计算机及外围产业成为园区第一大产业，2011年六大产业营业额中约有68.7%来自集成电路产业，营业额达7081亿新台币，较2010年下降11.6%。光电产业自2005年超越计算机及外围产业，成为园区第二大产业，2011年营业额为1974亿新台币，占六大产业总营业额的19.2%，其中平面显示器产业营业额1143亿新台币，占光电产业的比重达58%。计算机及外围产业是园区第三大产业，2011年营业额仅有620亿新台币。此外，通讯、精密机械、生物技术产业正呈现出良好的发展势头，营业额稳步上涨。

3. 实现从产业链低端向产业链高端的转变

20世纪90年代以来，园区几大支柱产业发展日趋高端化。园区集成电路产业发展日趋成熟，台积电公司首创全球专业晶圆代工模式，改变了早期封装、制造为主的局面，带动了集成电路产业的关联产业和配套产业快速发展，由代工为主的产业链低端不断向产业链高端演进，技术水平已步入世界顶级行列，目前中国台湾已成为世界第四大集成电路生产地区；计算机产业摆脱了纯粹的OEM代工，技术开发能力逐步增强，形成了一系列自有品牌；光电产业领域，液晶显示器等行业已具备与日、韩企业竞逐市场的能力；精密仪器产业实现了从无到有的转变，目前已初具规模。此外，生物技术、新能源等新兴产业也正逐步成长起来。

（二）研发创新环境不断优化

科研、科技基础设施建设取得显著成效。园区投资20亿新台币兴建高速电脑中心，耗资28亿新台币，历时10年建成世界级科学研究设备——台湾同步辐射研究中心（SRRC），并建设了生物技术开发中心、作物种原中心。此外，台湾还建成并启用了一批高级实验室，如次微米实验室、毫微米实验室、中央大学的卫星遥测实验室、高频实验室以及晶片设计制作中心等。

园区研发经费支出持续增加，自主创新能力稳步提升。从研发经费支出来看，六大行业研发经费总支出呈现出逐年递增态势，占台湾地区研发经费支出的比重由1991年的5.14%上升到2010年的36.89%。从研发经费支出占营业额比重来看，六大行业研发经费总支出占总营业额比重相对稳定，持续高于台湾地区研发经费占GDP的比重；各行业研发投入比重均在2%以上，2010年，除计算机外围投入比重（2.44%）、光电产业研发投入比重（2.11%）低于台湾地区研发投入比重（2.90%）之外，其他产业这一比重均高于台湾。从研发资助来看，台湾当局每年对园区技术创新研发计划的资助比例超过20%，2009年园区管理局资助园区73家企业的78个项目，资助总额达3.38亿新台币。

（三）配套设施日益完备

交通方面，园区设立了巡回巴士交通车、县市公交、国道客运三种交通工具。免费巡回巴士交通车的行使范围涵盖全园区及邻近生活服务区。县市公交主要负责竹科站转乘接驳，提供新竹火车站、高铁新竹站及竹东内湾地区搭乘台铁六家线及内湾线旅客转乘至园区接驳服务。统联、国光及亚联国道客运搭乘路线涵盖台北、内湖、板桥、龙潭、苗栗、头份、台中等地区。

居住和休闲方面，住宅区则建有高级公寓、普通公寓等各式住宅，依着静心湖畔展开，周边拥有游泳池、高尔夫练习场、餐厅、书店、人工湖、购物中心、科技生活馆和公园等各类休闲设施。

教育方面，园区早在1983年就成立了国立科学工业园区实验高级中学，以提供园区厂商、政府机关、学术研究机构（含清大、交大、工研院及国家实验室等）、派外返国人员与归国学人之子女特别就学机会，并吸引归国学人或科技人才留在新竹科学工业园区。全校分作五部：高级中学部、国民中学部、国民小学部、双语部及幼稚园部。

医疗方面，园区内有新竹生物医学园区，是台湾首座结合大学（台大竹北分院）、医院、医研中心、研发型生医产业的生物科技聚落。同时，园区还建有专门的员工诊所，多层次的医疗服务体系有效满足了园区高中低端收入人群的医疗需求。

6.2.5　园区规划层面的成功经验

新竹科学工业园区管理的特色在于其规划性。科学合理的规划，为园区的持续快速发展提供了有力保障。具体来看，可概括为以下六点经验：

第一，新竹制定了科学化、学院化、国际化的建区方针。

在建园之初，管理部门就对园区进行统一的科学规划，确定了科学化、学院化、国际化的建区方针，为园区选择了电子计算机及外围设备、精密仪器机械、生物工程、集成电路、通讯、光电等具有广阔前景的六大高科技领域。1994年新竹科学工业园区制定了《科学园区未来十年发展远景规划方案》，计划用10年时间，将新竹科学工业园区建设成为亚太高附加值产品开发制造中心。

第二，新竹产业定位具有战略眼光，培育了发展前景良好的产业，并构建了产业群集和网络型的产业体系。

新竹科学工业园区形成了集成电路、计算机及外围、通信、光电、精密仪器、生物技术等六大支柱产业，其中集成电路是园区第一大产业，占园区总产值的40%以上。园区产品销售收入总量2004年突破1万亿新台币，2008年达到1.25万亿新台币。

第三，确立立足本土、内资为主的发展战略。

新竹科学工业园区之所以能在短短的二十余年内实现高新技术产业的飞速发展、产业结构的迅速升级，除了拥有较为有利的外部环境以外，依靠自身力量发展是最主要的原因。目前，在新竹科学工业园区的企业大多数是台湾本地的资本，台湾地区的十大企业中，有7家是从新竹"脱胎长大"的当地企业；整个新竹科学工业园区产值占到了中国台湾地区生产总值的10%；新竹科学工业园区现有的三百余家公司，几乎没有一家外资企业。新竹科学工业园区利用本地企业的发展壮大建立了高新技术产业的自主创新能力，从而有效地避免了盲目依赖外资的风险。

第四，选址充分考虑地缘、人缘优势，园区和周边区域自然环境优美、交通便利、自然资源丰富。

选址时靠近大学和科研机构。新竹科学工业园区附近有许多大学和科研机构，如中国台湾的清华大学、交通大学、中华工学院、工业技术研究院等众多高校和科研机构都在附近。

第五，注重人才的引进和培养成为园区快速发展的重要支撑。

一是制定积极的人才政策，如允许科技人员用其专利权或专门技术作为股份投资。二是重视本土人才的培养。新竹科学工业园区规定，企业雇佣台湾本地科技人员数必须占科技人员总数的50%以上，以保证把更多的台湾科技人员培养成高科技人才和高级管理人才。三是重视人力资源的管理。为了开发科技人力资源，新竹科学工业园区先后成立了人力资源管理协会、科学管理学会等团体组织，通过这些组织的整合，最大程度地满足科技产业对人力资源的需求。除此之外，台湾新竹科学工业园还制定了一系列人才激励政策，如：园区内许多企业都留有15%～20%的股份，用于分配给员工。

第六，政府政策支持在园区建设中发挥了重要作用。

税费政策。园区规定技术产品销售连续五年免征营利事业所得税；企业增资扩展的设备，按新增设备成本的15%抵减增资年度的营业营利所得税；营业事业所得税和附加税捐总额不超过全年课税所得额的22%；园区内企业进口设备、原材料、物料、燃料和半成品免征进口税捐和货物税，外销产品免征货物税和营业税；其他有关优惠规定均与加工出口区相同。

人才政策。新竹科学工业园区允许科技人员以高于一般比例的专利权或专利技术作为股份投资。同时，新竹科学工业园区也十分注重对本地科技人员的培养，规定人区企业雇佣台湾本地科技人员的总数必须占科技人员的50%以上，否则撤销当年免征营利事业税的奖励；管理部门出资在园区办理企业员工培训并邀请专家定期讲座；推动园区厂商与当地学术科研机构，大专院校的联系，奖励在园区的科技人员在职进修。

第七，完善的服务支撑体系为创业者提供了良好的服务环境。

新竹科学工业园区的管理部门很重视为园区营造良好的服务支撑环境。一是建立了集中高效的行政管理体系。新竹科学工业园区的工作由园区指导委员会和园区管理局共同筹划。指导委员会是综合性的、跨部门的最高领导机构，负责有关园区宏观重大问题的决策，并对园区建设和运行事宜进行沟通和处理。管理局负责具体规划和日常业务管理。目前，新竹行政管理已形成三大特色：一切行政管理都以为厂商提供高速服务为前提；一切变革都以为投资者提供合理便利为依据；一切管理规章都为有利于高新技术产业区的发展而制定。二是不断完善服务保障体系。新竹科学工业园区按照“厂商服务，区内完成”的原则，在园区内设有整套服务机构，厂商所需办理的手续都可在园区内完成。园区这种简单、高效的管理方式以及完善的支撑配套服务体系，为投资者创业营造了良好的服务环境和发展氛围。

6.3　广州高新技术产业园区

6.3.1　园区概况

（1）基本情况

广州高新技术产业开发区是1991年3月经国务院批准成立的首批国家级高新区之一，地处广州市东部。

（2）发展历程

广州高新技术产业开发区于1991年经国务院批准设立，实行“一区多园”的管理体制，由广州科学城、天河科技园、黄花岗科技园、民营科技园和南沙资讯园五个园区组成。1998年8月，广州市委、市政府研究决定，并报请国家科技部批准，广州经济技术开发区与广州高新区合署办公（即两块牌子，一套管理机构）。2005年6月经国务院重新审核，广州高新技术产业开发区面积被确定为37.34km²，其中广州科学城20.24km²、天河科技园12.4km²、黄花岗科技园1.5km²、民营科技园0.7km²、南沙资讯园2.5km²。此外，广州国际生物岛是经国家发改委批准的广州生物产业基地的核心基地，面积1.82km²，由广州市政府委托广州高新技术产业开发区管委会开发、建设与管理。广州高新技术产业开发区计划向国家科技部申请扩区，将生物岛纳入广州高新技术产业开发区规划范围之内。2016年5月，被国务院确立为大众创业万众创新示范基地。如图6-14所示。

图6-14　广州高新技术产业开发区园区分布图

资料来源：http：//www.docin.com/p—381433974.html

经过二十年的建设和发展，广州高新技术产业开发区紧紧围绕“四位一体”的目标定位，即高新技术产业开发区“要成为促进技术进步和增强自主创新能力的重要载体，成为带动区域经济结构调整和经济增长方式转变的强大引擎，成为高新技术企业‘走出去’参与国际竞争的服务平台，成为抢占世界高新技术产业制高点的前沿阵地”的指导思想，抓住机遇，精心运作，积极发展，取得了突出的成绩，广州高新技术产业开发区的基础设施和配套设施日臻完善，高新技术产业发展势头良好，自主创新能力显著增强，经济保持了持续快速发展的态势，已成为科技创新和高新技术产业发展的重要基地。广州十三五科技创新规划目标如图 6-15 所示。

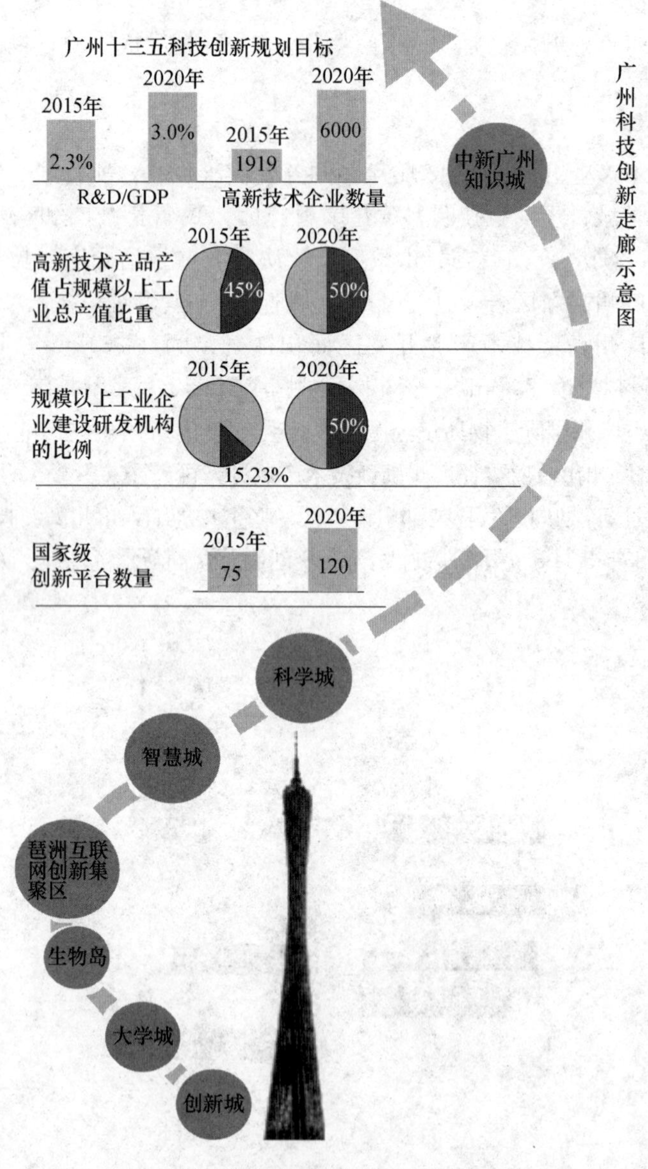

图 6-15　广州十三五科技创新规划目标

资料来源：http：//news. sina. com. cn/o/2016—08—10/doc—ifxuszpp3297635. shtml

6.3.2　各工业园区发展历程

（一）中新广州知识城

中新广州知识城位于九龙镇，规划面积约 123km²，可开发建设用地约 60km²。将建设成为具有全球竞争力的知识经济新高地、珠三角经济圈产业转型升级的新引擎、广东省战略发展新平台、广州东部山水新城核心区。定位为五个高端：汇聚高端产业、聚集高端人才、提供高端服务、创造高端环境、引领高端生活。自奠基以来，知识城主干路网、安置区、生态和市政工程、公共配套设施建设全面铺开，拉开了发展框架。开发建设 5 年来已累计引进项目 109 个，其中产业项目 58 个，正在推进腾飞科技园、知识产权和检验检测等十大专业园区建设。其规划效果图如图 6-16 所示。

图 6-16　广州中心知识城规划效果图

资料来源：http：//newhouse. gz. fang. com/2014－11－07/14103984. htm

（1）成立年份：2010 年。

（2）规划面积：123km²。

（3）功能定位：按照集聚高端产业、吸引高端人才、提供高端服务的理念，建成创新型国家战略布局的核心区之一、引领中国产业高端发展的新引擎、优秀人才创新创业的新高地、国际一流的生态宜居新城。

（4）发展重点：重点发展新一代信息技术、文化创意、科教服务等产业，加快培育新能源和节能环保、新材料、生命与健康等产业，大力发展总部经济，形成以知识密集型服务业为主导、高附加值先进制造业为支撑的产业结构。

（5）进展情况：截止 2015 年上半年，累计投资 335 亿元，轨道交通、征拆安置、主干路网、生态工程等基础设施建设全面铺开。累计注册企业 127 家，金发科技、宝洁、京东商城等 5 家建成投产，腾飞科技园、中大恒健质子等 14 家动工建设，第一批安置区建成交付使用。正在规划建设检验检测集聚区、知识产权保护和服务集聚区、国际教育枢纽等十大园区，其中检验检测集聚区获批成为全国首个国家级检验检测高新技术服务业集聚区。

（6）招商重点方向：根据知识城的产业定位和规划，引进知识密集型产业类项目；推动项目进驻腾飞科技园等载体。

中新广州知识城作为中国广东与新加坡联手开发的区域，其建设借鉴了新加坡先进的绿色建筑理念，并与中国国情相融合。在区域规划中，中新广州知识城将立足珠三角，辐射至整个华南地区，旨在服务全国、面向世界，缔造一座集新知识、新经济的创新领域大城。

(二)广州国际生物岛

广州国际生物岛原名“官洲岛”，是广州市珠江航道中的一个江心岛，毗邻广州大学城，与琶洲国际会展中心、长洲岛隔江相望。2001年，广州开发区受广州市政府委托全面开发建设生物岛，经过十年封岛建设，2011年正式“开岛”。广州国际生物岛面积1.83km²，规划了产业孵化区、研发创新区、产业服务区、生活服务区、综合管理区、绿化广场公共活动系统六个功能组团。基础设施已全部完成，三期标准产业单元投入使用，引进了军事医学科学院华南干细胞与再生医学研究中心、广药集团研究院等重大项目落户。未来，广州国际生物岛将打造成为生物科技创新企业、研发机构和高端人才的集聚地，国际一流的生物医药研发和产业化基地。其规划图如图6-17所示。

图6-17　广州国际生物岛规划图

资料来源：http：//news.ea3w.com/153/1533132.html

(1)成立年份：2011年。

(2)规划面积：1.83km²。

(3)功能定位：打造国际一流的生物医药研发和产业化基地。

(4)发展重点：重点开展中医药现代化和功能基因研究，建立生物医药研发平台，集聚具有高端技术开发能力的研究机构和产业群。

(5)进展情况：截止2015年上半年，累计投资75.3亿元。目前，建成了23万m²的科技产业单元，搭建了“中英、中以科技桥”等国际合作平台，引进项目108个，其中“千人计划”专家投资项目6个，军事医学科学院华南干细胞研究中心、广药医药研发及销售总部等项目入驻。

(6)招商重点方向：引进国内外创新力强的生物医药产业项目；引进一批国内外大型生物医药企业总部及相关产业金融类总部项目。

(三)广州科学城

广州科学城于1998年12月正式奠基，规划总面积为37.47km²。开发建设以来，累计投入资金超1300亿元，建成生物、电子信息等11个国家级产业基地(园区)，获批3个省级、2个市级战略性新兴产业基地，聚集了电子信息、平板显示、新材料、新能源与节能环保、生物医药、知识密集型服务业等六大新兴产业企业 1177 家，占科学城企业总数的 70%，涌现出一批具有自主知识产权、技术水平处于国际领先的高科技企业，已成为全市高新技术研发与产业化的重要基地。其规划布局图如图 6-18 所示。

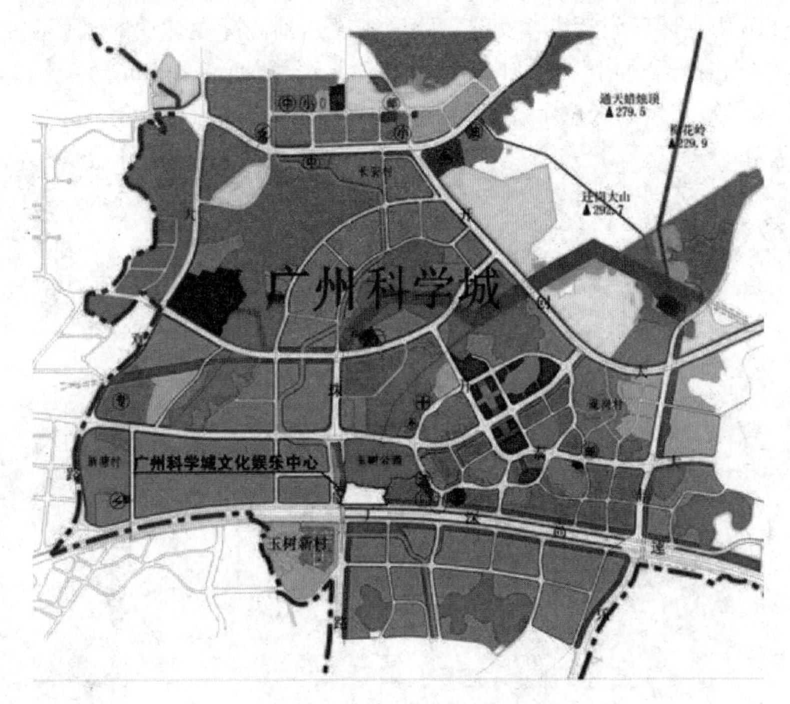

图 6-18　广州科学城规划布局图

资料来源：http：//news. gz. fang. com/2013－04－28/10010774 _ all. html

（1）成立年份：1998 年。

（2）规划面积：20.24km²。

（3）功能定位：建成世界级研发中心和世界一流高科技产业园区。

（4）发展重点：重点发展战略性新兴产业和现代服务业，引进一批高成长性企业和国家重大创新成果转化项目。

（5）进展情况：截止 2015 年上半年，累计投资 1484.27 亿元。现有科技企业孵化器 339 万 m²，建成 8 个国家级产业基地以及 3 个广东省战略性新兴产业基地，聚集超 3200 家科技企业和 440 家研发机构，占全市的 1/4。2014 年，实现营业总收入 3300 亿元，同比增长 18.75%，占广州高新技术产业开发区的 65.9%；实现规模以上工业总产值 2004 亿元，同比增长 10.39%，占广州高新区的 56.5%。

（6）招商重点方向：引进战略性新兴产业、科技创新项目；引进大型总部项目。

（四）广州民营科技园

1995 年经国家科技部批准，广东省科技厅、广州市科技局、广州市白云区人民政府共同投资建设了广州民营科技园。园区规划面积 1223 亩，是广州市高新技术产业开发区的“一区五园”之一，享受国家高新技术开发区的优惠政策，是国家级科技园。广州高新技术产业开发区民营科技园（简称广州民科园），坐落于风景秀丽的广州帽峰山森林公园西麓、广州母亲河流溪河南畔。广州民科园所处坐拥地理优势，环境优越、交通便利，其位于广州市白云区太和镇新广从公路与北太路交汇处，毗邻广州白云国际机场，北二环高速公路、机场高速公路、京珠高速公路、新广从一级公路、广花公路、省道 S116 等在园区附近纵横交错，路网密度达到国际发达地区水平，距离广州中心区 18km、广州白云国际机场 6km、火车站 18km、黄埔港 23km。

广州民营科技园规划区位示意图如图 6-19 所示。

图 6-19　广州民营科技园规划区位示意图

资料来源：http：//news. ifeng. com/a/20170821/51707390 _ 0. shtml

广州民营科技园实行一园多区的管理体制，原规划除核心园区外，还有精细化工产业区、创新产业区、民科园总部经济基地等三个分园区。

2015 年 12 月，广州市国规委官网公示的《广州民营科技园“一核四园”控制性详规修改方案》对园区规划将作大调整，总建筑量增加 1000 万 m^2，规划居住人口也增加到 15.84 万，三条轨道交通穿过园区。

广州民营科技园包括“一核四园”，即民科园核心区、居家用品园、白云工业园、神山工业园以及白云电器节能与智能电气产业园。整个园区跨太和镇和江高镇，四个园区各自规划范围的总和不到 2000 万 m^2。

根据规划，未来将增加产业发展用地，落实多个重大产业项目，未来会完善园区的生活配套，增加人才公寓和公租房等设施，而且还会增加公服用地和公共绿地。

“一核四园”分为太和片区和江高片区，拟打造“总部经济＋产业化基地”发展格局，其中太和片区的广州民营科技园核心区作为总部经济基地，主要发展民营总部经济、科技研发等功能，配套建设高端商务、居住和休闲娱乐等城市功能，打造产城融合、宜居宜业的创新型园区；江高片区的白云电器节能与智能电气产业园、居家用品园、白云工业园、神山工业园作为产业化基地，主要引进和培育优质企业做大做强，重点围绕装备制造、新材料、电子信息、节能与新能源、传统优势产业等，加快园区产业发展转型升级。

1. 太和片区：总部经济发展区

区位：位于白云区太和镇西部，总面积7.15km^2。

功能定位：将发展成为集高新技术产业研发基地、民营总部经济、国际科技合作基地、创新服务中心、商业金融服务中心、绿色休闲会展区域和中高档居住群为一体的综合新城区。

2. 江高片区

（1）居家用品园区：居家用品产业化基地

区位：位于江高镇广花公路东侧水沥村路段，总面积2.35km^2。

功能定位：居家用品产业化基地。重点发展居家用品产业，打造一个产业链条完整、配套完善、绿色环保的科研和产业化基地。

（2）白云工业园：电子商务基地

区位：位于江高镇广清高速江高出口与流溪河交汇处东北方向，占地面积约2.09km^2。

功能定位：电子商务基地。重点依托现有的服饰、新材料等产业进行转型升级，发展电子商务。

（3）白云电气智能与产业基地

区位：位于江高镇广清高速神山出口东侧大岭村段，占地面积约2.17km^2。

功能定位：智能电网产业基地。重点发展220kV及以下配用电侧的高端电气装备制造及电气系统集成服务为核心的专业型制造产业。

（4）神山工业园

区位：位于江高镇广清高速西侧雄丰村，总面积5.409km^2。

功能定位：高新技术产业化基地、先进制造业基地。

民科园产业经济的主要特点是实体经济、本土经济和民营经济。大部分企业是在广州民科园、白云区发展壮大的制造业企业，90%以上为民营企业。2016年营业收入466亿元，同比增长9.0%，工业产值420亿元，税收11.9亿元，同比增长10.2%，规模以上工业总产值占全区的49%以上。目前园区共有“四上”企业133家，其中100亿元以上1家，50亿元以上5家，10亿元以上9家，1亿元以上47家，亿元以上企业产值约占全园区的90%，占全区的45%，是园区发展的中坚力量。园区龙头企业主要有白云电气集团、欧派集团、广铝集团、久量光电、白云化工、红蜻蜓（华南运营中心）、白云清洁等，并围绕这些龙头企业形成了装备制造、居家用品、新材料新能源等产业。近年来，核心区着重发展总部经济，建设了一批总部经济载体，并成立了5个产业发展中心，初显发展成效。

目前园区主要产业为第二产业，细分产业包括电力装备制造业、居家用品制造业、新材料新能源产业，以及正在发展壮大的互联网大数据产业。

（五）天河科技园

天河科技园的前身是全国首批国家级高新技术产业开发区——广州天河高新技术产业开发区，于1988年6月经国家科委和广东省人民政府批准成立。1991年3月，经国务院批准为首批国家级高新技术产业开发区。1996 年 10 月，广州市实行“一区多园”管理体制，将广州天河高新技术产业开发区改名为广州高新技术产业开发区，由广州科学城、天河科技园、黄花岗科技园和广州民营科技园组成。1999 年 8 月，在天河科技园的基础上成立了天河软件园。2011 年，依托天河科技园和软件园，统筹天河区东北部资源，规划建设天河智慧城。

2012 年至 2015 年，天河智慧城地区生产总值年均增长 11.02%，从 2012 年 240.43 亿元增长至 2015 年的 347.55 亿元。其中，固定资产投资年均增长 17%，从 2011 年的 30.12 亿元增长至 2015 年的 56.45 亿元；税收收入年均增长 20.5%，从 2011 年的 43.09 亿元增长至 2015 年的 90.85 亿元。

天河智慧城将深入推进“海绵城市”建设，通过水库、河涌、湿地和人工湖的生态布局，建立起集防洪、排涝、生态、景观于一体的生态系统，打造绿色生态的创新创业环境，将天河智慧城建设为“城中有景、景中有企、山水相依、产城融合”的绿色智慧产业新城。其规划图如图 6-20 所示。

图 6-20　广州天河智慧城（科技园）规划图

资料来源：https：//baike. so. com/doc/2044563－2163371. html

（1）广州天河智慧城规划范围：广州东北部生态屏障以南、广州大道北以东、广园路以北，大观路以西大约 63km²。可开发用地规模 17km² 左右，规划区内约一半用地为绿化、山体、水面，三分之一为科研教学用地。行政区包括天河软件园高唐新区的新塘街、凤凰街、龙洞街、长兴街和五山街部分区域。

（2）发展布局：一核两带三园四区。

一核：依托火炉山森林公园周边区域打造智慧绿核。

两带：广汕路文化创意带、云溪路科技创意带。

三园：天河软件园、智慧新兴产业园、五山科技教育综合园。

四区：高端人才居住区、龙洞智慧社区、新塘智慧社区、广氮智慧社区。

（六）黄花岗科技园

广州高新技术产业开发区黄花岗科技园位于广州市中心城区——越秀区，1991 年经国家科委批准成立。目前园区已合作建设了 29 个建筑面积逾 100 万 m² 的新兴都市型产业载体；形成了新一代信息技术、文化创意、移动互联网、健康医药、服务外包等五大特色产业，成为广州市乃至全省发展战略性新兴产业的重要基地之一（图 6-21）。2006 年，全市首家文化创意产业园——“广州创意产业园”成立于该园。2013 年，黄花岗科技园全年实现技工贸总收入 400.02 亿元，同比增长 23.20%。目前落户黄花岗科技园发展的国内外上市企业及其分支机构总数达 28 家，与高校产学研合作的企业达到 90 家，历年来孵化培育高科技企业累计超过 1700 家。园区内国家重点动漫企业共 5 家，重点动漫产品 12 部，占全国比例均超过 10%。

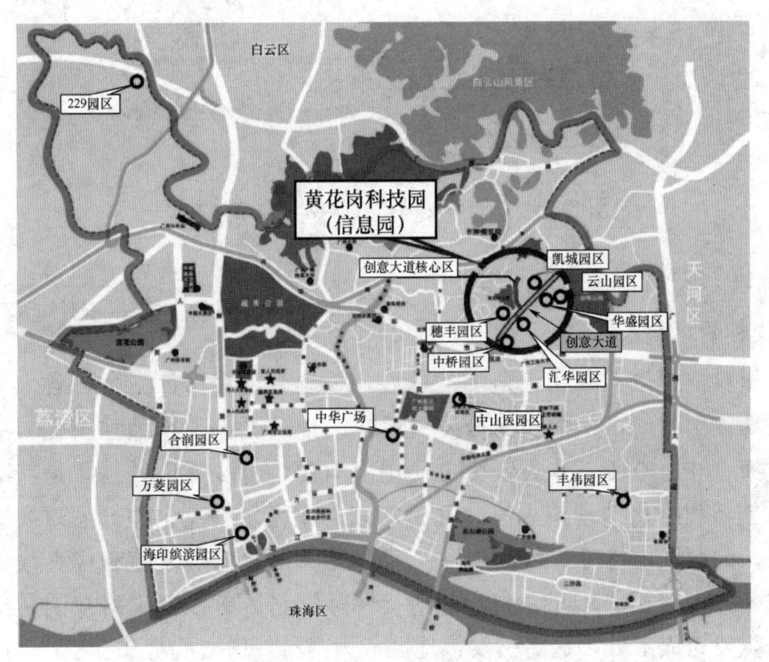

图 6-21　国家高新区黄花岗科技园——留学人员创业乐园

资料来源：www.chisa.edu.cn

近年来园区内一批具有领先创意能力和自主品牌产品的重点创意企业迅速成长起来，成功创造出一批如喜羊羊、猪猪侠等具有良好经济和社会效益的优秀动漫形象，壮大了一批如获得“五个一工程奖”国内最具影响力的动漫品牌原创动力、全国最大的漫画杂志漫友文化、“中国动漫第一股”奥飞文化、中国最大的音像制品发行商天艺文化等具有行业代表性的龙头创意企业，落户了一系列如中国国际漫画节、金龙奖等具有国内外影响力的品牌展会活动，进一步增强了越秀区创意产业发展的规模实力、行业影响力及核心竞争力。

园区重点建设项目“创意大道”，建筑总面积逾 3 万 m^2，已建成和改造 6 座楼宇，包括创意企业总部集聚区、公共研发区和公共服务区三大组成部分的建设及创意大道公共技术服务平台的搭建。计划用 5 年时间将创意大道打造成“百家优秀创意企业，百亿文化创意产值”的大型创意产业基地。打造出产业、商业、文化、旅游四位一体，体现当代科技与先进文化互为融合的都市创意产业景观带，形成一个根植于越秀区区情的知识密集型服务业的特色产业高度集聚区和核心区，成为新型产业再造的示范区，成为带动越秀区新兴产业快速发展的主要动力（图 6-22）。

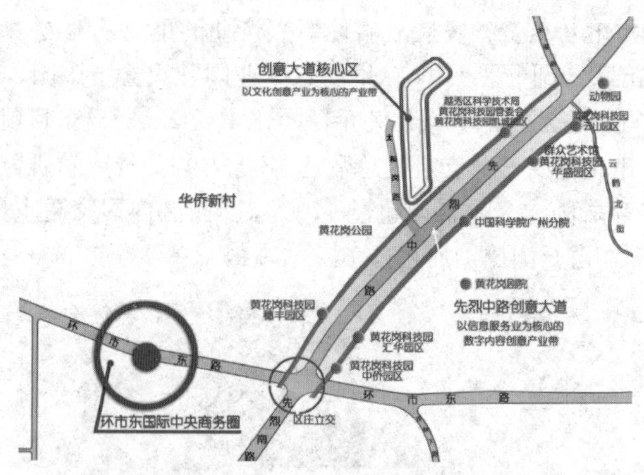

图 6-22　广州黄花岗科技园创意大道示意图

资料来源：www. yuexiu. gov. cn

（七）南沙资讯科技园

南沙资讯科技园位于珠江三角洲的中心，邻近香港和珠江三角洲各大城市，交通便捷，地处珠江出海口，是中国当今发展最快的地区之一。这种独一无二的地理位置意味着通过海、陆、空任一方式皆可方便进出南沙。南沙资讯科技园是从事各种科技专案研发、创新和孵化的理想场所，亦是培训、教育，以及企业开展重要会议、讨论的很好选择。园区依山傍海，风景如画，拥有现代化的基础设施和优良设备，提供物有所值的服务，包括宽带光纤无线高速连接网际网路。南沙资讯科技园是广州市政府整体规划的重要组成部分，这将引发该地区成为高科技中心的势头。

南沙开发区将遵循“产业起步、专案带动”的基本思路，以龙头项目的建设为突破口，以优质的社会化服务功能为依托，重点发展现代物流、临港工业和电子资讯产业。其区位图如图 6-23 所示

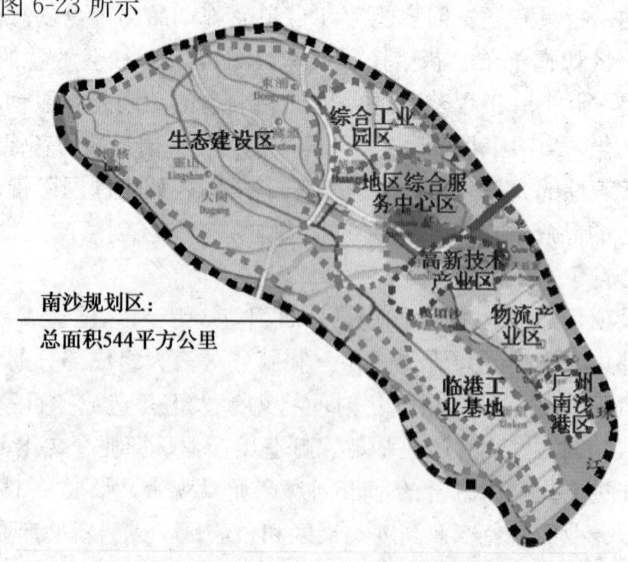

图 6-23　广州南沙开发区区位图

资料来源：http：//www. nsitp. com/schi/city/nanshaetdz. php

南沙开发区五大组团（The five areas）划分，对产业的发展最为理想（图6-24）。它们是高新技术产业组团（南沙资讯科技园）、黄阁综合工业组团（Comprehensive Industrial Base）、地区综合服务业组团、临港工业组团和物流产业组团。

（1）高新技术产业组团：高新技术产业园利用本地产业发展的优势，发展高新产业和资讯服务业，重点是资讯科技产业。南沙资讯科技园作为高新科技和资讯科技的研究中心和制造中心，正好体现了这一功能。

（2）黄阁综合工业组团：黄阁综合工业组团内主要从事汽车产业、石油化工储运以及物流配送和生产。

（3）地区综合服务中心组团：地区综合服务中心组团内的不同地区产业配套适合不同的产业发展。

（4）万顷沙临港工业组团：南沙地处珠江主航道出海口，洋面开阔，水深适宜，是建设深水码头的理想位置。万顷沙临港工业基地计划采用专用码头建设和临港工业布局结合的方式，形成以石油化工、钢铁、机械装备工业为主的现代化临港工业基地。

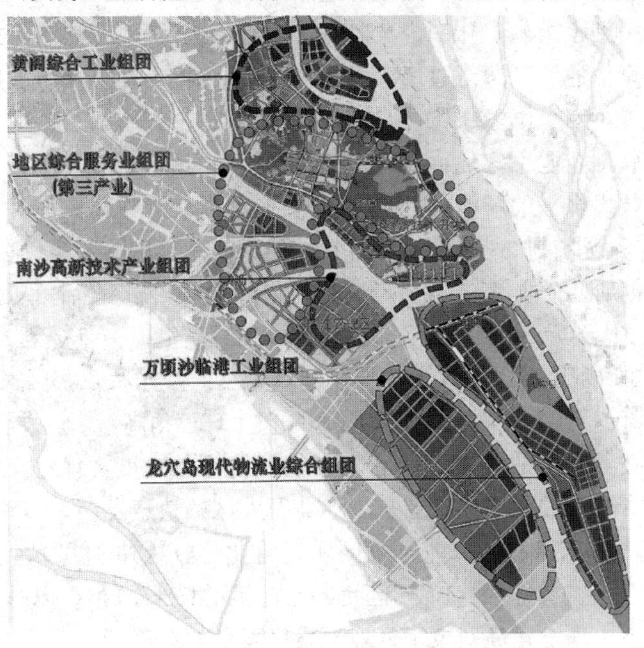

图6-24　广州南沙开发区产业布局：五大组团

资料来源：http://www.nsitp.com/schi/city/nanshaetdz.php

（5）龙穴岛物流产业综合组团：位于龙穴岛上的综合物流中心利用的深水码头、快速路和河网水系形成的航运通道，把南沙打造成一个现代的物流中心。

6.3.3　园区规划层面的成功经验

第一，在发挥优势、因地制宜、合理规划的思路下，形成了由广州科学城、天河科技园、黄花岗科技园、民营科技园和南沙资讯科技园组成的“一区多园”体制优化发展格局。

五个园区各具特色，形成了功能互补、资源共享、协同发展的空间布局形态，最终与广州市政府委托高新技术产业开发区管委会开发管理的广州国际生物岛，形成“五园一岛”的发展格局。

其中，广州科学城是综合性核心园区，以规模化、高端化的研发和服务体系为发展重点，已建设成集研发、孵化、产业、商务、居住生活等为一体的综合高科技社区，成为开展国际技术交流合作、抢占技术制高点的前沿阵地；天河科技园的目标是成为支撑珠三角地区软件和通信产业发展的创新平台；黄花岗科技园以信息服务业和文化创意产业支撑高新技术产业开发区的创新发展，成为引领珠三角文化创意产业发展龙头和文化创意产业新兴业态的源头；广州民营科技园，将建设成为区域民营科技企业的总部基地、民营科技企业孵化基地和抢占市场的前沿阵地；南沙资讯科技园已成为与港澳以及国际技术交流合作的重要桥梁与平台。

第二，随着园区集聚效应的不断增强，广州高新技术产业开发区吸引了大批科技企业纷纷进驻，呈现出各类创新型企业加速集聚、快速发展的势头。

园区不仅吸引到了微软、IBM、英特尔、索尼、松下、飞利浦、西门子等国际巨头，威创日新、京信通信、海格通信、粤晶高科等一批具备较强研发能力的本土民营科技企业蓬勃发展，四个国家级的生物产业研发中心及方欣科技、京华网络、华南资讯等一大批知名软件企业也应运而生。同时，诞生了迪森热能、粤首实业、广州华德等具有国际先进技术水平的新能源行业领头企业，网易、神州数码、友邦资讯、漫友传媒、九州传媒等企业在快速成长，新材料、先进制造领域的企业也在不断发展壮大。

各具特色的创新型企业集聚，为广州高新技术产业开发区增添了更多的活力，使区内的高新技术产品达到近2000项，逐渐形成电子信息、生物、新材料、先进制造、新能源及环保产业、知识密集型产业六大主导创新产业集群，先后荣获国家电子信息产业基地、国家火炬计划产业基地等称号，成为了引领整个珠三角高新产业发展的重要策源地。

第三，高新技术产业的集聚发展有利加快经济增长速度，促进产业结构升级，增强区域创新能力，带来的是广州高新技术产业开发区的快速发展。

2008年，广州高新区技术产业开发区实现营业总收入达1985.24亿元，比上年增长21.9%，实现工业总产值1421.06亿元，比上年增长17.1%，以每平方公里六十多亿元的产出，创造了珠三角高新技术产业开发区发展的奇迹。

2015年，广州高新技术产业开发区全社会研发投入达107.5亿元，占GDP的4.6%；专利申请7898件，增长15.6%；实现营业总收入5347亿元，同比增长6.37%；高新技术企业数量达956家，占全市近一半。2008年至2015年的7年间，广州高新技术产业开发区营业总收入增长169%，平均增长速度达到24.14%。

通过搭建平台、整合资源，广州高新技术产业开发区还形成了以总部经济、信息服务、检测认证、科技研发、金融创新、现代物流、创意产业等八大类服务业项目为核心的现代服务业体系，建立起一条从研发到中试再到产业化的完整创新链，加快了科技成果向现实生产力的转化和区域的自主创新步伐。此外，广州高新技术产业开发区还将以建设现代产业体系先导区、宜居城市示范区、统筹城乡发展试验区“三区”为目标，提升自主创新能力，优化创新资源配置，实现经济社会的协调持续发展，成为国内一流、国际领先的自主创新示范区。

值得关注的是，按照规划，在 2015 年前，广州高新技术产业开发区将力争集聚和培育 5 家以上产值 100 亿元级高科技企业、50 家 10 亿元级高科技企业、5000 家创新型中小企业，还计划对科技园完成投入 200 亿元以上，用于科技基础设施建设、科技项目配套资金、创业人才发展基金等。同时，吸引社会力量共同参与科技创新，加强对创新型企业的金融服务支持，力争带动全社会科技投入 1000 亿元。

第四，在选址上靠近大学城，具备良好的人才基础，地理位置的优势为其发展提供了交通便利。

广州高新技术产业开发区地处广州中心城市组团与东南部组团的交汇处，知识密集、人才荟萃，区内有华工、暨大、华农等高等院校 12 所，有中科院广州分院、广东农科院等科研机构 44 个，国家级重点实验室 3 个，各类科研人员两万多人，为高新技术企业的发展提供了良好的技术人才依托。广州经济技术开发区与广州高新区合署办公是区域经济资源共享、优势互补、联动发展模式的创新；是实现新的经济增长点与经济发展制高点有机统一的机制创新；是推进市场经济条件下政府促进经济发展的体制创新。

广州开发区地理位置优越，交通非常便捷，区内有纵横的高速公路、城市快速干线、一级公路、铁路，临近华南地区最大的集装箱码头——黄埔新港和亚洲枢纽机场——新广州白云机场，广州地铁于 2005 年贯通区内的广州科学城。

6.4　高新区规划经验小结

通过对国内外三个典型案例进行分析，我们可以概括出高新区规划的几点宝贵经验。

第一，高新区是实现产业升级的重要形式，是建设创新型国家的基因工程。

创办高新区是 20 世纪最重要的创举之一。从 1951 年斯坦福研究园成立到台湾的新竹，它们的发展就是世界高新技术产业发展的缩影。高新区“产、学、研”三位一体的发展模式，在促进国家和地区的产业结构升级中发挥了重要作用，成为许多国家和地区用以发展区域经济和高新技术产业的重要手段。

第二，各个国家及地区应该从各自的实际出发，因地制宜发展高新区。由于各国、各地政治、经济、文化、环境不同，产业集聚不存在统一的模式，只有结合各个国家或地区的不同情况，因地制宜加以组织引导和规划，产业集聚才能真正发挥其作用。新竹科学工业园区的开发建设获得了巨大成功，原因就在于新竹科学工业园区的设计者看到了台湾发展科学园区与美国硅谷不同的条件和环境，在设计新竹的基本框架时，不生搬硬套硅谷的模式。我国各地发展产业集聚时要充分考虑到这一点，建立产业集聚必须立足于本地区的实际情况，同时要借鉴其他国家和地区在产业集聚区建设和发展方面共同的成功经验，立足于各地实际，及时改进出现的问题和不足之处，建立一种符合我国各地实际情况和优势的产业集聚模式及管理体制。

第三，高新区建设应注重区位因素。无论是硅谷，还是新竹、广州，区位优势都非常明显。优越区位因素的基本要求是：强大的科研资源、优越的地理位置、良好的自然环境等。中国高新区在建设发展的过程中，也应充分重视区位因素，综合考虑各方面因素，切忌盲目蛮干。

第四，政府的作用至关重要。除了硅谷，新竹和我国高新区的发展都打上了深深的政府烙印，它们都是在政府的支持帮助下成长起来的，政府的影响无处不在。政府“有形的手”和市场“无形的手”相结合，产生出最活跃的生产力。

第五，人才是高新区发展之本。与传统产业不同，高新技术产业是知识、技术密集型产业。这类产业的竞争，归根到底是人才的竞争。硅谷、班加罗尔和新竹的发展经验证明，创办高新区的一个关键因素是有大批人才。没有人才，高新区的发展也就成了无源之水、无本之木。

第六，创新是高新区持续发展的保障。创新是推动生产力发展的重要环节，没有创新，高新区的存在也就失去其意义。成功的高新区时刻都在创新，通过技术创新实现产品的更新换代，领导世界产业潮流，通过制度创新，进一步完善风险投资机制、孵化器功能。创新是所有高新区成功的法宝之一。

第七，完善的配套服务也是不可或缺的。高新技术企业的发展需要完备的服务体系作为支撑，这既包括完善的硬件服务体系，如高质量的基础设施、生活环境服务等；也包括完备的软件服务体系。硅谷和新竹的发展过程也向我们昭示了这一点。

第7章　经济开发园区案例分析

经济技术开发区，就是在开放城市划定一块较小的区域，集中力量建设完善的基础设施，创建符合国际水准的投资环境，通过吸收利用外资，形成以高新技术产业为主的现代工业结构，成为所在城市及周边地区发展对外经济贸易的重点区域。

经济技术开发区是通过采取特殊的政策，以吸引国外资金和技术来发展外向型经济的特殊区域，园区企业以外商投资为主，产业结构以现代工业为主，主要产品进行出口贸易。经济技术开发区是适应我国经济体制转型的园区发展方式的变革。

7.1　苏州工业园区

7.1.1　苏州工业园区位分析

苏州工业园区位于苏州古城区东部，交通便利，高速公路、铁路、水路及航空网四通八达，与世界各地联系方便，处于上海轨道交通圈20min内，南京轨道交通圈60min内，与沪、宁、杭融入同城轨道化。如图7-1所示。

苏州新制定的城市总体规划中，将苏州工业园区规划为“双城双片区”格局中的苏州新城，拟建设成为长三角地区重要的总部经济和商务文化活动中心之一。

7.1.2　发展历程

（1）建设背景

1992年初，邓小平同志视察南方，借鉴了新加坡的建设经验，发表了重要讲话。

1992年9月，新加坡内阁资政李光耀率团访问中国，正对邓小平同志发表的重要讲话，提出了借鉴新加坡经验，合作建立工业园区的意向。此后，中新双方围绕合作开发事宜，进行了实地调研和商讨，最终选址苏州。

1994年2月，国务院下发《关于开发建设苏州工业园区有关问题的批复》（国函〔1994〕9号），同意江苏省苏州市和新加坡合作建设苏州工业园区。随后中新双方签署了《关于合作开发建设苏州工业园区的协议书》《关于借鉴运用新加坡经济和公共管理经验的协议书》和《关于合作开发苏州工业园区商务总协议书》三个重要文件。

1994年3月，全面展开由苏州市政府承担的苏州工业园区“六通到边”的基础设施建设工程。

1994年4月20日，苏州工业园区首批借鉴培训团（规划建设）赴新加坡培训，借鉴新加坡经验正式开始。次日，首批中、新联合招商团赴欧洲招商。29日，江苏省人民政府将娄葑乡、斜塘镇、跨塘镇、胜浦镇、唯亭镇一乡四镇划归苏州市人民政府管辖，由苏州工业园区管委会（筹）行使行政管理职能，园区行政区域基本形成。

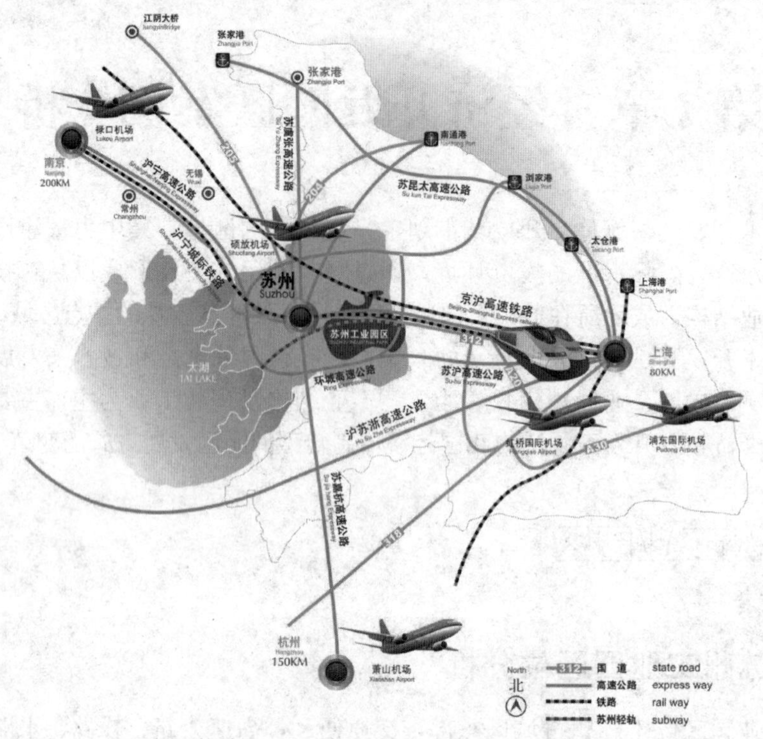

图 7-1　苏州工业园区交通区位图

资料来源：http：//www.sipac.gov.cn/zjyq/dljt/201107/t20110708_103658.htm

（2）奠定基础阶段

1994 年 5 月 12 日，苏州工业园区首期开发建设正式启动。

1994 年 9 月 2 日，江苏省委省政府下发《关于加快苏州工业园区建设若干问题的通知》。14 日，中新联合招商首批 14 个项目举行签字仪式。新加坡康福、韩国三星、美国 BD、日本百佳等入驻园区。

1994 年 11 月 18 日，苏州工业园区首期开发区详细规划评审通过。

1995 年 1 月 10 日，中新苏州工业园区开发有限公司举行开业典礼。

1995 年 2 月 21 日，中共苏州工业园区工作委员会和苏州工业园区管理委员会正式挂牌。

1997 年底，苏州工业园区首期 $8km^2$ 基本开发完成。

1999 年 6 月 28 日，中新双方签署《关于苏州工业园区发展有关事宜的谅解备忘录》，从 2001 年 1 月 1 日起，中新苏州工业园区开发有限公司持股比例进行调整，中方财团承担公司的大股东责任，股比由 35%上升到 65%。

（3）加速发展阶段

2001 年 3 月 23 日，苏州市委、市政府召开苏州工业园区加快开发建设动员大会，正式启动二、三期的开发工程，园区进入了大开发、大动迁、大建设、大发展、大招商的发展阶段。

2001 年 6 月 8 日，在苏州工业园区七周年庆祝大会上，宣布中新苏州工业园区开发有限公司股比调整已经完成。

2003 年年底，中新苏州工业园区开发有限公司连续三年实现赢利，消除了历年累积亏损。

2003 年，经过十年发展，苏州工业园区主要经济指标达到苏州市 1993 年的水平。

2004 年 6 月 10 日，苏州工业园区举行成立十周年庆祝大会。

（4）转型提升阶段

2005 年，苏州工业园区相继启动制造业升级、服务业倍增和科技跨越计划。在后续数年中，又先后提出生态优化、金鸡湖双百人才、金融翻番、纳米产业双倍增、文化繁荣、幸福社区共“九大行动计划”。

2006 年，经国务院批准，中新合作区规划面积扩大 10km²，为苏州工业园区推进自主创新和发展现代物流等产业提供了更大的发展空间。

2009 年 5 月 26 日，苏州工业园区举行十五周年庆祝大会。

2012 年 12 月 26 日，经江苏省政府批准，苏州工业园区撤销娄葑镇，分设娄葑街道和斜塘街道，撤销唯亭镇，设唯亭街道，撤销胜浦镇，设胜浦街道。

7.1.3　总体规划

苏州工业园区总规划面积 288km²，其中中新合作区 80km²（图 7-2）。

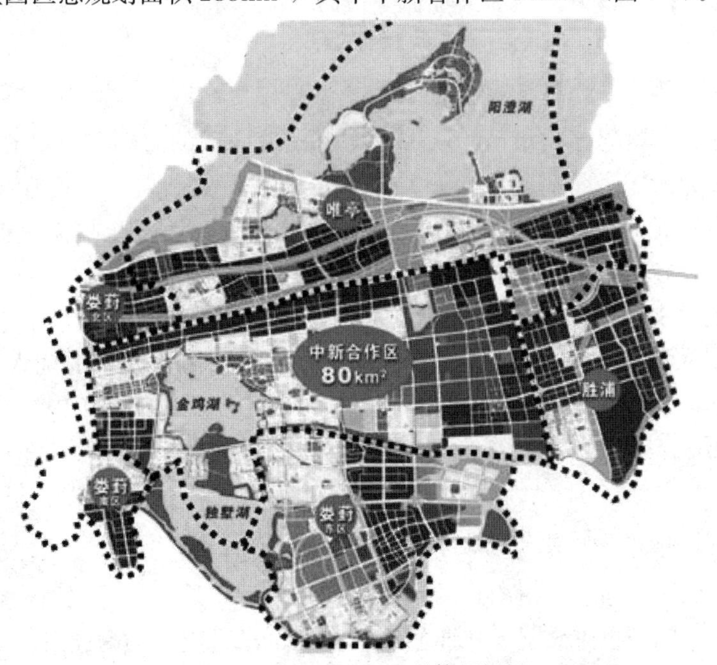

图 7-2　苏州工业园区总体规划图

资料来源：http：//big5. cri. cn/gate/big5/news. cri. cn/gb/14404/2007/02/26/114@1469463. htm

园区分为 6 个转型发展主阵地，分别是：01 独墅湖科教创新区；02 金鸡湖中央商务区；03 中新生态科技城；04 综合保税区；05 三期高新产业区；06 阳澄湖生态旅游度假区（图 7-3）。

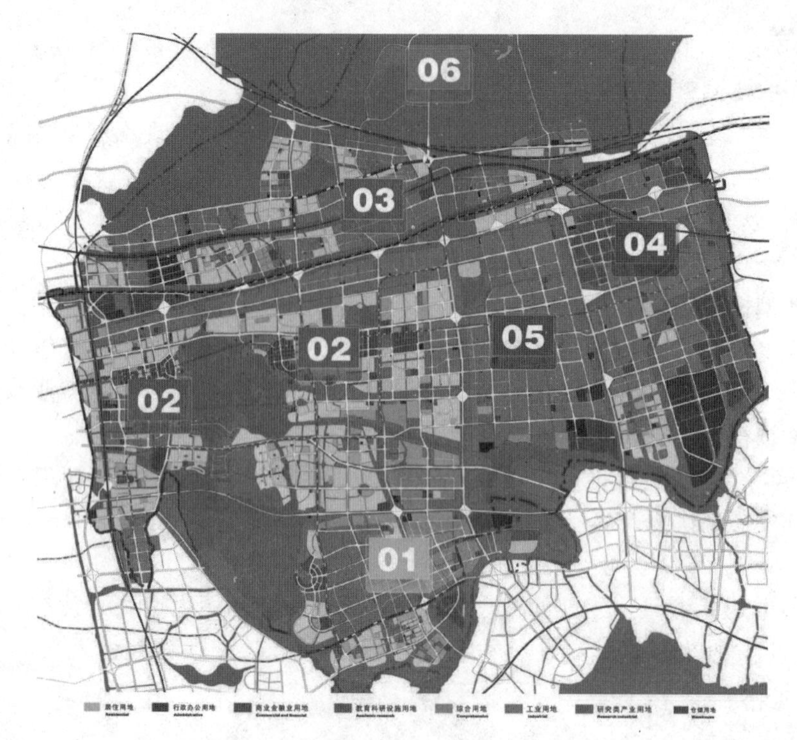

图 7-3　苏州工业园区功能分区规划图

资料来源：http：//info.upla.cn/html/2014/07－21/253917.shtml

1. 整体规划布局——“外围-核心”模式

苏州工业园区紧邻苏州市区，以城市为依托使园区的启动和发展有较强的支撑，此外，以城市为依托还可以节约市政管线及部分服务设施投资，有效地利用城市资源。这种依托城市发展的模式，从一开始就降低了苏州工业园区的成本，与跳跃式相比，依托式更具有优势。

城市商业发展繁荣需要人口支撑，园区通过招商引资、创造就业机会、提供就业岗位来吸引人口入住，因此，人口是园区繁荣发展的核心。围绕人口这一因素，在规划布局时，居住区周围应分布无污染的轻工业，商业布置在中轴线上，居住区围绕着商业区，这样的功能布局可以使生活与就业、娱乐相互联系在一起，缩短通勤时间。

2. 整体规划布局——组团式城市空间发展模式

苏州工业园区空间采用组团式的发展模式，合理布局各功能用地，有序推进功能用地扩张，组团内部也应该留有弹性的用地空间，以适应市场高速发展下不确定的土地市场的需求。

将工业、居住、商业等城市功能用地集中布局，合理进行功能安排，使各功能在相互补充的同时，也保留自己独特的发展方向，保证在不同发展时期，各功能能延续规划确定的发展方向和空间时序性。相对集中布置，使得基础设施得到充分的利用，在土地市场价值的支配下，优化组团内部功能，合理应对市场经济环境对用地功能的需求。

7.1.4　功能规划布局理念

（一）居住区

1. 分层次居住开发理念

将不同类型的住宅建立在不同土地价值和景观价值的土地上，将景观条件较好的、有方便服务的高品质土地用作生活性用途。住宅用地规划分为高密度、中密度、低密度三个层次，如：金鸡湖周边的住房密度，由湖边向外逐渐升高，这种分布方式可使居住建筑之间留有足够的视线廊道，使尽量多的住户欣赏湖景。分层次用地能最大限度发挥土地价值，盘活居住用地，同时又可以兼顾居住景观效益，有利于土地资产的良性流转。

2. 分阶段居住邻里建设理念

工业园区开发建设的第一代邻里中心是新城大厦，其中设有超市、银行、邮政、餐饮店、洗衣店、美容美发店、药店、文化用品店、维修店、文体活动中心、生鲜连锁和卫生所等 12 项必备功能，园区工业发展起来后，也带动周边住宅区的开发建设。随着住宅区规模的扩大，陆续建设了贵都大厦、师惠大厦、沁苑大厦等第二代邻里中心，在第一代邻里中心功能的基础上，增加了商务办公、酒店等功能；随着湖东地区的开发，以湖东大厦为代表的第三代邻里中心建立，与第一、二代邻里中心的功能相比，湖东大厦是一座区域性、综合性商业服务大厦。这种分阶段邻里中心建设模式是与“外围-核心”模式相匹配的建设模式，这两种模式的良性互动将有效地推动各自更好地发展。

（二）工业区

1. 注重城市设计的工业布局理念

工业用地的布局应在城市设计的范围内系统规划。临近河道的工业用地低价较高，同时也对厂房建筑外观和企业素质有较高要求。高层厂房应临街主干道，以获取方便的货运交通和更高的关注；在自然环境良好的地块，布局高科技企业可以隔绝生活区域与一般工业之间的相互影响，塑造高品质工业园区。

2. 工业区规划模式

（1）工业小区模式

将相关工业聚集在一个区域，并设置工业小区，实现基础设施和土地资源利用效率最大化。设置工业小区可提高园区招商的号召力，有利于规划与环保的控制以及生产性设备的共用，加强相关工业的协调与动力。

（2）工业坊模式

为满足部分厂家的需要，园区会事先建设一批标准现成厂房，使企业可以“拎包入住”，与此同时，园区内也会预留 8%～10%的工业用地，用于建设各类不同类型的厂房，满足各类建设需求。

政府主导的工业坊的开发是将资源在整体层进行协调，工业区内或临近城市边缘的建设工业坊，不仅可以使工坊运行过程的某些活动内部化，还能将其改造为体育、休闲娱乐或部分居住等用地类型，具有较大的空间灵活性。

（三）景观休闲区——公共利益先导理念

金鸡湖是苏州工业园区的“眼睛”，占地约12km^2，22km长的开放式公共绿带环绕在湖周边，经道路分隔后，在外围建立低密度住宅区。在进行规划时，应该以公共利益为先导，充分考虑大众的需求，不允许任何方式的私有化，明确大众的主人翁地位，围绕大众建设各类生活服务设施，使大众获得归属感，激发其工作热情。

（四）公共设施用地——集约化理念

公共服务配套设施的集中建设，是为了减少居住区内部的零星商业，形成系统化的配套服务设施体系。商业设施分为城市级、区级、邻里级三个等级，中央核心地带一般布局商业设施，为较高密度的办公楼、购物中心、娱乐休闲中心服务；居住区配套服务设施主要分布在邻里中心，主要集商业、文化、社区服务等多种功能于一体，为社区居民提供综合的、全方位的、多功能的服务；工业区则以综合性便利中心的形式设置商业便利服务设施，为外来务工人员集中提供服务。

（五）绿地——网络化理念

沿道路和水系设置绿化景观是常用的线性绿化方式，以“道路绿线”和“水网绿线”为骨架，以公共块状绿地为道路、水系网络绿化的节点，将园区用地的“边角料”充分利用，充分实现土地价值，同时也将园区绿化连成一个整体，促进生态效益最大化。

（六）规划弹性用地——“白地”理念与“弹性绿地”理念

为了提高土地利用效率，增加规划的灵活性，提出“白地”概念。“白地”是指在规划用地图上并没有某种特定的功能用地颜色来限定其用地性质的土地。设置白地，可以与周边用地功能相协调，也可以根据市场发展及土地利用功能的转换，发展相应的功能。如在居住区内预留白地，可以发展目前没想到的用地功能。

“弹性绿地”是在用地性质确定的情况下，由于建设实际的需要而出现的一种用地过渡状态。“弹性绿地”是介于两种用地功能之间的绿化用地，在规划前期以绿地的形式加以保留，在相应功能扩张和用地扩展的情况下，可以压缩“弹性绿地”以满足用地功能的需要，“弹性绿地”也将会被慢慢压缩，形成一个小型绿化带。

7.1.5 道路规划理念

（1）分层次道路网络理念

分层次道路网将主干路与居住区内的道路分开，使外部交通和居住区内的交通互不干扰，干路不穿越小区且连接主要的商业中心。分层次道路网因地制宜，为城市的每个部分都提供适当的交通，为园区内交通的高效运转做出重要的贡献。

（2）缓冲带控制理念

沿道路设置缓冲带，在提高绿化覆盖率、建立绿化网络的同时，也可以提高居住环境质量和工作的效率。缓冲带可以分为两个部分，即绿化缓冲带和间距缓冲带。绿化缓冲带靠近道路红线，主要用于种植行道树和景观，打造路边景观；间距缓冲带位于建筑间距和建筑后退线，间距缓冲带内可设停车场、车道、人行道等。

经过数十年的发展，苏州工业园（图7-4）取得了显著的成就，以占苏州市面积

4%的土地和人口，以及 7%的工业用电量，创造了全市 15%左右的 GDP、地方一般预算收入和固定资产投资，26%左右的注册外资、到账外资和 30%左右的进出口总额。面对这样的成绩，在欣喜的同时，也要积极探索和反思成功经验，不断取得进步。苏州工业园 CBD 景观规划图如图 7-5 所示。

图 7-4　苏州工业园标志性建筑实景图

资料来源：http：//design. cila. cn/news34666. html

图 7-5　苏州工业园区 CBD 景观规划图

资料来源：http：//design. cila. cn/news34666. html

7. 1. 6　发展环境分析

（一）基础设施建设

中新合作区 80km^2 范围内的基础设施基本建成，达到“九通一平”标准。如图 7-6 所示。

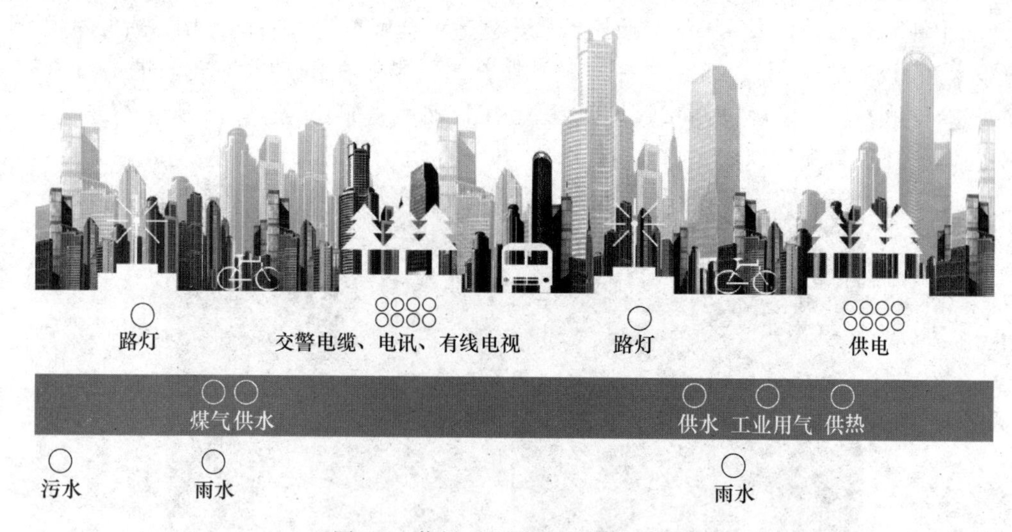

图 7-6　苏州工业园区基础设施建设

资料来源：http：//www. sipac. gov. cn/zjyq/fzhj/201107/t20110708_103699. htm

（二）载体建设

1. 现代化创新载体平台。园区除了建设超 300 万 m^2 的生物科技园、国际科技园、中新生态科技城、创意产业园、纳米产业园等科技载体之外，还建设了独墅湖科教创新区、文化艺术中心、阳澄湖旅游度假区、综合保税区等其他创新区域载体。

2. 区域一体化发展进程加快，推进撤镇建制改为街道的改革进程。

3. 走出去战略。在江苏省宿迁市、南通市积极推广园区合作发展经验，进行园区合作开发建设。

（三）人才资源

1. 全区大专以上人才总量位居全国开发区首位。

2. 独墅湖科教创新区引进澳大利亚莫纳什大学、美国加州伯克利大学、加拿大滑铁卢大学、乔治华盛顿大学、新加坡国立大学等一批世界名校资源，24 所高等院校和职业院校入住；累计拥有 356 个重点实验室、工程中心、技术中心、博士后科研工作站、流动站等各类研发机构。

3. 95 人进入国家“千人计划”，64 人入选“姑苏领军人才”，成为中组部“国家海外高层次人才创新创业基地”。

（四）产业发展方向

1. 主导产业。发展高端规模化的电子信息制造业、机械制造业。

2. 现代服务业。以金融产业为突破口，发挥服务贸易创新示范基地优势，重点培育金融、总部、外包、文创、商贸物流、旅游会展等产业。

3. 新兴产业。以纳米技术为引领，重点发展光电新能源、生物医药、融合通信、软件动漫游戏、生态环保五大新兴产业。

（五）时尚都市

1. 着力发展总部经济、金融服务等高端服务业，着力打造苏州市域 CBD 龙头。全区集聚金融及准金融机构 500 家，全区外资银行数量占江苏省 2/3。

2. 拥有苏州国际博览中心、苏州文化艺术中心、金鸡湖高尔夫俱乐部等国际一流的商务活动场所；建成各类酒店 34 家，其中洲际、万豪、凯宾斯基等四星级及以上国际高端品牌酒店共 22 家。

3. 引进新光三越、诚品书店等地标性项目，以及大和、新鸿基、九龙仓等房产楼宇品牌。环金鸡湖区域成为苏州新的商业文化中心。金鸡湖景区和阳澄湖旅游度假区已成为闻名海内的著名景区，主要景点包括李公堤国际风情水街、时代广场天幕商业街、摩天轮主题公园、水幕电影、重元寺等。

4. 拥有久光百货、天虹百货、印象城、家乐福、沃尔玛、欧尚等商业旗舰项目，月光码头、时代广场、左岸商业街等街区汇集各国风情的知名餐饮三百余家。

5. 中国唯一的国家商务旅游示范区。

（六）生态文明

区域整体环境通过 ISO14001 认证，绿化率超过 45%。

（七）和谐发展

各项社会事业协调发展，建立了覆盖全区的社会保障体系，创立了以邻里中心和社区工作站为依托的新型社区管理和服务模式。

7.1.7　存量规划的发展要求

经历了前 20 年的快速发展，苏州工业园区也面临着土地空间资源的限制，根据近年苏州土地出让速度，园区的土地存量仅够维持 3～4 年；土地利用效率低，就开发强度而言，园区合作区一期及娄葑工业用地（代表发展成熟的工业用地）平均建筑面积密度为 0.65 万平方米/公顷，而其他地区则为 0.15 万平方米/公顷。另外，以二产为主的产业结构规模虽然大，但是以来料或进料加工装配的中间产品为主的产业链后续动力不足。且进入工业化中后期的发展阶段，加之区域交通条件的改善，外部竞争压力愈来愈大，这就要求园区提高土地利用率，尽快实现产业升级与集群发展，进而推动产业空间向城市空间的融合。再者，苏州工业园区是未来苏州东部新城所在区域，有限的土地资源和亟待置换的城市用地功能使苏州工业园区由推出增量土地转向盘活存量土地的发展策略转变。

在应对苏州工业园区存量规划的上述背景下，合理优化配置空间资源、提高土地利用强度、挖掘空间发展潜力、转变土地发展策略、促进土地资源的循环高效利用显得尤为重要。在面对自身产业的发展瓶颈下，加快产业升级、技术创新，对部分低产高耗企业进行升级转移。从经济效益、资源环境效益和空间效益三大因素对现状工业用地进行综合评价，为后续进行延续发展或产业转移、土地置换作决策依据。另外，2007 年中国城市规划设计研究院在新一轮苏州工业园区分区规划的编写中，针对用地功能的转化，首次提出了灰色用地概念，即：由于土地价值提高而需要逐步“退二进三”的工业用地。灰色用地规划原则上需要进行两次规划，第一次是在现状用地基础上完善功能，并为第二次规划创造有利的转换条件；第二次规划是转换的完成，实现工业用地“退二进三”的发展目标。

灰色用地的转换模式主要有以下三种：

(1) 后期整合。首先对现状利用率较低的地块进行分割，结合周边用地情况，创造转换条件。在二次规划中，将该地块与周边土地进行整合，新增用地性质，完成对该地块的功能转换。

(2) 前期预留。在第一次规划中，对于二次规划可能用到的功能用地，以公共绿地形式预留弹性的用地空间，不进行地面建筑的投资和开发建设，如道路广场等。

(3) 改造提升。在第一次规划中，结合建筑的功能结构，确定新增的用地性质，创造良好的转换条件，在第二次规划中，结合新的用地功能，对原建筑进行改造和功能升级，形成适应新用地性质的建筑类型。如改造成艺术中心、设计事务所、餐饮、办公楼、住宅等，挖掘土地价值，提高土地利用效率。苏州工业园区由于用地性质的转变，会引起土地产权变更、建筑性质的变化以及土地模式和建筑模式的转变，因此灰色用地的提出符合整个园区规划的要求。除此之外，还提出了四项具体实施办法：

(1) 原则上应在2020年前实现“退二进三”，最晚不超过2030年。

(2) 允许新批工业用地，但使用年限应缩短为15～20年。

(3) 允许现有企业新增投资，土地使用年限可根据投资强度适当延长，最长不超2030年。

(4) 征收地产税，提高运营成本（苏州工业园区（苏州东部新城）分区规划2007—2020)。

苏州工业园区预先制定灰色用地规划，科学主动地引导土地功能转换，表现出规划思想的科学性和前瞻性，以对应社会、经济、生态的多变性及集约化土地利用，实现可持续发展。此外，作为苏州未来城市东部新城，“以区带城”的发展阶段对城市公共服务配套、基础设施配套提出了更多和更高的要求。

苏州工业园区业已成功跻身国际上最具竞争力的高科技工业园区之一。面对城市发展要求、十分有限的可建设用地、低效率的土地利用、周边园区的发展竞争压力等内外因素，盘活存量土地、提高土地利用率、加快产业升级和科技创新，完善城市公共服务和基础设施配套，对于苏州工业园区具有重要的发展意义，是为实现苏州工业园区发展成为苏州东部新城、国际高科技工业园区典范的重要过程。

7.1.8 苏州工业园区规划建设经验

经过17年的发展，苏州工业园区已经成为中国和新加坡两国政府合作的旗舰项目、改革开放试验田、国际合作示范区，是中国发展速度最快、最具国际竞争力的开发区之一。

1. 中新合作、高位推动

为了实现高标准要求、高效率运转、高质量服务，全面推进苏州工业园区的顺利发展，中新双方建立了高层次、多层面的领导工作机构。第一层面是中新两国政府联合协调理事会，负责协调苏州工业园区开发建设和借鉴新加坡经验中的重大问题。由两国副总理担任理事会共同主席，我国国家发改委、科技部、商务部、财政部、外交部、住房和城乡建设部、国土资源部、海关总署、国家税务局、国家质量监督检验检疫总局、江苏省人民政府、苏州市人民政府和新加坡贸易与工业部、外交部、总理公署、国家发展部、教育部为理事会成员。第二层面是中新双边工作委员会，由苏州市市长和新加坡裕廊镇管理局主席共同主持，苏州市政府、园区管委会与新加坡贸易与工业部及其负责人为组成人员。第三层面是借鉴机构，由苏州工业园区借鉴新加坡经验办公室和新加坡贸易与工业部软件项目办公室负责日常工作。

2. 着眼长远、科学规划

“规划先行”“规划即法”是园区取得成功的关键因素，也是值得推广的园区发展理念之一。根据区域发展总体目标，中新双方专家融合国际上城市发展的先进经验，联合编制完成了具有前瞻性的区域总体规划和详细规划，制定完善了四百多项专业规划，科学布局了工业、商贸、居住、交通等各项城市功能，并确立了“先规划后建设，先地下后地上”的科学开发程序，形成了严密完善的规划体系和“执法从严”“适度超前”的规划管理制度。

在基础设施方面，借鉴新加坡“需求未到，基础设施先行”的做法，园区秉承“执法从严”“适度超前”的开发理念，按照“九通一平”（“九通”即道路、供电、供热、燃气、供水、排水、排污、通讯、有线电视全通，“一平”就是场地平整）标准实施基础设施建设。此外，园区不仅根据社会需求大力发展酒店、旅馆、商业、商务等现代服务业，而且积极兴办学校、科技馆、体育场、邻里中心、社区工作站等公共服务设施，不断增强区域社会服务功能。

苏州工业园区从建设初期就开始贯彻产业发展与城市建设并进，奉行产业发展与城镇建设同步的现代化发展理念，从一开始就摒弃单一发展工业的模式。在工业园区发展早期，就明确提出了建设“具有国际竞争力的高科技工业园区和国际化、现代化、园林化的新城区”发展目标。“十三五”规划期间，根据苏州特大型城市的战略定位，着眼“对内引领国内创新发展、对外参与全球创新竞争”的战略要求。园区制定了长远发展的战略愿景：力争再经过20年或更长时间坚持不懈的努力，将园区全面建设成为具有重要影响力和独特竞争优势的“全球产业创新园区”和“国际商务宜居新城”，打造成为“东方慧湖”和“天堂新城”，建设成为国际先进现代化高科技产业新城区。

3. 创新开放、高效治理

苏州工业园区实施建管分离、企业化运作的模式。中新苏州工业园区开发有限公司（CSSD）是中新两国合作的载体和苏州工业园区早期主要的开发主体，由中新双方财团组成。中方财团由中粮、中远、中华、华能等14家国家大型企业集团出资组建；新方财团由新加坡政府控股公司、有实力的私人公司和一些闻名跨国公司等24个股东联合组成。管委会是园区的治理主体，下设15个职能局（办），并通过树立“亲商亲民”理念、增强一站式服务功能、实行社会服务承诺制等途径，初步形成了“精简、统一、效能”的服务型政府，“全过程、全方位、全天候”的服务体系、“公开、公正、公平”的市场秩序和“科学、规范、透明”的法制化环境。

4. 转型发展、产业升级

园区大力推进发展方式转变，启动实施制造业升级、服务业倍增、科技跨越、生态优化、纳米产业双倍增、金融三年翻番、金鸡湖双百人才、文化繁荣“八大计划”，转型升级取得良好成效。新兴产业裂变增长，全力发展以纳米技术为引领，以五大新兴产业（纳米光电新能源、生物医药、融合通讯、软件与动漫游戏和生态环保）为支撑的战略性新兴产业。数据显示，近年来，高新区全社会研发投入占地区生产总值比重保持在3.5%，高新技术产业产值、战略性新兴产业产值占规模以上工业总产值比重达52%和55.8%。专利授权量累计增长超过150%，三大新兴产业产值超千亿元，年均增长30%左右，已建成具有全国影响力的知识产权服务业集聚发展示范区；纳米技术及相关产业品牌初步打响，新型平板显示、节能环保、生物医药三大产业规模在全市占比超三分之一，获得了江苏省两化融合示范区、创新科技园区、节能环保科技产业园、生物医药科技园、融合通讯科技产业园等称号。

5. 全球定位、创新招商

园区始终突出招商工作的龙头地位，积极拓展招商思路，构建招商网络，创新招商方式。园区倡导“择商选资”理念，将资本密集、技术密集、基地型、旗舰型项目作为招商重点，瞄准世界500强及其关联项目，引进位居产业核心的龙头项目，带动相关配套项目进驻。至2010年底，苏州工业园区累计引进外企四千余家，合同外资403亿美元，实际利用外资189亿美元，其中，世界500强项目137个，上亿美元项目7个。利用外资连续多年名列中国开发区第一；在集成电路、液晶显示、汽车及航空零部件、软件和服务外包、生物医药、纳米新材料新能源等领域形成了具有一定竞争力的产业集群，以占中国十万分之三的土地创造了全国3%进出口总额、3%IT产值、15%IC产值和5%离岸外包产值，初步形成了以高新技术产业为主导、以先进制造业为支柱、以现代服务业为支撑的现代产业体系，已成为区域发展强劲引擎和主要增长极。

6. 招才引智、产研结合

园区按照“政策引人、事业留人、环境育人”的方针，实行与国际惯例接轨的人力资源市场化配置新模式，建立了人才自由流动的市场体系，形成人才需求的分类预测机制，建立大容量的高级人才信息库。目前，园区科技型企业已超过400家，区内聚集各类高级专业技术人才超过2万名。

园区积极构建专业的职业技术教育体系。为适应外商投资企业对高级技术工人的需求，园区于1998年成立了职业技术学院，培养了一大批高素质的职业技术人才。目前，已有8所高校进去办学，近10家培训机构入驻。全区在校生规模约2.5万人，其中博士生约600人，硕士生约3700人。

7.2 北京经济技术开发区

7.2.1 园区概况

北京经济技术开发区（BDA）享受国家级经济技术开发区和国家高新技术产业园区双重优惠政策，也是北京唯一一家享受此项双重政策的国家级经济技术开发区。园区位于北京东南方向的亦庄地区，开始建设于 1992 年，1994 年 8 月 25 日，被国务院批准为北京唯一的国家级经济技术开发区。1999 年 6 月，由国务院批准，将 7km^2 范围内的开发区确定为中关村科技园区亦庄科技园。2007 年 1 月 5 日，北京市人民政府批复《亦庄新城规划（2005—2020 年）》，明确指出以北京经济技术开发区为核心功能区的亦庄新城是北京东部发展带的重要节点和重点发展的新城之一。2010 年，大兴区与北京经济技术开发区行政资源整合，两区进入新的历史时期。

发展历程：从北京经济技术开发区二十多年的发展进程中，可以总结出开发区发展的三大阶段，即探索阶段、快速发展阶段和跨越发展阶段，以及各阶段的特征，其中驱动力的发展是北京经济技术开发区变迁的根本力量（图 7-7）。

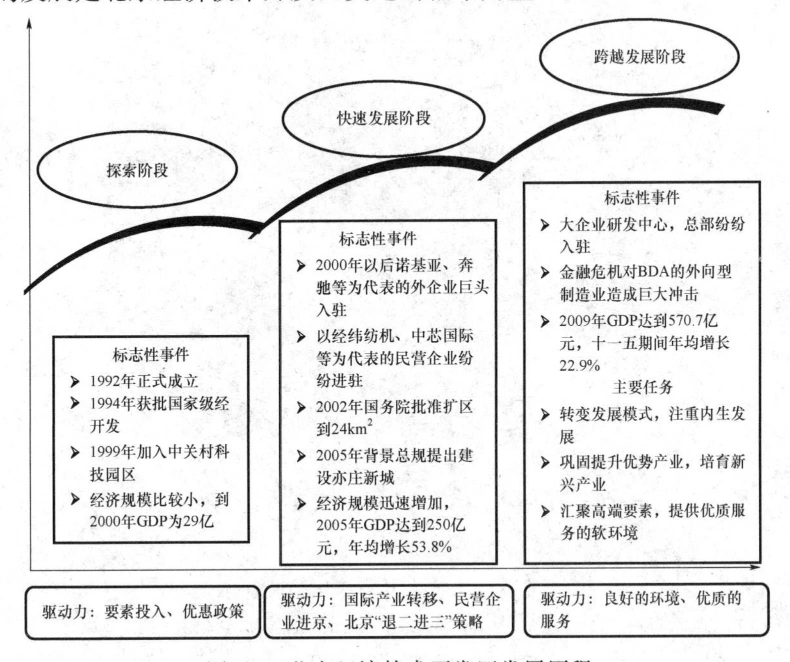

图 7-7　北京经济技术开发区发展历程

资料来源：http：//www.doc88.com/p－9965730332599.html

7.2.2　区位分析

（1）区位优势明显。北京经济技术开发区位于北京东部，是北京城市总体规划的东部发展带，京津塘产业带由此开始，并且处于环渤海经济产业圈的核心发展地带，受到各产业发展带的辐射作用（图 7-8）。

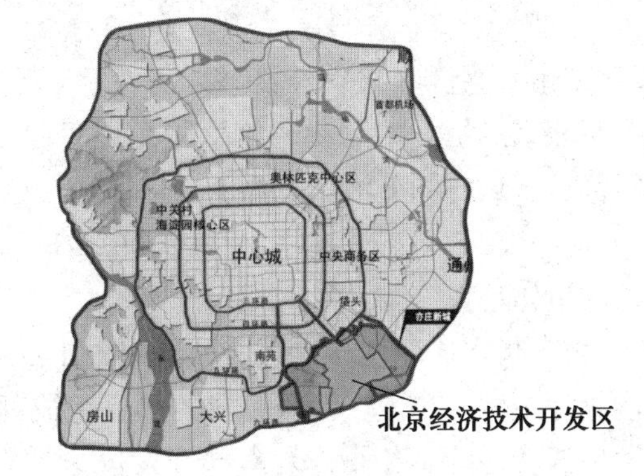

图 7-8　北京经济技术开发区区位图

资料来源：http：//www.bjghw.gov.cn/web/static/articles/

（2）交通条件便利。北京经济技术开发区位于城市五环路与六环路之间，连接京津塘高速公路、四环路、五环路、机场高速路、城市主干路、城市快速路以及城市轻轨等各种交通干道，使开发区与外界有方便的交通联系。北京经济技术开发区可利用的标准公路及高速公路共达 1.5 万 km，通往市中心有三条主干路，沿城市环路可方便地到达火车站、北京南站和北京北站等大型站点。距离中国北方最大的国际贸易港——天津新港仅 140km 的车程，交通优势十分明显（图 7-9）。

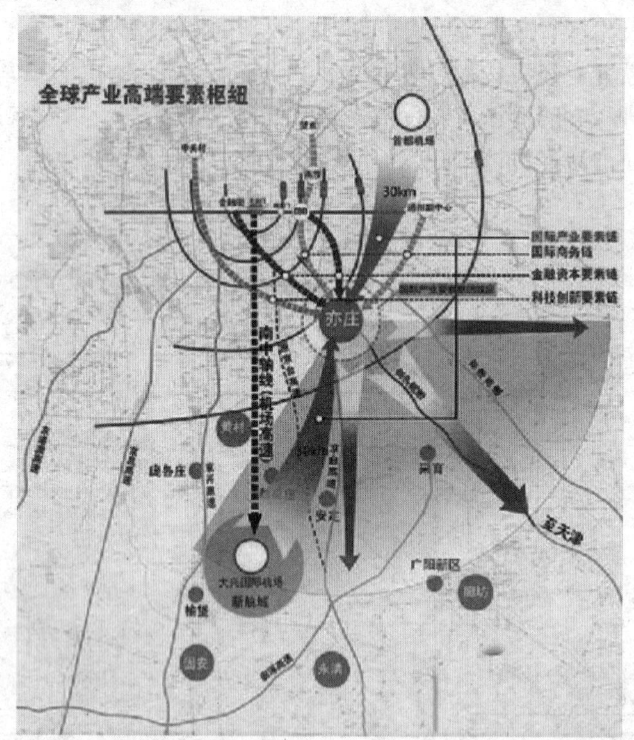

图 7-9　北京经济技术开发区区位交通示意图

资料来源：http：//www.bda.gov.cn/cms/tzhj/117489.htm

7.2.3 “十三五”规划

（1）空间布局

《北京市大兴区和北京经济技术开发区国民经济和社会发展第十三个五年规划纲要》按照北京经济技术开发区的总体发展思路和五区定位（科技创新中心区、高端产业引领区、区域协同前沿区、国际交往门户区、深化改革先行区），提出了坚持“三城、三带、一轴、多点、网络化”的城市空间布局，构建“新城—新市镇—农村社区”的新型城市体系。

“三城”指亦庄新城、大兴新城和规划中的新航城。南部的亦庄新城主要以发展高端制造业为主体，是生产性服务业的重要组成部分；大兴新城是地区行政和文化中心，主要发展消费性的服务业，是南部开发区重要产业集聚区的组成部分；新航城拟建设为世界城市的门户枢纽，着力发展临空产业，完善南部地区基础设施服务，提升城市的辐射范围，带动相关产业发展，建设国际一流城市。三座新城目标明确，定位合理，促进区域一体化发展（图 7-10）。

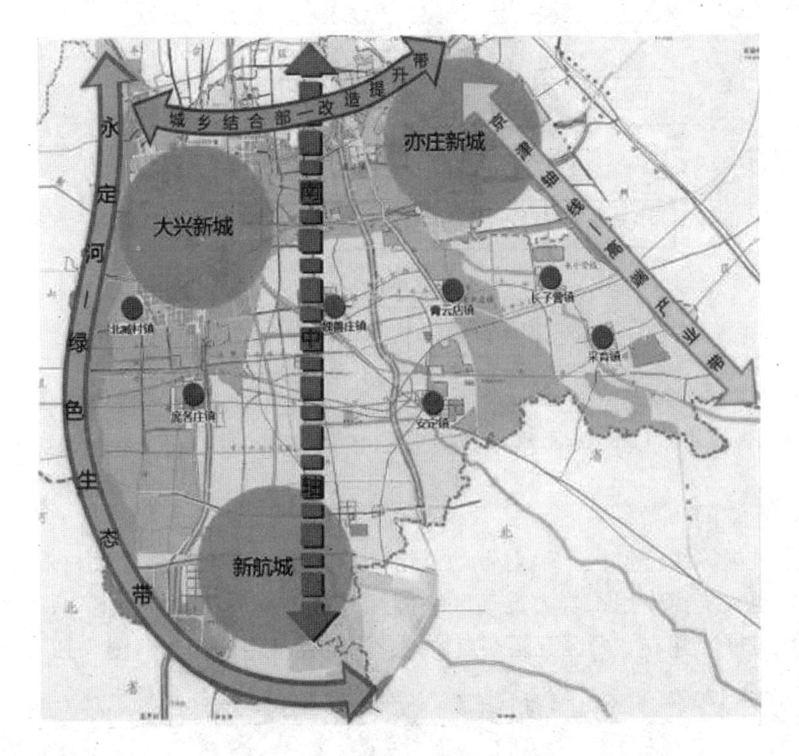

图 7-10　三城空间布局示意图

资料来源：http：//house. qq. com/a/20121107/000357. htm

“三带”包括京津塘高速公路发展带、京开高速公路发展带和南六环路发展带。

“一轴”指南中轴延长线，对南中轴进行保护性开发，以“生态绿轴、文化中轴”为发展定位，规划建设文化创意区，大力发展创意文化产业和临空经济，以良好的生态环境和厚重的历史文化为名片，打造独具特色的南中轴。

“多点”是指区内的四个重点镇：魏善庄镇、庞各庄镇、采育镇、安定镇。魏善庄镇着力发展文化创意产业和军民结合服务产业；庞各庄镇重点发展旅游、会议、休闲及专项体育产业；采育镇主要发展新能源汽车产业；安定镇重点发展生态旅游和都市产业。

通过对基础设施和产业设施的调整和合理布局，将区域内的城、带、轴、点协调统一发展，形成“网络化”的、紧密衔接的功能布局。

（2）现代产业体系

适应和引领经济发展新常态，按照落实城市战略定位、构建“高精尖”经济结构和建设国际一流和谐宜居之都的要求，从发挥现有产业优势、支撑经济平稳增长、强化引领示范功能出发，聚焦做强四大主导产业；从紧抓产业发展机遇、引领未来经济增长、优化结构促进转型出发，发展壮大四大新兴产业；从适应消费需求变化、服务宜居城市建设、促进城乡一体发展出发，优化提升两大支撑产业，构建新区“442”现代产业体系（图 7-11）。

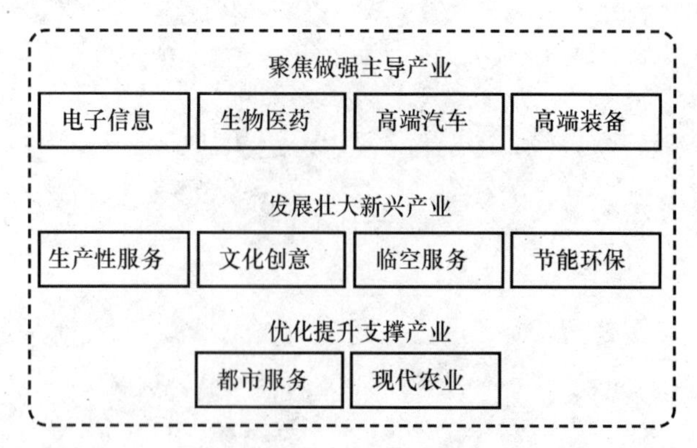

图 7-11　北京经济技术开发区“442”产业体系

资料来源：《北京市大兴区和北京经济技术开发区国民经济和社会发展第十三个五年规划纲要》

（3）产业空间布局

大力发展国家级产业区，辐射带动全区产业发展；重点做强中关村产业园，为经济增长发挥更大支撑作用；着力推动区级园区升级，释放产业空间潜力；加强园区之间的协同化发展，建立“两区五园多点协同化”的产业空间布局（图 7-12）。

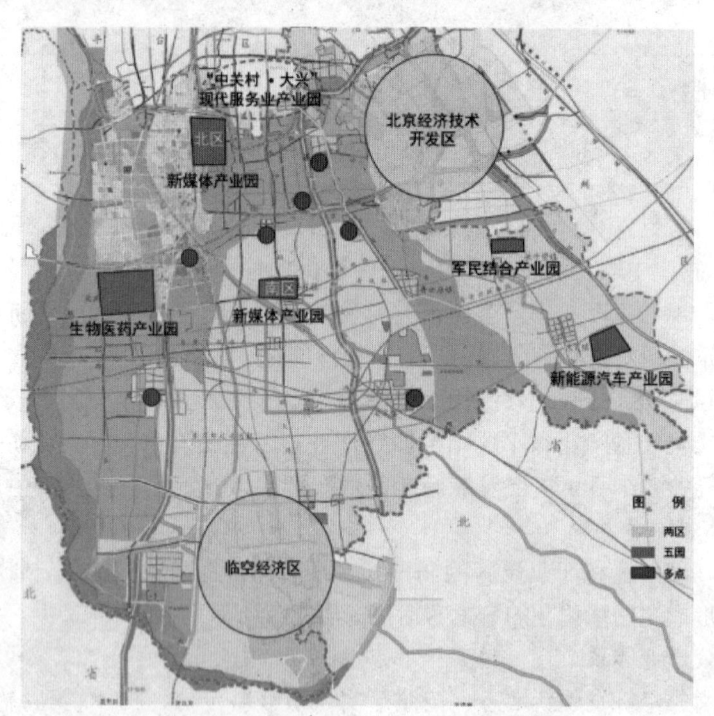

图 7-12　北京经济技术开发区产业空间布局示意图

资料来源：《北京市大兴区和北京经济技术开发区国民经济和社会发展第十三个五年规划纲要》

（4）便捷高效交通体系

提升到中心城区、市行政副中心、周边区县和新城之间、城镇村之间的内外交通连接水平，建设“两铁、四轨、六高（速）、多条主次支路”，实施公共交通优先发展战略，改善慢行交通条件，构建便捷高效的综合交通体系（图 7-13）。

（5）森林绿地系统

形成以绿色生态南中轴、永定河和凉水河凤河森林景观带、三座新城绿化组团为重点，以绿化廊道和绿化景观节点为支撑的“一轴两带三组团、廊道节点相融合”生态绿化格局（图 7-14）。

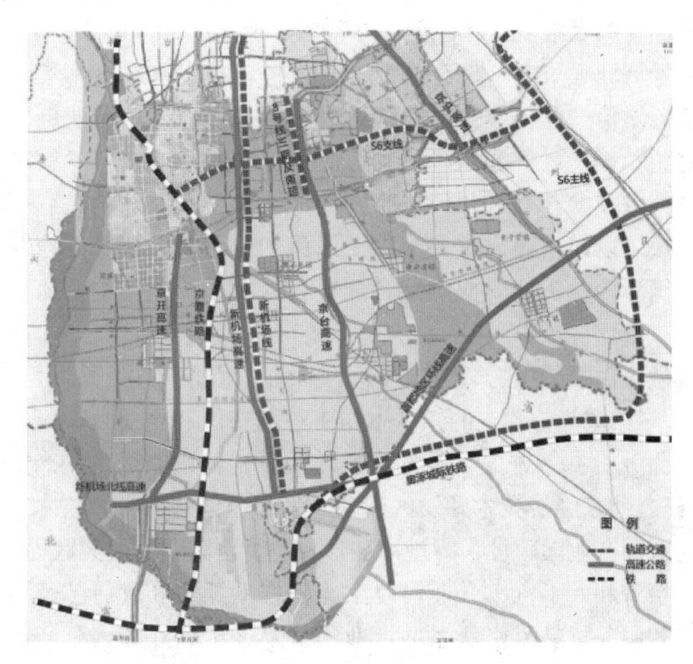

图 7-13　道路交通网络建设示意图

资料来源：《北京市大兴区和北京经济技术开发区国民经济和社会发展第十三个五年规划纲要》

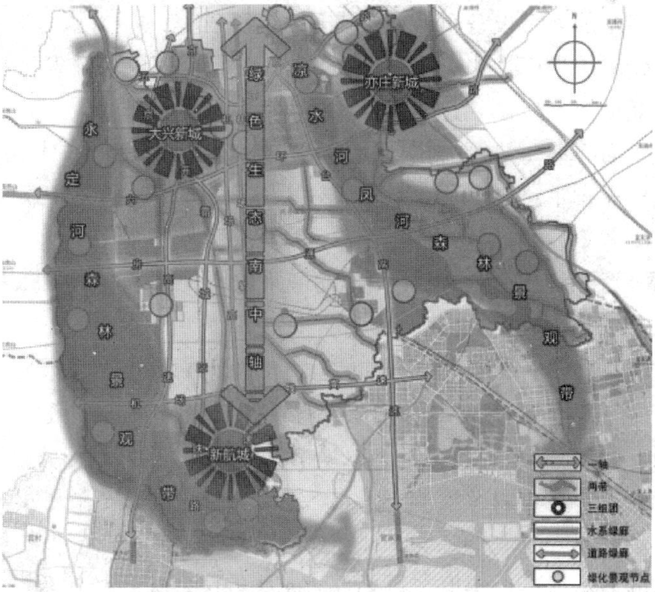

图 7-14　生态绿化空间示意图

资料来源：《北京市大兴区和北京经济技术开发区国民经济和社会发展第十三个五年规划纲要》

7.2.4 成功经验

（一）在产业定位上，北京经济技术开发区坚持产业集群化、资源集约化发展目标，在发展壮大电子信息通信、装备制造、生物工程与新医药、汽车等四大主导产业的基础上，通过培育数字电视、绿色能源等新兴产业集群，打造了完整的产业链。

首先，园区发展壮大了电子信息产业。北京经济技术开发区聚集了一百多家国内外知名的电子信息通信产业企业，以诺基亚为龙头的移动通信产业链已经成为世界上最具规模、最完整、最具竞争力的移动通信产业链。在总结推广“星网工业园”经验的基础上，北京经济技术开发区积极研究发展产业集群的“短板”、产业链条的衔接，进一步完善并形成了以诺基亚为龙头的移动通讯产业链，以京东方为龙头的数字电视产业链，以中芯国际为龙头的集成电路产业链，提升了产业结构，加快推进主导产业集群化发展。

其次，园区做大做强了生物医药产业。目前北京经济技术开发区已成功引入拜耳、GE、第一制药、同仁堂等为代表的知名生物工程与新医药企业百余家，销售收入和利润都占到北京市比重的40%左右，是国家发改委认定的国家级生物产业基地，被誉为北京市的“药谷”。北京经济技术开发区启动了集新药创制平台和技术支撑平台于一体的北京亦庄生物医药产业园建设，为进一步形成生物医药产业聚集区提供有力保障。

再次，园区培育壮大了汽车产业。北京经济技术开发区目前已经初步形成整车制造、零部件制造和服务贸易紧密联系的产业集群，逐步确立了汽车产业在开发区工业经济发展中的支柱地位，以奔驰为代表的汽车产业龙头企业呈现出良好的发展态势。北京经济技术开发区从产品配套方向上，大力吸引相关零部件企业来开发区投资，密切跟踪其相关配套企业，已引入不少汽车电子、发动机配件等技术含量高、附加值高的拥有国外先进技术的关键设备企业入驻园区。

最后，园区带动了生产性服务业快速发展。北京经济技术开发区构建了生产性服务业与制造业的互动发展机制，这加快了现代信息技术成果的应用，推动了现代物流业、金融服务业、商务服务业等生产性服务业率先向知识型、技术密集型产业升级，推进了生产性服务业自主创新，为区内各产业、总部经济、研发机构的发展营造良好环境。

（二）在布局模式上，北京经济技术开发区采取园中园的模式，这种空间布局是依据系统论，按其布局结构分为大园和小园。

大园是科技园系统的有机整体，小园是大园的组成部分，大园为小园系统提供高质量的服务、科学管理、优惠政策、基础设施等各项服务，是小园和科技大系统的重要支撑力量（图7-15）。围绕科技园的四大主导产业分别是电子信息通信、生物工程与新医药、汽车、装备制造，以及集群化发展要求，北京经济技术开发区着力打造各项产业集群，如以诺基亚为龙头的通讯产业集群、以中芯国际为龙头的微电子产业集群以京东方为龙头的显示器产业集群、以GE为龙头的医疗设备产业集群、以拜耳为龙头的生物制药产业集群及以奔驰—戴姆勒克莱斯勒为龙头的汽车产业集群等，优化产业结构，提高产业的附加值。

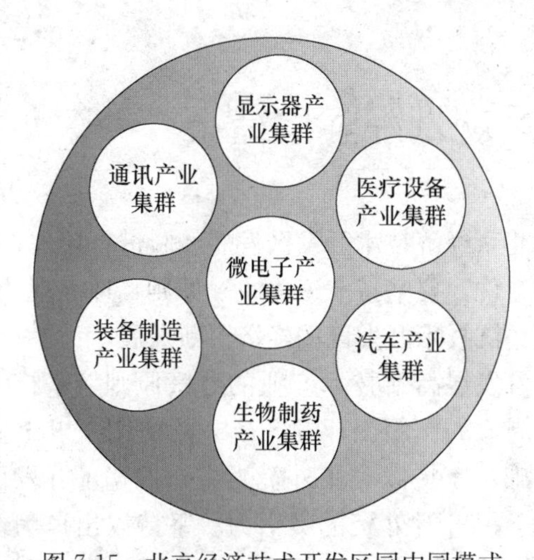

图7-15　北京经济技术开发区园中园模式

资料来源：http：//www.doc88.com/p—9965730332599.html

（三）北京经济技术开发区致力于加强与中关村的互动发展，推进与滨海新区的协同发展，发挥京津冀产业战略节点的引领作用。

第一，北京经济技术开发区一直重视与中关村的互动发展。一方面与中关村进行产业和技术的互补发展和良性互动，利用中关村的技术人才优势，和科技创新创业成果，提升北京经济技术开发区的创新能力，将科技创新直接投入生产，提高园区的企业竞争力，为园区企业注入新的活力。另一方面，北京经济技术开发区也为中关村提供政策、资金和管理上的合作，在基础设施建设、信息化建设、孵化器建设、留学人员创业、研发机构建设、高新技术企业专利申请与实施等各项建设争取各项资金和政策的支持，反过来促进亦庄科技园的建设发展。

第二，北京经济技术开发区加强与滨海新区的合作，充分利用北京科技创新、人才等各方面的优势条件，以及滨海新区作为京津冀地区产业战略节点的引领作用，将开发区打造成为“区域型节点城市”的节点都市。北京经济技术开发区在承接发达国家转移的现代服务业的同时，大力发展生产性现代服务业，同时做强高端现代制造业和高新技术产业，积极推进现代服务业与滨海新区以及北京的现代制造业的融合，形成相关产业集群。

第三，国家在产业发展、人才引进、科技创新等方面给予北京经济技术开发区充分的优惠支持，这极大地促进了开发区的快速发展。这些政策主要包括《北京经济技术开发区产业扶持和鼓励办法（试行）》《北京经济技术开发区科技创新专项资金管理办法（试行）》《关于鼓励和吸引海外高层次人才来北京经济技术开发区创业和工作的意见（试行）》《北京经济技术开发区鼓励高级人才入区的暂行规定》《北京经济技术开发区海关服务地方经济发展八项措施》《北京经济技术开发区鼓励建设数字电视产业园办法（试行）》等。

7.3 经济开发区规划经验小结

对苏州工业园区和北京经济技术开发区发展经验进行梳理，得出以下经验总结：

第一，明确园区的定位，要坚持“三为主”原则：以工业为主、以吸引外资为主、以拓展出口为主，促进经济技术开发区的经济不断发展。

经济技术开发区秉着发展高新技术产业的办区原则，坚持“三为主”的方针，积极发挥服务母城、辐射周边的作用。开发区成立的初期，以工业为主，奠定了开发区产业结构主体和经济基础；坚持以利用外资为主，扩宽了开发区的融资途径，扩大了融集资金的规模，有利于提升对外资的吸引力；坚持以出口为主，提高了开发区的出口贸易能力和水平，培育开发区企业的国际竞争意识，更有利于开发区走出国门与国际接轨。

第二，园区应注重体制创新，逐步形成规范高效的经济运行和管理体制。

自设立以来，经济技术开发区积极推进行政管理、社会保障、投融资、土地使用制度等方面改革，探索新体制机制，为开发区发展提供制度保障。在行政管理体制上，开发区管委会放弃政府机构垂直对口企业的管理方式，逐渐摆脱机构臃肿、包袱过重的局面，实行“小政府、大社会”的新型运营机制。在投资管理方面，采用经济手段、法律手段、行政手段等进行宏观调控，创造了良好的投资环境和投资氛围，以“全方位、全过程”的理念为投资者提供优质服务。在社会保障方面，企业完善了医疗、工伤、养老等多项服务保障体系，且初步实现了社会化，为企业减轻了社会负担。在土地使用上，对土地使用权进行有偿的出让和转让。事实证明，与政策优惠相比，体制创新对于开发区的发展过程起到更关键、更持久的作用，是开发区持续稳定发展的重要因素。

第三，园区应注重分步规划、滚动发展，稳步推进经济技术开发区的规模扩大和功能完善。

园区建立之初，就从项目引进、市政建设、管理体制、产业结构、资金运筹等提出了战略构想和建设目标，并在分期规划中加以体现。如在基础设施建设上，既体现时代特色，采用先进的标准，满足发展需求，同时为以后留有弹性的发展空间。在建设布局上，保护生态环境，合理利用土地资源，提高容积率，提升区内的绿化面积和美化效果。在处理开发区规划与开发关系的问题上，“大规划，小开发”是普遍成功模式，即在远景规划的框架前提下，立足实际，扎实稳打，逐块开发，连块成片，实现开发区的整体发展。

第8章　生态工业园案例分析

生态工业园是指由制造类企业和服务类企业在某一固定区域内形成的社区。在整个社区中，每个社区成员通过相互合作达到获取更大的经济、社会、环境等方面的效益。

在生态工业园中的企业，通过参与园区内共同管理等方法，减少其对环境的危害，提高其经济效益。其方法包括共同规划园区的基础设施，各个企业的绿色设计、能源利用、绿色生产及园区内企业的合作。生态工业园与周围社区存在一种共生关系，因此在保证园区效益最大化的同时也谋求园区所在地域发展的积极性，其中最具代表性的是丹麦卡伦堡共生体系。

生态工业园已成为我国第三代产业园区，前两代分别为经济技术开发区和高新技术产业开发区。作为第三代产业园区，生态工业园与前两者最大的差别表现在：以生态工业理论为指导，对园区的生态链和生态网进行规划设计，尽可能地提高资源的利用率，从源头降低工业生产对环境的影响。生态工业园区与传统的生产方式不同，采取的是“回收—再利用—设计—生产”的生产模式，其参照了自然界的生态系统循环模式。在园区中，为达到资源的最优化配置，利用不同企业间共享资源和互换副产品的方法，使上游生产过程中产生的废物成为下游生产的原料。

8.1　生态工业园的发展与规划

8.1.1　生态工业园发展状况分析

（一）国外发展状况

20世纪70年代初，丹麦卡伦堡工业园区内的部分企业，在经历了长时间的环境问题后，决定从废物再利用、淡水有效利用等方面进行改善。企业间通过协商合作等办法，对生产过程中产生的废弃物或副产品进行再利用，建立一种生态的循环模式，加强了园区企业的关联性，获得了明显的环境、社会以及经济效益。据初步统计，到21世纪卡伦堡工业园区的总投资为7500万美元，产生的总效益为16000万美元，并且每年能持续产生1000万美元的效益。这种以贸易方式来对废弃物或副产品进行再利用的方法，初步将园区企业连接在一起构成一个工业共生体。虽然卡伦堡工业共生体系统还不是完整的生态工业园，但是其运行的模式为生态工业园区的建立开创了一个新的思路。

生态工业园最早出现在美国，由Lowe在1994年提出。美国总统可持续发展理事会（PCSD）专门成立了特别工作组研究生态工业园，康奈尔大学和靛青顾问公司（Indigo）为生态工业园的建立进行规划与设计，美国环保局为生态工业园的建立提供资金，并设立了弗吉尼亚州查尔斯角生态工业园区等四个工业园示范区。到21世纪初，在全国范围内美国建立的生态工业园项目超过40个，涉及生物能源开发、废物处理、清洁工业、固体和液体废物的循环等多种行业。

继美国出现生态工业园概念后，加拿大的伯恩赛德地区也设立了生态工业园项目。伯恩赛德（Burnside）生态工业园利用当地政府与企业的资金，由达尔胡西大学环境学院对园区内部的生态系统进行研究和管理，进一步加强园区内企业间资源的合作，以优化物流与能流。到目前为止，园区企业已超过1000家，基本形成生态工业园模式。

此外在欧洲发达国家，生态工业园项目也得到了迅猛的发展。

作为亚洲的发达国家之一，日本根据本地的实际情况，创立了生态城镇项目。该项目也是由政府提供资金，通过区域资源的循环再利用和区域共生体系来实现区域废弃物的零排放。到目前为止，日本已完成10个生态城镇项目的建立，如：山梨生态工业园和藤泽生态工业园。

进入21世纪，东南亚各国也在积极发展生态工业园区项目。泰国为将全国29个工业园改造成生态工业园，设立了工业园管理局，并由德国技术援助公司（GTZ）等机构共同参与全国工业园的改造。印度尼西亚目前正在对雅加达市郊区的生态工业园区进行物质交换网络可能性的研究。菲律宾的PRIME项目是在联合国开发署的资助下，对5个工业园进行生态化改造，最终形成一个生态产业网络。依据PRIME项目，联合国对区域性资源回收系统和企业孵化器的可行性进行评估。

（二）国内发展状况

国内自1999年开始进行生态工业园试点项目，并于同年建立了第一个国家级贵港生态工业（制糖）示范园区。在示范园区内，各个企业间实现资源共享，同时采用废弃物再利用模式创立新的效益。但是示范园区并未实现能源和水的效率优化，也并未利用大自然来消除工业生产对环境的负面影响，对建筑节能和材料选择的研究也未启动。

目前国内各种生态工业园项目已经超过30个，其中具有代表性的项目见表8-1。此外，在联合国的资助下，大连、天津、烟台、苏州等地的开发区也已经开始进行生态规划和改造。

表8-1　全国主要生态工业园基本情况

项目	空间分布	园区类型	核心企业	主要产业	关联产业
贵港国家生态工业园	西部（广西）	现有改造型	贵糖集团	制糖业	种植业、造纸业和能源酒精业
石河子国家生态工业园	西部（新疆）	现有改造型	天宏纸业集团	造纸业	畜牧养殖业、畜产品加工业和生态旅游业

续表

项目	空间分布	园区类型	核心企业	主要产业	关联产业
包头国家生态工业园	西部（内蒙古）	现有改造型	包铝集团	冶金、机械、建材、电力和稀土业	无
黄兴国家生态工业园	中部（湖南）	全新规划型	远大空调	电子信息、新材料、生物、制药和环保产业	无
南海国家生态工业园	东部（广东）	全新规划型	无	环保产业	资源再生产业
鲁北国家生态工业园	东部（山东）	现有改造型	鲁北化工集团	化工、造纸业	无

资料来源：朱蓓，王焰新，肖军．生态工业园的发展与规划［J］．中国地质大学学报（社会科学版），2005，03：47－51.

8.1.2　生态工业园理论基础

生态工业园的理论基础是工业生态学和循环经济。工业生态学在充分考虑了工业体系与生态圈关系后，开辟了将两者结合为一体的新思路。工业生态学从生态学的角度研究工业生产，将整个工业生产看作一个生态系统，对不同单元间的原料和“废物”进行循环再利用，尽量做到整个工业体系的“废物”零排放，这就将区域内的企业连接成一个工业生态系统。

循环经济是以“资源→产品→再生资源”为线路的资源利用模式，以物质、能量梯次和闭路循环使用为主要特征，将保护环境和促进经济增长结合为一起的一种经济模式。

生态工业园综合地运用了工业生态学和循环经济理论，把经济增长建立在环境保护的基础上，体现了人与自然和谐相处的思想，是21世纪经济可持续发展的一种重要模式。

8.1.3　生态工业园具体标志

生态工业园应使人们在各种社会经济活动中所耗费的活劳动和物化劳动获得较大的经济成果的同时，保持生态系统的动态平衡，其具体标志为：

（1）生态工业园转换系统

生态工业园通过发展高新技术，使各项活动在其自然物质—经济物质—废弃物的转换过程中多层次分级利用，在尽可能少消耗能源和资源的条件下满足经济发展，使生态环境得到保护。因此，高效益的工业园转换系统必备条件之一是高新技术产业用地应占工业园的比重在30％以上。

（2）生态工业园支持系统

现代化的基础设施作为生态工业园支持系统，为园区的资源等方面的流动提供最便捷的通道，从而使园区在进行工业生产时，对经济的损耗和环境的污染降至最小。

生态工业园支持系统应包括：①道路交通系统；②信息传输系统；③物资和能源（主副食品、原材料、水、电、天然气及其他燃料等）的供给系统；④商业、金融、生活等服务系统；⑤各类废弃物处理系统；⑥各类防灾系统等。

（3）生态工业园环境质量

在生态工业园内，不同企业在进行生产过程中产生的各种废弃物，需依据废弃物中所含特点进行合理分类和处理，以保证园区环境质量指标能保持在较高水平。

（4）生态工业园绿地系统

为保持生态工业园区生态系统的平衡，联合国对生态工业园内的绿地普及有一个基本要求：绿地覆盖率达到50%，居民人均绿地面积达90m²、居住区内人均绿地面积为28m²。绿地系统对园区内部具有防护、调节、美化、休闲和生产等功能，如保护水体、调节园区空气、提供休闲场所、作为花卉树苗圃生产基地等。

（5）生态工业园人文环境系统

生态工业园作为一个生产场所，需吸引人才、留住人才。高质量的人文环境对人才的吸引和园区的生产生活均极为有利。较高的教育水平和人口素质水平，良好社会秩序，丰富多彩的精神文化生活，发达的医疗条件和自觉的生态环境意识，都是高质量人文环境系统的一部分。

（6）生态工业园管理系统

对园区各个方面的有效管理，包括人口、资源、治安、园区建设、环境整治等方面的高效管理。高效的园区管理系统对园区良好的社会风气和社会秩序有至关重要的影响。

8.1.4 规划内容

生态工业园的规划内容丰富，能源、物质流动、水流动、管理与支持服务、土地使用和景观设计等。

（1）能源

提高能源的利用率是降低成本和减少环境污染的重要手段。在园区内，不仅仅需要实现园区内各个成员内部能源利用率的最大化，同时也要实现“能量层叠”，如同一地区的蒸汽可以在工厂与居民间连接。另外在园区的基础设施上也可以使用可再生能源来降低园区对环境的污染。

（2）物质流动

生态工业园作为工业生产的场所，需为园内企业提供货物储存场所，中间产品的转移设备和普通毒物的处理设施。在园内废弃物的循环方面，可以借助园内成员与园外其他单位，优化所有资源和减少污染物的排放。因此，在园区周围可以吸引多家资源再生公司，构成资源循环模式。

（3）水流动

水作为工业生产必不可少的材料，在使用方面与能源一致，在经过初步处理后也要实现“水层叠”。整个园区内，不同基础设施中水可以层叠以便提高水资源利用率，同时在规划园区设施时需考虑雨水的搜集与使用。

（4）管理与支持服务

生态工业园作为第三代工业园，具有更繁复的管理和支持系统。该系统能提供更高效的园区产物区域交换能力和区域信息通讯能力，具体包括后勤办公室、培训中心、自助餐厅等。园区企业通过共享服务节省费用，并能增强生态工业园的环境适应能力。

(5) 土地使用和景观设计

应从景观管理和设计的基本原则入手，对生态工业园的土地使用、建筑、基础设施、视觉效果、环境质量、绿化、土壤、水文、景观、照明、交通和周边环境等多方面加以考虑和设计。

到现在为止，我国生态工业园项目依旧处于起步阶段，尚未形成较完整的生态工业园，大多为从事环境保护产品的企业的集合体或以某类副产品交换为主题的诸企业结成的企业联盟。因此，在未来的生态工业园开发与建设中，遵循工业生态学、循环经济学、可持续规划和建筑等领域的原理、当地生态系统特点，及时吸取国外最新的经验和教训，将生态工业园建设成为环境、经济和社会等综合效益的综合体。

8.2　卡伦堡生态工业园

8.2.1　产生背景

卡伦堡生态工业园的产生与该国的政治制度、当地的地区资源以及园区内的企业有必然联系。虽然卡伦堡生态工业园并不是循环经济时代下产生的特定物，但其蕴含的驱动力值得探讨研究。

制度创新为其中一个驱动力，这是卡伦堡生态工业园模式产生的基本原因。对待园区内污染物排放量不同的企业采用不同的政策制度，如污染排放量较大且排放物对于环境影响较大的企业实行强制执行的高收费政策；而对于减少污染排放量的企业则给予一定的资金奖励。具体的政策制度包括：征收污染废弃物排放税；对于危险废弃物免征排放税，采取申报制度，由政府组织专门机构进行处理等。

企业经济效益和长期发展为卡伦堡生态工业园的第二个驱动力，同时也是园区企业存在并发展的核心。由于卡伦堡地区水资源严重不足，因此，水的循环利用成为最早循环利用的生产要素。例如发电厂产生的冷却水若直接排放则会对环境造成影响且还需交纳污水排放税，但如果直接提供给园区其他企业利用，则可以节约50%的成本，对于园区其他企业可以节约成本约75%。发电厂的粉煤灰也可以作为水泥厂的生产原料，发电厂将粉煤灰送到水泥厂，可以免缴污染物排放税，水泥厂可以减少原料成本，同时降低两家企业的生产成本。

企业的生态道德和社会责任为卡伦堡生态工业园的第三个驱动力。卡伦堡的制药厂将生产产生的有机废弃物制成有机肥料供园区周围农场免费使用，同时向周围农场收购农产品作为生产原材料，使得制药厂实现了污染物的零排放，且与农场之间成为循环经济联合体。

8.2.2　运行模式

(一) 卡伦堡生态工业园的共生网络

卡伦堡生态工业园是由5家企业、1家废物处理公司和卡伦堡市政府组成的合作共生网络，见表8-2。

表 8-2　卡伦堡生态工业园的共生网络组成

企业名称	原材料	产品	废弃物/副产品
石膏厂	石膏	石膏板	—
微生物公司	污泥	土壤	—
发电站	可燃气、煤、冷却水	热、电	石膏、粉煤灰、硫代物
炼油厂	原油	成品油	可燃气
制药厂	土豆粉、玉米淀粉	胰岛素等药品	废渣、废水、酵母
废物处理公司	三废	电、可燃废物	—
市政府	水、电、热	服务	石膏、污泥

资料来源：丹麦卡伦堡生态工业园新型工业发展方向［J］. 中国科技信息，2006（19）：319－320.

发电站为卡伦堡约 5000 个家庭提供热能，减少了居民生活对环境产生的影响；为炼油厂和制药厂提供工艺蒸汽、热电联产，提高了能源利用率；为养鱼场提供温水，提高鲜鱼的产量。

发电站的脱硫设备每年为石膏板厂提供 20 万 t 石膏原材料，同时政府回收站回收的石膏也作为石膏板厂的生产原材料，节省了石膏板厂的生产成本，减少了卡伦堡固体填埋量。发电站产生的粉煤灰每年为水泥厂提供 3 万 t 原材料；发电厂的脱硫设备在脱硫时产生的副产品——硫代硫酸铵，每年可用于生产约 2 万 t 液体化肥，基本满足了丹麦本国的需求。

制药厂用原材料土豆粉、玉米淀粉发酵生产所产生的废渣、废水，经杀菌消毒后被约 600 户农民用作肥料，从而减少肥料用量。制药厂的胰岛素生产过程的残余物——酵母被用来喂猪，每年有 80 万头猪使用这种产品喂养。炼油厂多余的可燃气体通过管道输送到石膏板厂和发电站供生产使用。

卡伦堡市政水处理厂生产产生的污泥可以用来作土壤生物恢复过程的养料。废品处理公司在园区收集的废弃物，可以用作垃圾沼气发电，每年还提供 5 万～6 万 t 可燃烧废物。

（二）运行模式

生态工业园的运行模式可称之为企业之间的循环经济运行模式，其要义是把不同的工厂联结起来，形成共享资源和互换副产品的产业共生组合，使得一家工厂的废气、废热、废水、废渣等成为另一家工厂的原料和能源。丹麦卡伦堡工业园区是目前世界上工业生态系统运行最为典型的代表。这个工业园区的主体企业是电厂、炼油厂、制药厂和石膏板生产厂，以这四个企业为核心，通过贸易方式利用对方生产过程中产生的废弃物或副产品，作为自己生产中的原料，不仅减少了废物产生量和处理费用，还产生了很好的经济效益，使经济发展和环境保护处于良性循环之中。其中的燃煤电厂位于这个工业生态系统的中心，对热能进行了多级使用，对副产品和废物进行了综合利用。电厂向炼油厂和制药厂供应发电过程中产生的蒸汽，使炼油厂和制药厂获得了生产所需的热能；通过地下管道向卡伦堡全镇居民供热，由此关闭了镇上 3500 座燃烧油渣的炉子，减少了大量的烟尘排放；将除尘脱硫的副产品工业石膏，全部供应附近的一家石膏板生产厂作原料（图 8-1）。

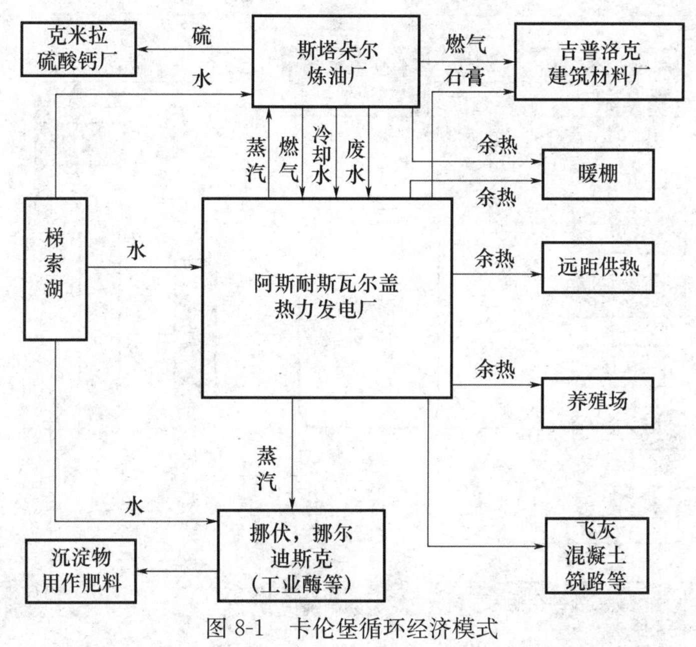

图 8-1　卡伦堡循环经济模式

资料来源：https：//baike. so. com/doc/6478704－6692407. html

同时，还将粉煤灰出售，以供修路和生产水泥之用。炼油厂和制药厂也进行了综合利用。炼油厂产生的火焰气通过管道供石膏厂用于石膏板生产的干燥，减少了火焰气的排空。一座车间进行酸气脱硫生产的稀硫酸供给附近的一家硫酸厂；炼油厂的脱硫气则供给电厂燃烧。卡伦堡生态工业园还进行了水资源的循环使用。炼油厂的废水经过生物净化处理，通过管道每年辅送给电厂 70 万 m^3 的冷却水。整个工业园区由于进行了水的循环使用，每年减少 25％的需水量（图 8-2）。

8.2.3　成功经验

（一）在园区规划上，卡伦堡最大的经验就是走产业循环道路，成功构建了产业循环体系（亦称“工业共生体”）。

工业共生体的运行思路为：在节省费用和降低环境污染的目的下，尽量将一个公司的废弃物或副产品转换为其他公司的重要资源。相互合作的企业依据订立的商业合同分别完成各自的义务和责任，加强了企业间的互利协作，形成产业循环体系，达到共赢，最显著的是水资源的循环再利用模式。据不完全统计，与之前的用水量相比，整个园区节水 30％，其中地下水节水 190 万 m^3，地表水节水 100 万 m^3。通过以上循环经济的实践，使得工业污染降低，减少了水污染及浪费，在取得巨大经济效益的同时也取得了巨大的环境效益。

（二）政府建立了有效的排污惩罚机制，对污染排放实行强制性的高收费政策，使得污染物的排放成为一种成本要求。

例如，对各种污染废弃物按照数量征收废弃物排放税，而且排放税逐步提高迫使企业少排放污染物。为了防止企业在追求利益的动机驱动下隐瞒危险废弃物、逃避废弃物排放税而给社会造成巨大危害，对于危险废弃物免征排放税，采取申报制度，由政府组织专门机构进行处理。与此同时，对于减少污染排放的企业则给予经济激励。

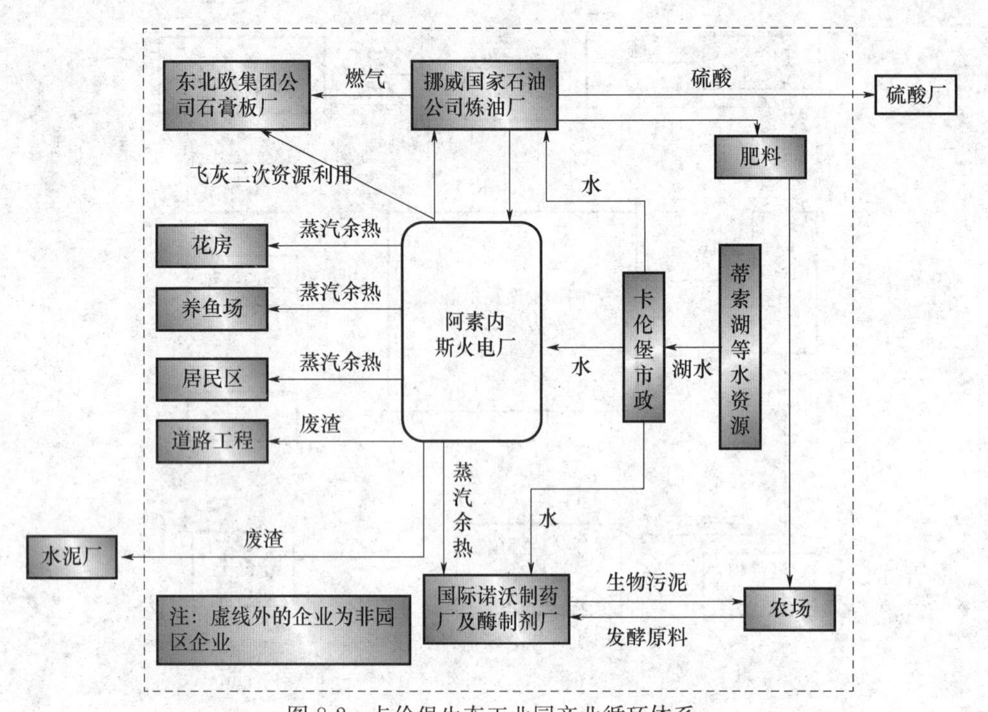

图 8-2　卡伦堡生态工业园产业循环体系

资料来源：产业园区规划思路及方法——基于国内外典型案例的经验研究

8.3　广西贵港国家生态工业示范园区

8.3.1　园区概况

贵港国家生态工业示范园区位处贵港市中心城区的港北区，按照《贵港国家生态工业（制糖）示范园区总体规划（2011—2030 年）》，广西贵港国家生态工业（制糖）示范园的规划区为一园三区的结构，包括：贵糖产业区、西江产业区、热电循环产业区，规划区控制范围为 30.53km^2。华电（贵港）电厂、贵糖集团等 65 家企业现已入驻园区。

贵港国家生态工业示范园区是中国第一个循环经济的试点园区。园区围绕贵糖（集团）股份有限公司的生产经营，建立了蔗田系统、制糖系统、酒精系统、造纸系统、热电联产系统、环境综合处理系统等六大系统，构成园区生产运营的循环经济框架，实现废物回收利用，资源共享（表 8-3）。

园区两条主要生态链：

（1）甘蔗→制糖→废糖蜜→制酒精→酒精废液制复合肥→回到蔗田。

（2）甘蔗→制糖→蔗渣造纸→制浆黑液碱回收。

还有制糖业（有机糖）低聚果糖；制糖滤泥→水泥等较小的生态链。

生态产业链横向上互为补充，在资源利用上没有废物产生，上下环节互为资源，为园区生态环境减负。

表 8-3　广西贵港国家生态工业示范园六大系统

蔗田系统	通过良种良法和农田水利建设，向园区提供高产、高糖、安全、稳定的甘蔗原料，保障生态工业园区制造系统有充足的原料供应
制糖系统	通过制糖新工艺技术改造、低聚果糖生物工程，生产出高品质的、高附加值的精制糖、有机糖、低聚果糖等产品
酒精系统	通过能源酒精生物工程和酵母精工程，利用甘蔗制糖副产品——废糖蜜，生产出能源酒精和高附加值的酵母精等产品
造纸系统	通过绿色制浆工程，改造、扩建制浆造纸规模充分利用甘蔗制糖过程产生的固体废物——蔗渣，生产出高质量的纸
热电联产系统	利用甘蔗制糖过程中产生的固体废弃物——蔗髓替代部分燃料煤，进行热电联产，向其他系统提供生产所必须的电力和热力，为园区生产系统提供低成本的能源
环境综合处理系统	通过除尘脱硫、污水处理、节水工程以及“三废”综合利用，为园区制造系统提供环境服务，包括废气、废水、废渣的综合利用的资源化处理，生产甘蔗有机复混肥、轻质碳酸钙等副产品，并向园区各系统提供中水回用，节约水资源

资料来源：产业园区规划思路及方法——基于国内外典型案例的经验研究

8.3.2　循环经济发展

2001 年起，实施以贵糖集团为核心，国家批准的“国家生态工业（制糖）建设示范园区——贵港”建设项目。这是我国第一个以大型企业为龙头的生态工业园区规划。

贵糖集团实现了工业污染防治由末端治理向生产全过程控制的转变，经过多年发展，贵糖集团形成了制糖循环经济的雏形，建成了制糖、造纸、酒精、轻质碳酸钙的循环经济体系，制糖生产排放的蔗渣、废糖蜜滤泥等废弃物经过处理后全部实现了循环利用，废弃物利用率达 100%，综合利用产品的产值大大超过主业蔗搪。贵糖集团拥有多项具有国内领先水平的环保自主知识产权。这种循环经济的生产模式创造了巨大的经济效益和生态效益。2005 年 11 月，贵糖集团被列为全国首批循环经济试点单位。

贵糖集团多年的技改扩建，滚动发展，由原来日榨甘蔗 1500t 发展成今天的日榨 1 万 t 规模，并依靠科技创新对甘蔗资源进行全面综合开发，利用甘蔗渣生产的文化用纸、生活用纸等综合利用产品已占全公司工业总产值的 70%以上。

近年来，贵糖集团十分注重清洁生产，投入大量的环保专项资金，应用环保新技术、新工艺和新设备，重点对污水减排、工业废水循环利用、烟气脱硫等方面进行综合治理，利用高新技术和先进适用技术改造传统产业，不断增强高效利用资源和保护环境的能力。“变废为宝、节能降耗、推行清洁生产、打造循环经济”成为贵糖集团的主旋律。共循环产业链如图 8-3 所示。

粤桂（贵港）热电循环经济产业园位于港北区东南面、郁江北岸、华电贵港电厂周边。园区规划总用地面积约 10000 亩，以华电贵港电厂为能源依托，充分利用电厂能源供应优势，由广业公司主导招商引入与糖浆纸产品协同、循环的上下游产业，打造以糖浆纸产业为特色的循环经济集聚区。其中，首期用地 5000 亩。预计首期投资约

50亿元。园区于2014年底开工建设，计划用3年左右的时间，建成日榨万吨的制糖厂、年产9.8万t的纸浆厂、年产8万t的文化用纸和特种纸厂，年产8万t生活用纸厂以及配套的办公及生活设施，实现贵糖集团整体搬迁改造，生产工艺及技术装备升级优化。计划到2020年前后，再投资约30亿元，在园区内建成相互融合、相互支撑的园区核心功能区、产业集中区、临港经济功能区、公共服务区四大功能区。预计产业园建成后，可实现年工业产值约160亿元，年平均税收约17亿元，创造30000个就业岗位（图8-4）。

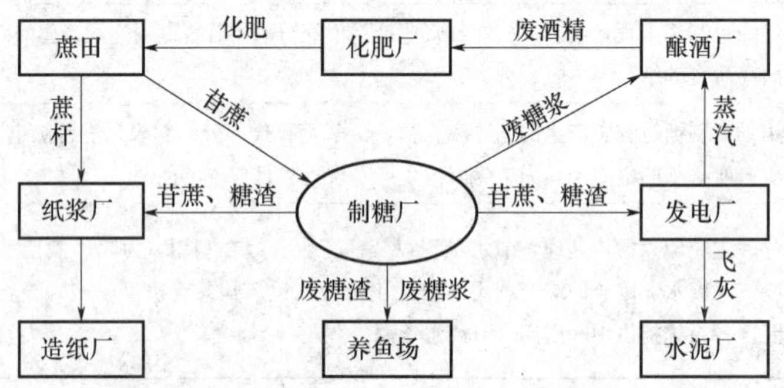

图8-3　广西贵港国家生态工业（制糖）示范园循环产业链

资料来源：贵州国家生态工业（制糖）示范园区

图8-4　粤桂（贵港）热电循环经济产业园鸟瞰图

资料来源：http：//www.chinadaily.com.cn

8.3.3　园区功能定位与产业发展战略

（1）园区功能定位

广西贵港国家生态工业（制糖）示范园区定位为：西南地区现代化生态工业产业基地；广西循环经济研发中心；桂东承接产业转移示范区；贵港市产业功能的重要组成部分，集发展先进制造业、电子机械、现代物流业于一体的环境优美、生态协调的城市新区。园区发展的总体目标为：充分利用园区享受国家和广西关于发展产业的优惠政策，发挥园区的区位优势，以本地优势资源为基础，以制糖造纸、电子机械和现代物流业为核心，积极吸纳珠三角资金与先进技术，建立和完善资源循环利用体系，促进产业间的衔接耦合，大力发展生态工业和循环经济，把园区建设成为具有国内先进发展水平的生态工业示范区。产业发展目标为：近期（2015）工业增加值预测为 76.44 亿元，远期（2030）工业增加值达到 370 亿元。

（2）产业发展战略

贵港国家生态工业（制糖）示范园区以制糖产业、造纸产业、电力能源产业、轻工制造产业为主导产业，以砖瓦建材产业、机械制造产业、电器电子产业等为潜导产业；以与制糖相关的肥料制造产业、废弃资源和废旧材料回收加工产业、木材加工产业、现代物流产业为关联产业（表 8-4）。在新版的《贵港工业园区主导产业布局规划》（2014—2020 年），对产业发展进行了提升，明确发展的主导产业是新材料产业和糖精深加工产业。

表 8-4　贵港生态工业（制糖）示范园产业

工业园名称	园区等级	下辖工业区	现有产业	园区定位	调整后园区主导产业
贵港国家生态工业（制糖）示范园区	国家级	西江科技创新产业城	电子信息、木材加工、食品、制药、服装、建材、涂料、合金及钢材加工、机械、电力设备、皮具、纸箱包装、铜杆加工、电缆	新材料产业基地、糖深加工产业基地	新材料产业、糖精深加工
		贵港产业区	制糖、纸制品		
		热电循环经济产业区	能源、造纸、新型建材、食品添加剂		

资料来源：《贵港工业园区主导产业布局规划》（2014—2020 年）

8.3.4　物流、能流、水流和技术群分析

（一）主要物流分析

园区主要物流系统如图 8-5 所示。

现代化甘蔗园生产出来的甘蔗用来制糖，其中有机甘蔗用来制有机糖。示范园区五家糖厂在榨季均榨甘蔗生产原糖，在非榨季由贵糖（集团）集中生产精炼糖（包括有机糖）。目前，低聚果糖等营养糖，用于一些高级饮料中，国内外市场十分看好，而且国内市场缺口很大。通过生物技术将白砂糖进一步加工，即可得到低聚果糖。所以，示范园区内拟建低聚果糖生物工程项目，以提高产品档次。

在现代化甘蔗园中，甘蔗种植过程产生的大量蔗叶和不能用于榨糖的蔗梢和蔗苗，是反刍动物的良好饲料。此外，其他作物的秸秆、制糖过程中产生的蔗糠、糖蜜等，也可作为反刍动物的饲料。所以，示范园区拟建立可饲资源为主的养殖基地，养殖猪、牛等牲畜。牲畜产生的粪便，可以作为有机肥肥田。至此，现代化甘蔗园中，除了甘蔗用来榨糖外，其他农业废物也做到物尽其用，并搞活了农村经济。

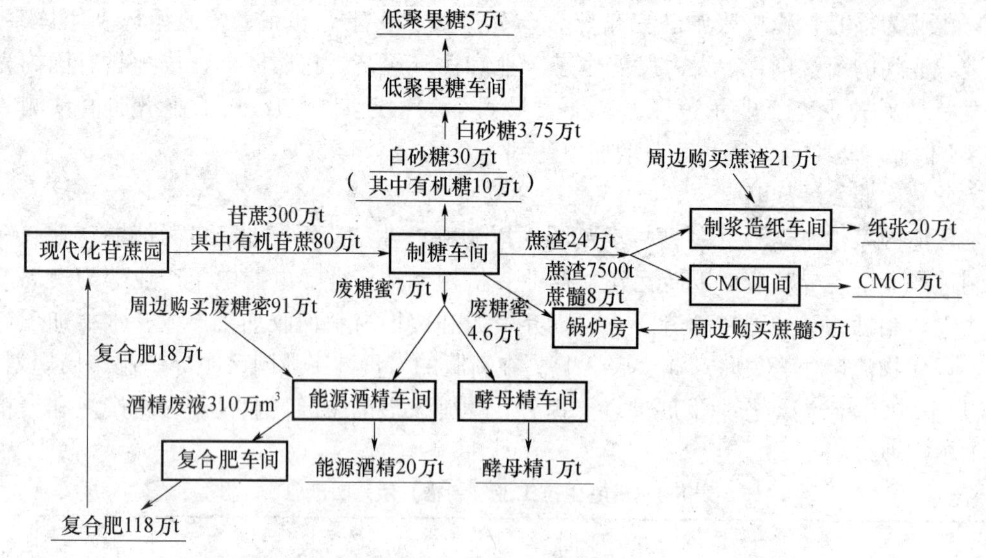

图 8-5 示范园区主要物流图

资料来源：元炯亮，刘忠．制糖工业生态化重构——以贵糖集团为例［J］．中国人口．资源与环境，2002，04：120－123.

制糖过程中产生的废糖蜜，用来生产能源酒精和高附加值的酵母精。酒精、酵母精生产过程中产生的废液，用来生产甘蔗专用复合肥，复合肥返回蔗田，提高蔗田肥力，多余的复合肥可以外卖。生产 20 万 t 能源酒精，需要 93 万 t 废糖蜜，而贵港市五家糖厂仅能提供 7 万 t 废糖蜜，不足部分需向贵港市周边企业购买。贵港市周边 300km 半径范围内集中了广西绝大多数的糖厂，年产废糖蜜 100 万 t 左右，可以满足能源酒精项目的需求。因此，通过区域整合，能源酒精项目不仅解决了贵港市的废糖蜜问题，又解决了广西全区的废糖蜜污染问题，实现了区域环境综合治理。

由于生活用纸市场前景十分看好，所以该园区应充分利用贵港市的特色资源——甘蔗这种可再生资源，扩大造纸规模。所需蔗渣可从周边小糖厂收购。制浆过程产生的黑液进行碱回收，回收碱返回制浆系统，可大大降低过程碱耗。此外，蔗渣还可用来生产高附加值的 CMC（羧甲基纤维素钠）。除髓蔗渣输送到造纸工业链，剩下的蔗髓可作为燃料，用于热电厂燃料锅炉，该锅炉产生的蒸汽用来发电，为园区各工程提供电力、蒸汽，减少不可再生资源——煤的使用。

（二）主要能流分析

热电厂在生态园区中的位置十分重要，是各生产单元蒸汽和电力的供应者。随着示范园区的发展，园区龙头企业——贵糖（集团）存在热电供应不足问题。

蔗髓是一种清洁、可再生的生物质资源，国内外大多数的甘蔗糖厂利用蔗髓替代燃煤供热和发电，不仅节约能源，降低发电成本，而且保护环境。所以示范园区拟新上蔗髓为原料的热电联产项目。与现有的热电系统联网，以满足生产发展的需要。在造纸系统中，黑液碱回收车间产生的热能回收产生蒸汽，供蒸煮使用。

（三）水系统分析

制糖、造纸和酒精生产车间都是耗水大户，根据生态园区建设的要求，应做到清污分流，进行水的回收、再生、循环利用，对废水进行集中治理和综合治理。

在示范园区内，制糖厂抽真空冷却水回用于喷射器抽真空用水，实现冷却水的封闭循环。利用脉冲回收白水技术，对纸机白水处理后重复使用。由于使用了脉冲回收水，减少了一次水的用水消耗，吨纸耗水指标也有不同程度的下降。制浆厂的中段酸、碱性废水和筛选过程产生的废水经脉冲回收池回收纸浆后，其废水汇集在一起，用泵送到热电厂用作锅炉麻石除尘、烟气脱硫用，既可节约用水，又因废水偏碱性提高了烟气脱硫效率，一举两得。

（四）技术群分析

该示范园区采用绿色环保技术、生物技术和其他先进适用技术对糖蜜、酒精废液、甘蔗渣等制糖企业主要污染物进行跨区域的资源综合利用及其环境污染综合治理，无论从经济上还是环境保护上都将起到事半功倍的作用。其标准厂房如图8-6所示。

图8-6　贵港市国家生态工业（制糖）示范园区标准厂房

资料来源：http：//www.cnepaper.com/ggrb/html/2012－11/07/content_2_2.htm

每年20万t的燃料酒精项目建成后，将消纳广西全区93%以上的废糖蜜，同时产生的300万m^3左右的酒精废液不再外排，而用来制取甘蔗专用复合肥，彻底根除酒精废液污染。

造纸系统产生的黑液处理不当，会造成严重环境污染。在该园区中，对造纸黑液采取成熟、可靠的燃烧法工艺，回收热能产生蒸汽，固形物转化为碳酸盐，经石灰苛化后制成烧碱，供蒸煮使用，大大减少制浆过程的碱耗。该方法可较彻底地解决造纸黑液污染问题。

酒精系统中产生的主要污染物为酒精废液，COD高达10000mg/L以上，采用常规生化方法处理起来十分困难而且难以达标排放。该园区中将利用酒精废液生产复合肥料，每年将减少36万t COD的排放，对广西全区包括贵港市河流水质的保护都具有重要意义。

绿色制浆技改工程即采用少氯或无氯的漂白工艺取代过去传统的CEH三段漂白工艺，大大削减漂白系统排放的含有强毒性的有机氯化物，同时提高了纸浆白度，属典型的清洁生产工艺。

节水工程采用造纸白水回收新工艺及设备来回收处理抄纸白水，使悬浮物回收率达99%以上，回收的清水及浆料全部返回造纸生产使用，从而达到抄纸白水封闭循环利用目的，实现园区内水的利用最小化。

制糖新工艺改造工程可使目前制糖滤泥排放量减少50%，即5万t/年以上，同时大幅度减少滤泥中的有机物，碳酸钙含量从85%提高到95%，排出的滤泥可直接用于水泥熟料的烧制，改变过去堆放5年才能加以利用所带来的各项环境问题和管理问题。

从示范园区整体来看，只需提供甘蔗良种，并外购大量蔗渣和废糖蜜，以及一定量的木浆和其他辅料，即可年产白砂糖15万t，低聚果糖5万t，有机糖10万t，酒精20万t，纸20万t，有机复合肥118万t等。而上述各工程单独运行，所需的原辅材料将是各工程所需原辅材料的加和，远远大于建成示范园区后原辅材料的需求量。由此看出，正是由于示范园区各工程间的有机联系，园区内资源得到了最优化利用，总体资源增值。

8.3.5 成功经验

在整体规划上，园区设计了六个子系统，它们通过紧密衔接构成了一个有效的循环体系。

各系统分别有产品产出，各系统之间通过中间产品和废弃物的相互交换而互相衔接，从而形成一个比较完善和闭合的生态工业链网络，使园区内资源得到最佳配置，废弃物得到资源化利用。这六个系统分别为：

（1）蔗田系统。建成现代化甘蔗园，通过良种良法和农田水利建设，向园区提供高产、高糖、安全、稳定的甘蔗原料，保障生态工业园区制造系统有充足的原料供应。

（2）制糖系统。通过制糖新工艺技术改造、低聚果糖生物工程，生产出高品质的、高附加值的精制糖、有机糖、低聚果糖等产品。

（3）酒精系统。通过能源酒精生物工程和酵母精工程，利用甘蔗制糖副产品——废糖蜜，生产出能源酒精和高附加值的酵母精等产品。

（4）造纸系统。通过绿色制浆工程，改造、扩建制浆造纸规模以及CMC-Na（羧甲基纤维素钠）工程，充分利用甘蔗制糖过程产生的固体废物——蔗渣，生产出高质量的生活用纸、高级文化用纸及高附加值的CMC-Na产品。

（5）热电联产系统。利用甘蔗制糖过程产生的固体废物——蔗髓替代部分燃料煤，进行热电联产，向制糖系统、酒精系统、造纸系统以及其他辅助系统提供生产所必须的电力和热力，为园区生产系统提供低成本的能源。

（6）环境综合处理系统。通过除尘脱硫、污水处理、节水工程以及“三废”综合利用，为园区制造系统提供环境服务，包括废气、废水、废渣的综合利用的资源化处理，生产甘蔗有机复混肥、轻质碳酸钙等副产品，并向园区各系统提供中水回用，节约水资源。具体如图8-7所示。

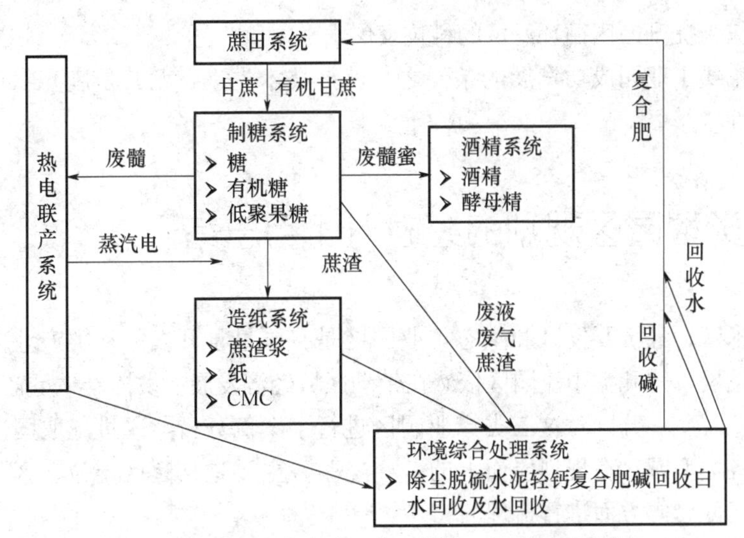

图 8-7　贵州国家生态工业（制糖）示范园区系统

资料来源：产业园区规划思路及方法——基于国内外典型案例的经验研究

8.4　生态工业园区规划经验小结

通过国内外两个案例的研究，能够总结出生态工业园区规划的几点经验。

第一，应当确定循环经济工业园区的功能和产业定位。

生态工业园区的定位应主要包括：园区是实现保护环境、节约资源、产业发展共赢的载体，废弃物处理是园区经济的主要支柱；园区是社会废弃物、包装物、污染物的处理中心，可大大减少周边城市环境负荷；园区是企业间资源和废弃物链接的结点并扩展为产业链网络；园区是环境技术、清洁生产技术、资源高效利用技术、清洁能源和原材料技术的人才集聚地和技术中试基地。应该从资源、能源利用的“企业高效化”向“园区高效化”或“区域高效化”扩展，从而提升区域竞争力和知名度以及区域经济可持续发展水平。

第二，应当明确循环经济工业园区的结构模式。

园区内多家企业间相互以废弃物作为原料和能源，形成产业链，或称为工业联合体。园区内企业的组建模式是由污染物产生企业、大学或研究机构、政府共同出资组建并按照市场运作独立经营，专业从事该领域废弃物再生产利用或提高资源利用率，可实行内外资并举，通过相关科研机构、高校、中介机构、环保企业和人才集聚，为园区提供技术、信息、政策、法律等服务。

第三，政府应提供建立循环经济示范园区的保障。

政府应以产业发展、资源利用和环境保护为目标，以市场为导向，以企业为主体，以经济效益为中心，以法律为保障，保持政策的可行性、一致性和连续性，制定法律和政策来保障工业园区的正常运行。政府应提供较好的保障，主要包括法律保障、规划保障、税收政策保障、产业政策保障、园区内基础设施建设保障。

第四，应当提升园区循环经济的科技发展水平。

丹麦卡伦堡工业园成功发展的条件之一就是技术先进，尤其是废弃物资源化利用技术的先进性。

8.5 各类型园区规划的经验对比与总结

高新技术区、经济开发区和生态工业园区是我国最早开发的三类产业园区，经过二十多年的发展，这几类主流园区依然在带动区域经济发展上发挥着举足轻重的作用。

本书第6、7、8分别对这三类产业园区进行了案例分析，通过选取国内外典型案例，总结了各类型园区在规划层面上的一些经验，主要是从园区定位、区位选择、产业选择、园区配套等方面进行梳理的。

通过对比研究，我们还可以总结出三类园区在规划上的侧重点是不同的，具体的差异可参见表8-5。

表8-5　不同类型产业园区的规划理念差异

项目	高新技术园区	经济开发区	生态工业园区
园区定位	主要目标是发展高科技，实现产业化，主要途径是利用我国内部的智力资源，同时借鉴国外的先进发展经验，推进高新技术产业发展，从而带动经济结构调整	主要目的是积极吸引外资和国外的先进技术，提升我国的工业化水平和经济实力，出口创汇，同时宣传我国的对外开放政策	主要目的是在最小化参与企业的环境影响的同时提高其经济效益，主要通过对园区内的基础设施和园区企业进行绿色设计、清洁生产、污染预防，能源有效使用
区位选择	侧重于智力密集、信息资源、产业基础和创业氛围等智力资源优势，有限选择高等院校，科研机构集聚和科研实力雄厚的地方	侧重于交通状况、产业基础和市场空间等地理资源优势，优先选择沿海港口城市和内陆交通枢纽城市	侧重于环保资源丰富、产业基础和环境优势，优先选择污染较为严重、资源利用率增长空间较大的地方
产业定位	高新技术产业和高端生产性服务业等	战略新兴产业、生产性服务业等	循环经济产业、绿色产业、新能源产业等
企业选择	企业多为高新技术企业和民营科技企业	企业主要为三资企业经营的生产性和出口加工型企业	企业多为专业从事相关领域废弃物处理企业、新能源开发企业
主管部门	审批权限在国务院，但管理部门在国家科技部	审批权在国务院，但管理部门在国家商务部	审批权在国务院，但管理部门在国家环境保护部

资料来源：产业园区规划思路及方法——基于国内外典型案例的经验研究。

由于三种类型园区方面存在差异，我们在进行园区规划时应先认真分析，不能盲目定位。在我国，不论是何种类型的园区规划和建设，有些经验和方法是相通的。鉴于上述的分析，提出以下几点规划建议：

第一，坚持科学规划，有序推进实施，不断提升开发建设水平。

适度超前、先进适用、科学合理的规划，是促进资源整合、凝聚开发合力、保障开发水平、增强开发区持续竞争力的基础和前提。“规划先行”“规划即法”是最值得推广的园区发展理念之一。

第二，坚持科技兴区，注重载体建设，不断提高科技创新能力。

园区始终把科技进步作为立区之基、强区之本，在不断扩大外来技术溢出效应的同时，更加注重提高原始创新与集成创新能力，加快从“投资驱动”向“创新驱动”、从“资源依赖”向“科技依托”、从“园区制造”向“园区创造”转型。

第三，注重园区人力资源的挖掘和培养，不断提高人才素质。

园区可以采取优惠政策吸引科技人员和海外学子等高素质人才进入园区，同时园区管理部门主动促进与周边的高等院校和科研单位的合作与产品研发。

第四，注重政府在园区规划和建设的引导作用，形成政府、市场和企业的有效联动。

一般而言，政府都会给予园区以政策和人才等方面的优惠扶持，园区应该建立和健全高级别权威性的管理机构和机制，使政府在扶持、引导、协调、监督园区发展方面发挥主导作用。

主要参考文献

[1] 产业园区规划思路及方法——基于国内外典型案例的经验研究，http：//xiazai. dichan. com/show－849575. html.

[2] 论工业园区与产业园区的区别，https：//www. douban. com/note/475225737/.

[3] 唐山湾：通过发展循环经济实现废弃物的零排放，http：//www. tsr. he. cn/xinhuats/jj/201011/104510. html.

[4] 万钢：146家国家高新区已成为创新发展的一面旗帜，来源：人民网—科技频道，2017年03月11日，http：//scitech. people. com. cn/n1/2017/0311/c1007－29139006. html.

[5] 2015年国家级经济技术开发区主要经济指标情况，http：//blog. sina. com. cn/s/blog _ 15d61872e0102wh82. html.

[6] 易观智库：电商产业园区专题研究报告（2015年PDF下载），http：//www. useit. com. cn/forum. php? mod＝viewthread&tid＝9003%27.

[7] 亿达中国的产城融合探索之路，http：//house. ifeng. com/detail/2016 _ 06 _ 12/50799321 _ 0. shtml.

[8] "产城融合"描绘新城市路径，http：//news. sina. com. cn/c/2014－03－09/081029661044. shtml.

[9] 产城融合——产业新城规划研究，https：//wenku. baidu. com/view/6a811fe4f46527d3240ce0fb. html

[10] 发改委印发2017年18个国家级新区体制机制创新工作要点，http：//www. sohu. com/a/132517901 _ 119038.

[11] 国家级新区发展比较研究，http：//www. tjcityplan. com/videonews. aspx? id＝1524&pkid＝CK09.

[12] 沈正平，陈伟博．新城新区产城融合的新途径［J］．中国名城，2015（10）：30－36.

[13] 冯奎．中国新城新区转型发展趋势研究［J］．中国经济纵横，2015（4）：1－10.

[14] 一百年不许变：11个国家级新区空间布局的艺术，中国工业园网2014－10－1710：0搜狐焦点产业新区，http：//www. cnrepark. com/news/2014－10/20141017 _ 78216 _ all. shtml.

[15] 现代工业建筑的发展趋势相关介绍，http：//www. ic98. com/service/baike/

63029. html.

[16] 2016 年下半年规划前沿信息——规划政策及要求篇，http://www. cdipd. org. cn/news _ chd. aspx? p _ id=293&id=1159.

[17] 汪琴．城市尺度通风廊道综合分析及构建方法研究［D］．杭州：浙江大学，2016.

[18] 胡莎莎．城市风道规划研究——以黄石市风道规划为例［A］．中国城市规划学会、沈阳市人民政府．规划 60 年：成就与挑战——2016 中国城市规划年会论文集（07 城市生态规划）［C］．中国城市规划学会、沈阳市人民政府：2016：19.

[19] 瞿君．基于风环境模拟的吴江城市街区空间评价与优化对策研究——以恒力住区、新城吾悦广场为例［D］．苏州：苏州科技学院，2015.

[20] 高妍．生态工业园区评价指标体系与评价方法研究［D］．哈尔滨：哈尔滨工程大学，2007.

[21] 刘伟，鞠美庭，林慧，石英琳．生态工业园评价指标体系与评价方法研究［A］．中国环境保护优秀论文精选［C］，2006：5.

[22] 宁晓刚．太原市高新区低碳评价指标体系研究［D］．太原：山西大学，2015.

[23] 王征．重庆市特色工业园区规划设计方法研究［D］．重庆：重庆大学，2005.

[24] 张宏波．城市工业园区发展机制及空间布局研究——以长春市为例．

[25] 王启魁．产业园区规划思路及方法——基于国内外典型的经验研究，http://www. doc88. com/p－7746806228557. html.

[26] 王亚丹．产城融合视角下产业集聚区空间规划研究——以苏州工业园为例［D］．济南：山东建筑大学，2012.

[27] 欧阳东，李和平，李林，赵四东，钟源．产业园区产城融合发展路径与规划策略——以中泰（崇左）产业园为例［J］．规划师，2014，06：25－31.

[28] 朱炜钦，陈菁菁．试析工业园区规划要点和发展趋势［J］．城市建筑，2014，02：20.

[29] 钟中，侯笑红．新兴产业园规划与建筑设计的策略及其趋势［J］．华中建筑，2014：142－146.

[30] 孙念念．山地城镇工业园区的用地选择与利用研究——以涪陵龙桥工业园区规划为例［D］．重庆：重庆大学，2012.

[31] 乔显琴．“产城一体化”视角下的小城镇工业园区空间布局规划研究——以汉阴县月河工业区为例［D］．西安：西安建筑科技大学，2014.

[32] 周明欣．鹤岗新华 B 煤电化工业园区规划设计研究［D］．哈尔滨：东北林业大学，2012.

[33] 钟中，侯笑红．新兴产业园规划与建筑设计的策略及其趋势［J］．华中建筑．2014：142－146.

[34] 王都灵．基于“四化两型”视角的工业园区规划布局与建设管理研究［D］．

长沙：中南大学，2014.

[35] 杨倩．湘中地区工业园区厂房建筑及空间环境的人性化设计研究［D］．长沙：湖南大学，2012.

[36] 姜泽艺，王雪．对现代工业厂房建筑设计的思考［J］．黑龙江科技信息，2012，36：278.

[37] 孙瑞．工业园区道路交通规划研究［D］．西安：西安建筑科技大学，2008.

[38] 尹洁维．现代工业园区景观设计研究［D］．沈阳：沈阳建筑大学，2012.

[39] 徐红梅．现代工业园区景观设计的研究［D］．保定：河北大学，2008.

[40] 张光学．生态工业园区景观空间设计研究［D］．大连：大连工业大学，2013.

[41] 北京中水科工程总公司．工业园区规划水资源论证要求．2009.12.

[42] 贺晟晨，李若芸．工业园区水污染防治技术与政策需求分析［J］．中国环保产业．2013.10：62－65.

[43] 张丽娜，陈郁，张树深．生态工业园区水资源管理模式探讨［J］．环境技术与科学．2006，8（29）：75－76，81.

[44] 马菁娟．西安市高新区第五立面规划控制研究［D］．西安：西安建筑科技大学．2015.

[45] 李海超，齐中英．美国硅谷发展现状分析及启示［J］．特区经济，2009，06：82－83.

[46] 陈鑫，沈高洁，杜凤姣．基于科技创新视角的美国硅谷地区空间布局与规划管控研究［J］．上海城市规划，2015，02：21－27.

[47] 谢高进．让创新定格在“两型”的旗帜上——株洲国家高新区打造“两型”园区探索纪实［J］．中国高新区，2011，11：109－111.

[48] 廖广，王磊，吴玉．栗雨休闲谷新材料新技术的应用［J］．园林，2014，03：46－49.

[49] 万浩然．浅析苏州工业园区规划经验［J］．山西建筑，2007，35：32－33.

[50] 朱蓓，王焰新，肖军．生态工业园的发展与规划［J］．中国地质大学学报（社会科学版），2005，03：47－51.

[51] 丹麦卡伦堡生态工业园新型工业发展方向［J］．中国科技息，2006，19：319－320.

[52] 张志林．贵糖企业甜蜜产业——记广西贵糖（集团）股份有限公司［J］．农村新技术，2011，16：13－14.

[53] 元炯亮，刘忠．制糖工业生态化重构——以贵糖集团为例［J］．中国人口．资源与环境，2002，04：120－123.

[54] 工业园区（开发区）规划编制手册，https：//wenku. baidu. com/view/d7a2e195d4d8d15abe234eb0. html.

[55] 产业园区的概念规划理念——科学性、经济性、生态性，http：//blog. sina. com. cn/s/blog _ d179b6e80102vbpi. html.

[56] 转型背景下工业园区存量型规划策略的转变及应用，http：//blog. zhulong. com/u10184241/blogdetail4974628. html.

[57] 北京大兴和经济技术开发区国民经济与社会发展第十三个五年规划纲要 .

[58] 贵港工业园区主导产业布局规划，http：//max. book118. com/html/.